数学的 100个 基本问题

（新版）

靳平　李秀萍　郝水平 ◎ 著

清华大学出版社

北京

图书在版编目（CIP）数据

数学的 100 个基本问题：新版 / 靳平，李秀萍，郝水平著. – 北京：清华大学出版社，2025.2. – ISBN 978-7-302-68447-3

Ⅰ. O1-49

中国国家版本馆 CIP 数据核字第 2025XY2904 号

责任编辑：胡洪涛
封面设计：于　芳
责任校对：赵丽敏
责任印制：沈　露

出版发行：清华大学出版社
　　　　网　　　址：https://www.tup.com.cn，https://www.wqxuetang.com
　　　　地　　　址：北京清华大学学研大厦 A 座　　邮　　编：100084
　　　　社 总 机：010-83470000　　　　　　　　邮　　购：010-62786544
　　　　投稿与读者服务：010-62776969，c-service@tup.tsinghua.edu.cn
　　　　质量反馈：010-62772015，zhiliang@tup.tsinghua.edu.cn
印 装 者：涿州市般润文化传播有限公司
经　　销：全国新华书店
开　　本：165mm×235mm　　　**印　张**：15.5　　　**字　数**：261 千字
版　　次：2025 年 4 月第 1 版　　　　　　　　**印　次**：2025 年 4 月第 1 次印刷
定　　价：65.00 元

产品编号：107534-01

拙作首版自 2004 年 1 月出版以来，受到了广大读者的欢迎与厚爱。在此期间，不少热心读者给笔者提出了许多宝贵的改进意见。特别需要指出的是，数学在最近 20 年得到了迅速发展，很多重大数学问题得以解决或取得突破性进展。例如，2013 年华人数学家张益唐在孪生素数猜想的研究上取得了历史性的重大成果；同年法国数学家赫尔夫戈特（H. A. Helfgott）彻底攻克了奇数哥德巴赫猜想；2022 年菲尔兹奖获得者英国数学家梅纳德（J. Maynard）与其合作者于 2024 年在黎曼猜想的研究上取得了全新的突破。鉴于数学的许多新进展和新成果，首版中很多内容都需要更新和改写甚至重写。因此，决定再版。利用这次再版机会，本书主要做了以下几个方面的改动：

（1）重写了不少数学问题，如梅森数、完全数、亲和数、孪生素数猜想、海伦公式、欧拉平面网络公式等；

（2）改写了许多数学问题的内容，如费马数、哥德巴赫猜想、正多面体、立方倍积问题、三等分任意角问题、黄金分割问题、阿基米德螺线、蜂房问题、数学中的诺贝尔奖等；

（3）修改了几个数学问题的标题，如原先的"中国剩余问题"改为"中国剩余定理"，"托勒密问题"改为"托勒密定理"，"无处可微的连续函数"改为"无处可导的连续函数"等，这样更准确、更规范；

（4）纠正了书中一些错误，包括数学符号和文字表述等方面。

在本书这次再版过程中，笔者首先要特别感谢北京的郝成秀老师，他花费了大量的时间和精力，仔细阅读了原稿中所有内容，就数学知识的准确性、语言文字表述的规范性、材料的取舍和考证等方面，都提出了非常宝贵的建议；其次，也要感谢山西大学郝成功老师、王光老师以及山西师范大学张勤海老师，他们在本书的写作和修改过程中都给予笔者很多的指导和鼓励;最后,笔者衷心感谢清华大学出版社,特别是胡洪涛编辑,对本书再版给予了热情支持和惠助!

作者

2024 年 12 月

2002 年 8 月,数学界发生了一件历史性的大事:我国成功举办了 2002 年国际数学家大会。这次大会将以新世纪的第一次国际数学家大会和历史上第一次在发展中国家举办而载入史册。它不仅标志着我国的数学发展水平和国际地位得到了国际数学界的认可,而且将对我国的数学教育和数学普及工作产生巨大影响。逢此数学发展的大好形势,向广大数学爱好者(特别是中学生和大学低年级学生)献上《数学的 100 个基本问题》,为传播数学知识、弘扬数学之美略尽微薄之力。

德国大数学家希尔伯特(D. Hilbert)于 1900 年在巴黎举行的国际数学家大会上提出了 23 个数学问题,对 20 世纪的数学发展产生了深远的影响。美国当代著名数学家哈尔莫斯(P. Halmos)曾说:"问题是数学的心脏。"事实的确如此,一个好的数学问题不仅蕴含着深刻的数学思想和精妙的思维技巧,而且在解决该问题的过程中能产生新的观念和理论,促进数学的发展。因此,为了进一步拓宽广大中学生和大学低年级学生的数学视野,丰富他们的数学史知识,激发他们学习和探索数学的热情,我们精心选择了这 100 个基本的数学问题供读者赏析。需要说明的是,这些数学问题其实并不"基本",它们大多是一些数学中的名题和难题,在历史上受到许多大数学家的青睐,堪称数学中的瑰宝,其"基本性"主要表现在叙述上的简明易懂或证明方法之初等巧妙。我们期望通过对这些数学问题的鉴赏,能使读者领略到数学家独特的思维方式、数学观点和思想,以及他们对数学的挚爱。同时,我们也想让读者体会到数学难题的深刻程度,不要试图用初等的方法去直接攻克诸如"哥德巴赫猜想""孪生素数猜想""黎曼猜想"以及"四色问题"等非常著名的超级数学难题,以免白白地浪费宝贵的时间。

本书是在三位作者分工协作下共同完成的。其中,山西大学数学系靳平编写第一部分"算术问题";山西财经大学应用数学系李秀萍编写第二部分"代数与组合问题"、第四部分"分析问题"以及第五部分"集合论与数学史问题";山西财经大学应用数学系郝水平编写第三部分"几何与拓扑问题"。

书中 100 个数学问题的选取以及全书的统稿工作由靳平完成。

需要指出的是,这 100 个数学问题的选取完全是根据笔者个人的兴趣和爱好作出的,因此它们并不能被认为是最为恰当而合理的选择。另外,由于水平所限,书中可能存在许多不足之处,敬请大家批评指正。

在本书编写过程中,我们参考了大量国内外有关的数学书籍,特别是中国科学院主办的《数学译林》季刊杂志中许多精美的数学译作。由于数量较多,恕不一一列举,在此一并向相关文章的作者和译者表示诚挚的谢意。

作者
2003 年 10 月

CONTENTS ○ 目录

一、算术问题

001 算术基本定理

每个大于 1 的正整数均可唯一地表为素数的乘积。

大数学家高斯曾说:"数学是科学的王后,而数论则是数学的王后。"这句话虽然流露出高斯对数论的过分偏爱,但也表明数论在数学家心目中的崇高地位。从古希腊的欧几里得开始,几千年来许多数学家都对数论产生过浓厚的兴趣,并进行了大量深入的研究。时至今日,尽管数学已经发展成为一门内容庞大、应用广泛的学科,但还有很多在叙述上简明易懂的关于正整数的问题未得到完全的解决,这真令人感到不可思议。特别是其中的一些数论问题(如哥德巴赫猜想)几乎是家喻户晓,几百年来它们像谜一样吸引着数学家以及无数的数学爱好者。

在正整数或正整数的理论中,有一类称为素数的数扮演着非常重要的角色。素数在正整数理论中的地位类似于元素在化学中或基本粒子在物理学中的地位。我们知道,素数是指那些大于 1 且除了 1 和它自身外再没有其他因子的正整数。前 10 个素数为

$$2,3,5,7,11,13,17,19,23,29$$

如果一个正整数具有除了自身和 1 以外的其他因子,则称为合数。这样,可以把所有的正整数分成三类:1,素数,合数。

素数的重要性首先表现在数的乘法分解方面。因为每个大于 1 的正整数 a,如果本身不是素数,则存在不等于 a 和 1 的因子 b,此时可令 $a=bc$,其中 b,c 都大于 1。如果 b(或 c)不是素数,则重复这种分解过程,又可分解出 $b=b_1b_2$(或 $c=c_1c_2$),显然 $a>b>b_1>1$(或 $a>c>c_1>1$)。这个分解过程不能无限地重复下去,换句话说,有限步后就可以把 a 分解成一些素数的乘积。我们得到的结论是:每个大于 1 的正整数均可表示为若干素数的乘积。从这个意义上讲,素数是构成正整数的基本元素。因此,在正整数理论中遇到的许多命题大多能归结为有关素数的研究,也就不足为奇了。

算术基本定理的内容由两部分构成:①分解的存在性,指的是每个大于 1 的正整数均可分解成一些素数的乘积;②分解的唯一性,即如果不考虑诸素数的排列顺序,则把正整数分解成素数乘积的方式还是唯一的。例如,21 的素数

分解只有 $21=3\times7$ 和 $21=7\times3$,但本质上属于同一种分解。算术基本定理是整数理论中最为基本的一个命题,也是许多其他命题的逻辑支撑点和出发点。上面已经证明了分解的存在性部分,其唯一性部分看起来似乎是显而易见的,但要严格地证明它却绝非易事。虽然它的证明较为初等,却需要精细的推理过程,这充分反映了数学学科所特有的思维风格。

先介绍公元前 300 年的欧几里得在其巨著《几何原本》中所给的证明。下面只考虑正整数。如果 d 既是 a 的一个因子,又是 b 的一个因子,则称 d 为 a 和 b 的一个公因子。在 a 和 b 的所有公因子中的最大者称为最大公因子,记为 (a,b)。欧几里得发明了一种"辗转相除法",用来求两个正整数的最大公因子,从此导出了一个十分重要的结论:如果 d 是 a 和 b 的最大公因子,则存在整数 x 和 y 满足 $d=ax+by$。这个结论从现代数学的观点也是非常基本的,如果读者熟悉近世代数,它相当于说全体整数构成的集合 $\mathbb{Z}$ 不仅是一个环,而且是一个主理想整环。这里当然不会使用这个近代的结论,而是要从欧几里得发现的这个最大公因子的表示公式出发去证明素数的一个基本性质:设 p 为素数,如果 p 整除两个正整数 a 和 b 的乘积,则 p 必整除其一,即 p 整除 a 或者 p 整除 b。

显然,如果 p 不整除 a,则 p 和 a 的最大公因子不是 p,但 p 为素数,表明 p 和 a 的最大公因子只能为 1。根据上述欧几里得导出的结论,存在整数 x 和 y 使得 $1=px+ay$。两边用 b 去乘,有 $b=bpx+bay$。因为等式右边的两项分别能被 p 整除,从而等式左边的 b 也能被 p 整除。由此即证所述结论。

有了以上的准备工作,就可以证明算术基本定理中的唯一性部分了。设大于 1 的正整数 n 有两种素数分解,分别为

$$n=p_1p_2\cdots p_r=q_1q_2\cdots q_s$$

接下来要证明的是 $r=s$,且适当排列顺序后,可使每个 $p_i=q_i$。事实上,反复应用上述关于素数的整除性质,从 p_1 整除 $n=q_1q_2\cdots q_s$ 可知 p_1 整除某个 q_j。但 q_j 也是素数,只有 $p_1=q_j$。重新对诸 q_i 的下标编号,不妨设 $p_1=q_1$。此时在 n 的两个素数分解式中消去 p_1 即得 $p_2p_3\cdots p_r=q_2q_3\cdots q_s$。重复论证上述过程又得到 $p_2=q_2$。同理可知 $p_3=q_3,p_4=q_4,\cdots,p_r=q_s$。由此得出 $r=s$,且 p_1,$p_2,\cdots,p_r$ 恰为 $q_1,q_2,\cdots,q_s$ 的一个排列,唯一性得证。

当然,不使用辗转相除法也能直接证明算术基本定理。下面再介绍一个具有现代数学风格的证明,它比欧几里得的上述证明既简短又巧妙。我们的目标仍然是证明算术基本定理中唯一性部分。假设存在一个正整数 n 能以两种不同的方式分解为素数的乘积,则不妨选取 n 是这类数中最小的一个。如果据此

能得到一个矛盾,则表明这样的正整数并不存在,亦即每个正整数都能以唯一的方式表为素数之积,从而就反证了算术基本定理成立。现在令

$$n = p_1 p_2 \cdots p_r = q_1 q_2 \cdots q_s \tag{1}$$

为两种不同的素数分解,其中的 p_i 和 q_j 均为素数。经过适当的排列,不妨假设

$$p_1 \leqslant p_2 \leqslant \cdots \leqslant p_r, \quad q_1 \leqslant q_2 \leqslant \cdots \leqslant q_s$$

显然 p_1 不能等于 q_1,否则的话,在等式(1)的两边同时约去第一个因子得到

$$p_2 p_3 \cdots p_r = q_2 q_3 \cdots q_s \tag{2}$$

这是一个比 n 小的正整数,而且从(1)为两种不同的素数分解可知(2)也如此,但这与 n 的最小选择相矛盾。所以 $p_1 \neq q_1$,不妨设 $p_1 < q_1$,此时令 $n' = n - (p_1 q_2 q_3 \cdots q_s)$,则 n' 为正整数。现在把等式(1)中 n 的两种表示法分别代入 n' 中得到

$$n' = (p_1 p_2 \cdots p_r) - (p_1 q_2 \cdots q_s)$$
$$= p_1 (p_2 p_3 \cdots p_r - q_2 q_3 \cdots q_s) \tag{3}$$
$$n' = (q_1 q_2 \cdots q_s) - (p_1 q_2 \cdots q_s)$$
$$= (q_1 - p_1)(q_2 q_3 \cdots q_s) \tag{4}$$

因为 n' 是比 n 小的正整数,根据 n 的选取可知 n' 具有唯一的素数分解。所以从式(3)推出 p_1 是 n' 的一个素因子,再由式(4)可知 p_1 是 $q_1 - p_1$ 或者是 $q_2 q_3 \cdots q_s$ 的素因子。注意到每个素数 q_j 都比 p_1 大,这表明 p_1 只能是 $q_1 - p_1$ 的素因子。于是存在正整数 m 使得 $q_1 - p_1 = p_1 m$,但从此又可推出 p_1 整除 q_1,最后的这个矛盾就证明了算术基本定理的正确性。

002 中国剩余定理

今有物不知其数,三三数之剩二,五五数之剩三,七七数之剩二,问物几何?

这是我国古代数学名著《孙子算经》下卷中的第 26 题,即著名的"物不知数"问题,通常也称为"孙子问题"。虽然《孙子算经》一书的作者与成书年代已难以精确考证,但其中的"物不知数"问题千百年来在数学界甚至在民间广泛流传,被国际数学界誉为中国剩余定理。该问题相当于说求一个正整数 x,使得 x

被 3 去除余数为 2,被 5 去除余数为 3,而被 7 去除余数为 2。从问题的类型上看,它属于初等数论中的一次同余方程组的求解问题。为此,先介绍同余的概念。

设 a,b 均为整数且 $b \neq 0$,如果 a 是 b 的整数倍,即存在整数 m 使得 $a = mb$,则称 b 整除 a,也称 b 是 a 的一个因子。对任意整数 c 而言,如果 b 整除 $a-c$,亦即 a 除以 b 所得的余数等于 c 除以 b 所得的余数,则称 a 和 c 模 b 同余,记为

$$a \equiv c \pmod{b}$$

值得一提的是,同余的概念和符号是由被誉为"数学家之王"的德国数学家高斯在其 24 岁出版的划时代巨著《算术研究》中首先引进的。

使用同余的符号,"物不知数"问题就转化为下述同余方程组的求解问题:

$$\begin{cases} x \equiv 2 \pmod{3} \\ x \equiv 3 \pmod{5} \\ x \equiv 2 \pmod{7} \end{cases}$$

不难看出,上述同余方程组的解并不唯一,因为如果 x 是一个解,则 $x+3 \times 5 \times 7 \times k = x + 105k$ 也是该同余方程组的一个解,其中的 k 可以取任意整数。事实上,从 3,5,7 两两互素(指没有大于 1 的公因数)可知上述同余方程组的任意两个解相差一个 105 的倍数。所以,一旦我们求出最小正整数解 x_0,则每个解均可表为 $x = x_0 + 105k$。

如何求出上述同余方程组的一个解呢? 我们的祖先聪明地把问题转化为以下三个非常特殊的同余方程组的求解:

$$\begin{cases} a \equiv 1 \pmod{3} \\ a \equiv 0 \pmod{5} \\ a \equiv 0 \pmod{7} \end{cases} \quad \begin{cases} b \equiv 0 \pmod{3} \\ b \equiv 1 \pmod{5} \\ b \equiv 0 \pmod{7} \end{cases} \quad \begin{cases} c \equiv 0 \pmod{3} \\ c \equiv 0 \pmod{5} \\ c \equiv 1 \pmod{7} \end{cases}$$

显然,如果求出了 a,b,c 的一组值,则 $2a+3b+2c$ 就是原同余方程组的一个解,再把这一个解除以 105,则相应的余数即为所求的最小正整数解。

先求 a,b,c。因为 a 被 5 和 7 整除,故 a 为 $5 \times 7 = 35$ 的倍数,简单的计算可知当 a 取 70 时即满足 $a \equiv 1 \pmod{3}$。同理,b 既是 $3 \times 7 = 21$ 的倍数,又被 5 除余 1,取 $b = 21$ 即可。类似地,c 可取为 15。所以 $2a+3b+2c = 2 \times 70 + 3 \times 21 + 2 \times 15 = 233$,除以 105 后得余数为 23,这就是所求的最小正整数解。

由此不难看出,求解原同余方程组的关键是先从上述三个分别被 3,5 和 7 对应的特殊同余方程组依次求出 $a=70,b=21$ 和 $c=15$,然后再除以 105 得到

余数即为最小正整数解。为了便于记忆,我国明代数学家程大位在其 60 岁时完成的数学杰作《算法统宗》一书里,把上述"物不知数"问题的解法编写成以下四句口诀:"三人同行七十稀,五树梅花廿一枝。七子团圆整半月,除百零五便得知。"其中第一句暗示 3 对应的数为 70;第二句指的是 5 对应的数为 21;第三句里的整半月表示数 15,暗含着 7 对应的数为 15;至此就能得到同余方程组的一个解 2×70+3×21+2×15=233;最后一句意为把所得到的一个解 233 除以 105(即壹百零五),所得的余数 23 即为所求的最小正整数解。

上述"物不知数"问题的解法实际上也给出了求解一般同余方程组的方法。在初等数论书中提到的中国剩余定理为:设 $m_1, m_2, \cdots, m_k$ 为两两互素的正整数,$a_1, a_2, \cdots, a_k$ 为任意整数,则同余方程组

$$
\begin{cases}
x \equiv a_1 & (\bmod m_1) \\
x \equiv a_2 & (\bmod m_2) \\
\qquad \vdots \\
x \equiv a_k & (\bmod m_k)
\end{cases}
$$

总有整数解,并且它的全部解可模仿上述方法得到。为了便于表述,对任意正整数 i, j,介绍一个常用的函数 δ_{ij},称为克罗内克符号,它是由德国数学家克罗内克首先引入的。克罗内克符号的定义很简单:如果 $i = j$,则 $\delta_{ij} = 1$;而如果 $i \neq j$,则 $\delta_{ij} = 0$。使用该符号,即可给出上述一般同余方程组的求解过程,分以下两步完成:

(1) 对每个 $1 \leqslant i \leqslant k$,先求出正整数 b_i 满足 $b_i \equiv \delta_{ij}(\bmod m_j)$,即所求的 b_i 满足条件:b_i 除以 m_i 余 1,但被每个 $m_j (j \neq i)$ 整除。其求法如下:

记 $r_i = m_1 \cdots m_{i-1} m_{i+1} \cdots m_k$,根据条件 $m_1, m_2, \cdots, m_k$ 两两互素,可知 r_i 和 m_i 也互素,故存在整数 c_i 和 d_i 使得 $r_i c_i + m_i d_i = 1$。令 $b_i = r_i c_i$,则对每个 $j \neq i$,相应的 m_j 显然整除 b_i,并且 $b_i \equiv 1(\bmod m_i)$。由此表明 b_i 即为所求。

(2) 对(1)中所求的 b_i,令 $x_0 = \sum_{i=1}^{k} a_i b_i$,则

$$x_0 \equiv a_i b_i \equiv a_i (\bmod m_i)$$

这说明 x_0 为上述同余方程组的一个解,从而所有的解可表示为

$$x = x_0 + n \prod_{i=1}^{k} m_i$$

其中的 n 可以取遍所有整数。

最后,介绍一下在交换代数这门优美的学科中提及的中国剩余定理。假定

读者已经学过近世代数,特别是了解交换环、理想以及素理想、环的直积等基本概念。粗略地讲,有单位元的交换环 R 是整数环 $\mathbb{Z}$ 的推广,R 中的理想 I 则是 $\mathbb{Z}$ 中一个数 m 的所有倍数的集合 $m\mathbb{Z}$ 的一种模拟,两个整数互素的关系对应到两个理想 I 和 J 上即为 $I+J=R$。总之,在整数环 $\mathbb{Z}$ 中有关整除、同余、素数、互素、公因子和公倍数、最大公因子和最小公倍数等基本概念都可相应地推广到有单位元的交换环 R 中。受篇幅所限,就不仔细展开了,只给出下述中国剩余定理最一般化的推广形式:

设 R 为有单位元的交换环,$I_1, I_2, \cdots, I_n$ 为环 R 的理想,并且当 $i \neq j$ 时,$I_i+I_j=R$。则有典范的环同构

$$R/(I_1 \bigcap I_2 \bigcap \cdots \bigcap I_n) \cong R/I_1 \times R/I_2 \times \cdots \times R/I_n,$$

其中环同构由映射 $a+I_1 \bigcap I_2 \bigcap \cdots \bigcap I_n \mapsto (a+I_1, a+I_2, \cdots, a+I_n)$ 给出。

读者也许感到这个中国剩余定理过于抽象,离原先的那个只涉及整除和余数的剩余定理相距甚远,但这就是数学的特点。为了看清一个具体数学问题的本质,数学家们往往把该问题所涉及的数学结构抽象出来,在最为一般的观点上寻求和发展解决该问题的普遍方法与技术。这样做的好处是:人们不仅能解决一大批同类的问题,而且更为重要的是能发现许多表面上完全不同的问题在结构上的相同或相似性,为相关理论的产生奠定了基础。

牛吃草问题

假设 a 头牛把 b 块草地里的牧草在 c 天内吃完,而 a' 头牛把 b' 块草地里的牧草在 c' 天内吃完,并且 a'' 头牛把 b'' 块草地里的牧草在 c'' 天内吃完,试问这 9 个数量之间有何关系。

这是英国大数学家牛顿在 1707 年提出的一个著名的算术问题,其中假定了在每块草地上一开始都有相等数量的牧草,而且它每天生长的速度相同,以及每头牛每天吃的牧草数量也相等。下面给出该问题的解答。

假设每块草地上最初的牧草数量均为 x,每块地每日草生长的速度为 y,每头牛每天吃草的数量为 z。于是 b 块地上最初的牧草数量为 bx,在 c 天内增加

的牧草数量为 cby，而 a 头牛在 c 天内一共吃完的牧草数量为 caz。于是，得到了第一个方程：

$$bx + cby = caz, \tag{1}$$

同样的分析可得到另外两个方程：

$$b'x + c'b'y = c'a'z, \tag{2}$$

$$b''x + c''b''y = c''a''z, \tag{3}$$

现在，把 x, y 看作未知变量，从方程(1)和方程(2)解出

$$x = \frac{cc'(ab' - ba')z}{bb'(c' - c)}, \quad y = \frac{(bc'a' - b'ca)z}{bb'(c' - c)}。$$

再代入方程(3)中，两边消去 z 后再同乘 $bb'(c' - c)$ 即可变为

$$b''cc'(ab' - ba') + c''b''(bc'a' - b'ca) = c''a''bb'(c' - c),$$

这就是所求的关系式。特别地，这 9 个数量中的每一个均可由其他的 8 个数量唯一确定。

004 费马数

当 $n = 0, 1, 2, 3, \cdots$ 时，$2^{2^n} + 1$ 总是素数吗？

法国著名数学家费马的职业是律师，但他知识渊博，在语言学方面造诣颇深，精通法语、意大利语、西班牙语、拉丁语、希腊语，数学只是他的业余爱好。虽然他只能利用闲暇来思考和研究数学，却取得了惊人的成就，被誉为"业余数学家之王"。他特别喜爱数论，曾提出过许多猜想，最著名的大概就是费马大定理了。另外，他还对微积分和概率论的创立作出了重要贡献。

这个问题是费马 1640 年给梅森的信中提出的一个猜想。当时的背景是这样的：虽然欧几里得在公元前 300 年已经证明了素数有无穷多个，但素数的分布究竟有什么规律仍然是一个谜。特别地，人们致力于寻找这样一个公式 $f(n)$，使得当 n 取遍所有的正整数时，$f(n)$ 总能给出素数。现在，为了纪念费马，人们记 $F_n = 2^{2^n} + 1$，称 F_n 为费马数。通过简单的手算可知前五个费马数分别为

$$F_0 = 2^{2^0} + 1 = 2^1 + 1 = 3,$$

$$F_1 = 2^{2^1} + 1 = 2^2 + 1 = 5,$$

$$F_2 = 2^{2^2} + 1 = 2^4 + 1 = 17,$$

$$F_3 = 2^{2^3} + 1 = 2^8 + 1 = 257,$$

$$F_4 = 2^{2^4} + 1 = 2^{16} + 1 = 65537。$$

它们的确都是素数！费马由此推测所有的 F_n 也将都是素数，因此他相信自己已经解决了那个古老的问题，即找到了一个总能给出素数的公式 F_n。他承认自己不能证明这个猜测，后来他又对这个猜想的正确性表示了怀疑。

到了 1732 年，大数学家欧拉终于发现下一个费马数 F_5 不是素数，从而否定了费马的猜想。事实上，欧拉找到了它的一个素因子 641，并且

$$F_5 = 2^{2^5} + 1 = 2^{32} + 1 = 4294967297 = 641 \times 6700417。$$

但人们好奇的是，欧拉是怎么发现 F_5 不是素数的呢？有人给出了下面一个解答：

$$\begin{aligned}
2^{32} + 1 &= 2^4 \cdot (2^7)^4 + 1 \\
&= (2^7 \cdot 5 - 5^4 + 1)(2^7)^4 + 1 \\
&= (1 + 5 \cdot 2^7)(2^7)^4 + (1 - (2^7 \cdot 5)^4) \\
&= (1 + 5 \cdot 2^7)((2^7)^4 + (1 - 2^7 \cdot 5)(1 + (2^7 \cdot 5)^2)) \\
&= 641 \times 6700417
\end{aligned}$$

还有一个解释看起来更奇妙，揭示了费马数与其二进制表示之间的密切联系：

$$2^{32} + 1 = (2^9 + 2^7 + 1)(2^{23} - 2^{11} + 2^{19} - 2^{17} + 2^{14} - 2^9 - 2^7 + 1)$$

按理说，费马数的研究应该到此为止了，但出人预料的是不少人仍然对它情有独钟。继欧拉之后，人们希望找到费马数为素数的情形，但奇怪的是至今还没有发现一个新的费马素数，也就是说，除了上述已知的五个费马数 F_0, F_1, F_2, F_3, F_4 为素数外，再也没有证明其他的某个 F_n 为素数。当然，困难在于这些费马数 F_n 随着 n 的递增会变得越来越大，超出了现代计算机所能处理的范围。人们猜测也许只有有限个 F_n 为素数，但目前这一猜想仍然无法证明。

另外，迄今为止人们发现了 243 个费马数都是合数。例如，在 1880 年兰德里发现 F_6 为合数，有一个素因子为 274177。莫海德与外斯滕分别在 1905 年和 1909 年证明了 F_7 和 F_8 也是合数，但 F_7 的因子分解直到 1971 年才完成，而 F_8 的全部素因子也是在 1981 年使用计算机才得到的。

对费马数的理论研究也取得了一些有价值的结果。可以证明费马数具有

以下性质:

(1) F_n 为素数当且仅当 F_n 整除 $3^{(F_n-1)/2}+1$;

(2) 当 $n>1$ 时,F_n 的每个素因子必然形如 $2^{n+2}k+1$,其中 k 为正整数;

(3) 如果 p 为素数且 p^2 整除 F_n,则 p^2 也整除 $2^{p-1}-1$。

另外,有人猜测每个费马数 F_n 均无平方因子,但该猜想至今仍未得到解决。

目前对费马数的研究分成三种情形:①对少数几个 F_n 人们得到了它的因子分解,如 F_7;②对有些 F_n 目前仅知其为合数,但尚未找到任何一个素因子,如 F_{14};③对大部分已知的费马数 F_n,也只是发现了一部分素因子,如 F_9,F_{10},等等。

令人惊奇的是费马数不仅仅是一些神秘的大数,而且出现在另外的数学领域中。例如,高斯在 1801 年证明:一个正 n 边形可用直尺与圆规画出,当且仅当 n 要么是 2 的方幂,要么具有形式 $n=2^k p_1 p_2 \cdots p_r$,其中 $k>0$ 且 p_i 恰好是两两不同的费马素数。关于尺规作图的详细说明可参看后面的问题 065。另外,近年来在编码与密码以及网络信息安全的数学理论中也用到了费马数。

005 梅森数

是否有无穷多个形如 2^p-1 的素数?

对每个素数 p,人们记 $M_p=2^p-1$,称为梅森数。如果 2^p-1 还是素数,则称之为梅森素数。关于梅森素数有两个基本问题,但也属于数论中的超级难题:

(1) 什么样的素数 p 能给出梅森素数 M_p?

(2) 梅森素数是无限多个吗?

这些问题迄今尚未完全解决。

梅森素数的研究,最早出现在古希腊数学家欧几里得的《几何原本》中,该书第九章探讨了完全数与 2^p-1 形状的素数的关系(见问题 006)。

1640 年 6 月,费马在给梅森的一封信中,讨论了形如 2^p-1 的数何时为素数。事实上,在 17 世纪,人们对寻找能给出无穷多素数的公式充满了热情。

费马首先考虑了形如 2^k+1 的数何时为素数。当 k 有一个奇素数因子 q 时，不难看出 2^q+1 整除 2^k+1，但 3 显然也整除 2^q+1，表明 2^k+1 不可能是素数。所以 2^k+1 如果是素数，则 k 不能包含奇素数因子，只能是 2 的方幂，故可令 $k=2^n$，此时 $2^k+1=2^{2^n}+1$ 恰为费马数 F_n（见问题 004）。接下来，费马又考虑了形如 2^k-1 的数何时也是素数。当 k 是合数时，可令 $k=st$，其中 s,t 都是大于 1 的正整数，则

$$2^k-1=2^{st}-1$$
$$=(2^s)^t-1$$
$$=(2^s-1)((2^s)^{t-1}+(2^s)^{t-2}+\cdots+2^s+1),$$

显然不是素数。由此表明形如 2^k-1 的数如果是素数，则 k 必然也是素数。在数论中，人们习惯用 p 表示一个素数（prime），因此，在研究形如 2^p-1 的数何时为素数时，只需考虑 p 为素数的情形。

寻找梅森素数，始终能引起人们的好奇心和探索热情。在古希腊仅知道前 4 个梅森素数：M_2,M_3,M_5,M_7。到 15 世纪才发现了第 5 个梅森素数 M_{13}，但未留下发现者的姓名。第 6 个和第 7 个梅森素数分别是 M_{17} 和 M_{19}，是意大利数学家卡塔尔迪在 1588 年找到的。

为了继续寻找下一个梅森素数，梅森在欧几里得和费马的研究成果上，对形如 2^p-1 的数做了大量的计算和验证。在 1644 年他猜测第 8 个到第 11 个梅森素数依次为

$$M_{31},M_{67},M_{127},M_{257}。$$

由于梅森和笛卡儿以及费马经常一起研究数学，热情地与其他科学家通信交流，分享最新的思想和成果，在学术界享有很高的声誉，所以人们最初对他的计算结果深信不疑。遗憾的是，梅森的这个断言是不完全正确的：不仅 M_{67} 和 M_{257} 都不是素数，而且还遗漏了更小的梅森素数。尽管梅森的计算包含着错误，但他对 2^p-1 形状的素数的研究，激发了数学家和广大数学爱好者巨大的探索热情，成为数学史上一道独特景观。数学界为了纪念梅森，就把这种形状的素数称为梅森素数，并记为 M_p。

事实上，第 8 个梅森素数确实是 M_{31}，这是欧拉在 1772 年才发现的；卢卡斯在 1876 年证明 M_{127} 也是素数，但现在知道这是第 12 个梅森素数；1883 年人们发现了第 9 个梅森素数 M_{61}；在 1911 年和 1914 年又分别找到了第 10 个梅森素数 M_{89} 和第 11 个梅森素数 M_{107}。至此，人们依靠手工计算发现了前 12 个梅森素数，汇总如下：

$$M_2, M_3, M_5, M_7, M_{13}, M_{17}, M_{19}, M_{31}, M_{61}, M_{89}, M_{107}, M_{127}。$$

第 12 个梅森素数 M_{127}，有 39 位数，写下来就是

$$M_{127} = 170141183460469231731687303715884105727。$$

证明这个 39 位数是素数，其计算之艰辛，真是超乎想象。

进入 20 世纪后，随着计算机和互联网技术的迅猛发展，人们对搜寻新的梅森素数又燃起新的热情。1952 年 1 月 30 日，在计算机的帮助下，人们终于找到了第 13 个梅森素数 M_{521} 和第 14 个梅森素数 M_{607}。随着计算技术和程序设计的发展，越来越多的梅森素数被发现。截至 2024 年，最新发现的梅森素数为 $2^{82589933} - 1$，这是在 2018 年发现的第 51 个梅森素数，长达 24862048 位数，如果把这个数按通常字体大小连续写下来，其长度将超过 100 千米！接下来第 52 个梅森素数 M_p 将会被何时发现，又会被哪一个素数 p 提供？让我们拭目以待吧。

梅森素数为什么如此令人关注和着迷？原因是多方面的，至少包含以下几点：①梅森素数的研究加深了人们对素数的认识，丰富和发展了数论学科；②通过寻找新的梅森素数，人们不断地提高计算技术，改进算法；③梅森素数有很多应用，例如，在密码学中，梅森素数在 RSA 加密算法中发挥了重要作用；④最新发现的梅森素数也是目前所能找到的最大素数。尽管公元前 300 年前后欧几里得就证明了素数有无穷多个，但人们一直很好奇：到底是哪一个具体的数字，恰好是目前能够找到的最大素数。事实上，寻找新的梅森素数的历程，就等同于寻找最大素数的历程；⑤梅森素数激发了人类的科学探索精神，千百年来吸引着无数的数学家和数学爱好者，极大地推动了数学及互联网技术的发展。

006 完全数

完全数有无穷多个吗？特别地，存在一个奇完全数吗？

完全数(perfect number)，也翻译为完美数，是公元前 6 世纪由古希腊毕达哥拉斯学派首先引入的。如果一个正整数等于其所有真因子的和，则称这个数

为完全数。这个学派提出了"万物皆数"的哲学观点,对数字情有独钟,认为完全数之美妙在于体现了一个事物的整体等于其部分之和的自然规律。

例如,第一个完全数是 $6=2\times3$,它有三个真因子 $1,2,3$,相加得到 $1+2+3=6$。第二个完全数是 $28=2^2\times7$,真因子为 $1,2,4,7,14$,相加得到 $1+2+4+7+14=28$。第三个完全数是 $496=2^4\times31$,真因子为 $1,2,4,8,16,31,62,124,248$,相加等于 496。

欧几里得在《几何原本》中研究了完全数,并证明了一个重要结论:如果 2^p-1 是素数,则 $2^{p-1}(2^p-1)$ 必然是一个完全数。读者不难看出,条件 2^p-1 是素数,恰好等于说 2^p-1 是梅森素数 M_p(见问题005)。因此,欧几里得这个结论可以改写为:对每个梅森素数 M_p,均有 $M_p(M_p+1)/2$ 为完全数。迄今为止总共发现了 51 个梅森素数,故可得到相应的 51 个完全数。

欧几里得关于完全数的结论,其证明是一个简单的计算。设 $a=2^{p-1}(2^p-1)$,其中 2^p-1 为素数,则 a 的所有因子为 2^i 和 $2^i(2^p-1)$,在此 $i=0,1,\cdots,p-1$。把这些因子相加得到:

$$\sum_{i=0}^{p-1}2^i+\sum_{i=0}^{p-1}2^i(2^p-1)=2^p\sum_{i=0}^{p-1}2^i=2^p(2^p-1)=2a,$$

表明 a 的所有真因子求和等于 a,即证 a 为完全数。

注意到欧几里得的完全数公式给出的都是偶完全数。一个奇妙的发现是在 18 世纪,著名数学家欧拉证明了每个偶完全数均可写成 $2^{p-1}(2^p-1)$,其中 2^p-1 为素数(即梅森素数)。由此表明欧几里得实际上找到了所有偶完全数的表达式,从而建立了偶完全数和梅森素数的一一对应,故偶完全数的研究可归结为梅森素数。

欧拉完全数定理的证明虽然初等,但还是比较巧妙的,需要使用一个数论函数 σ 的性质。观察上述三个完全数的例子,在判别一个给定的正整数是否为完全数时,需要先求出其所有的真因子,然后再把这些真因子加起来。根据算术基本定理(见问题001),每个大于 1 的正整数 a 总能写成有限个素数的乘积,合并相同的素因子后,可改写为不同素数幂的乘积,即

$$a=p_1^{e_1}p_2^{e_2}\cdots p_n^{e_n},$$

其中 $p_1,p_2,\cdots,p_n$ 是不同的素数,每个 e_i 都是正整数。此时不难看出 a 的所有因子可表示为

$$p_1^{x_1}p_2^{x_2}\cdots p_n^{x_n}, \quad 0\leqslant x_i\leqslant e_i, \quad i=1,2,\cdots,n。$$

记 $\sigma(a)$ 为 a 的所有因子之和,这是数论中一个重要的函数,按定义可知,a 为完

全数等价于 $\sigma(a)-a=a$,即 $\sigma(a)=2a$。直接计算可得 $\sigma(a)$ 的表达式为

$$\sigma(a)=\sum_{x_1=0}^{e_1}\sum_{x_2=0}^{e_2}\cdots\sum_{x_n=0}^{e_n}p_1^{x_1}p_2^{x_2}\cdots p_n^{x_n}$$

$$=\sum_{x_1=0}^{e_1}p_1^{x_1}\sum_{x_2=0}^{e_2}p_2^{x_2}\cdots\sum_{x_n=0}^{e_n}p_n^{x_n}$$

$$=\frac{p_1^{e_1+1}-1}{p_1-1}\cdot\frac{p_2^{e_2+1}-1}{p_2-1}\cdots\frac{p_n^{e_n+1}-1}{p_n-1}。$$

至此即可证明函数 σ 的一个重要性质,即 σ 为"积性函数":当 a 和 b 是互素的正整数时,由于 a 和 b 没有共同的素因子,根据上述 σ 的计算公式,不难看出 $\sigma(ab)=\sigma(a)\sigma(b)$。

有了上述准备,现在可给出欧拉完全数定理的证明。设 a 为偶完全数,需要证明的是 $a=2^{p-1}(2^p-1)$,其中 2^p-1 为素数(即梅森素数)。由于 a 是偶数,可令 $a=2^{p-1}b$,其中 $p\geqslant 2$ 且 b 为奇数。按完全数的定义,可知 $\sigma(a)=2a$,即 $\sigma(2^{p-1}b)=2^p b$。因为 b 为奇数,故与 2^{p-1} 互素,已知 σ 是积性函数,所以

$$2^p b=\sigma(2^{p-1}b)=\sigma(2^{p-1})\sigma(b)=(2^p-1)\sigma(b)。$$

注意到 2^p-1 为奇数,故整除 b,可设 $b=(2^p-1)c$。此时 $c<b$,故为 b 的一个真因子,并且 $b+c=2^p c$。又有

$$\sigma(b)=\frac{2^p b}{2^p-1}=2^p c=b+c。$$

按定义 $\sigma(b)$ 是 b 的所有因子之和,而 b 和 c 是 b 的两个不同的因子,故上式表明 b 只有两个因子 b 和 c,只能是 b 为素数且 $c=1$,即 $b=2^p-1$ 为素数,而 $a=2^{p-1}b=2^{p-1}(2^p-1)$。

综合欧几里得和欧拉关于完全数的研究,可知所有的偶完全数均可由梅森素数表出。但目前无法证明有无穷多个梅森素数,故偶完全数是否无穷多个,仍是数论中尚未解决的难题。特别地,至今一直没能发现一个完全数是奇数,到底是否存在奇完全数,同样是几千年来难以回答的数论之谜题。人们对奇完全数也做了很多探讨,一个最新的进展是:如果存在奇完全数,那么它非常大,至少要大于 10^{300}。

007　亲和数

是否有无穷多对亲和数？

亲和数(amicable numbers)，又称友好数、相亲数，指的是这样的一对正整数 a 和 b，其中 a 的所有真因子的和等于 b，同时 b 的所有真因子的和等于 a。

第一对亲和数是 220 和 284，这也是最小的一对亲和数，是古希腊数学家毕达哥拉斯发现的。由于 $220 = 2^2 \times 5 \times 11$，其全部真因子为 1,2,4,5,10,11,20,22,44,55,110，相加正好等于 284；而 $284 = 2^2 \times 71$，全部真因子为 1,2,4,71,142，加起来恰为 220。

关于"亲和数"这个名称，据传是毕达哥拉斯在解答弟子的问题时提到的。毕达哥拉斯认为"万物皆数"，有一个弟子请教道："我结交朋友时，也存在数的作用吗？"毕达哥拉斯回答说："朋友是你灵魂的倩影，要像 220 和 284 这两个数一样亲密。"接着又说："什么叫朋友？就像这两个数，一个是你，另一个是我。"后来，他的弟子们就宣传说：正如人与人之间讲友谊，数和数之间也有"相亲相爱"。从此，人们就把 220 和 284 叫作"亲和数"，也称为"友好数"或"相亲数"。

令人惊奇的是，看起来如此美妙的亲和数，在随后两千多年间竟然一直没有发现第二对亲和数。有人甚至怀疑 220 和 284 是唯一的一对亲和数，果真如此的话，那亲和数就太稀缺了。

直到 1636 年，费马找到了新的亲和数：17296 和 18416。两年后笛卡儿给出了第三对亲和数：9363584 和 9437056。大数学家欧拉对亲和数做了仔细的计算，在 1747—1750 年，总共给出了 60 对亲和数。例如，2620 和 2924，5020 和 5564，6232 和 6368，等等。出乎预料的是，欧拉遗漏了一对较小的亲和数：1184 和 1210，这是 1867 年被一位 16 岁的意大利少年帕格尼尼发现的。

借助于计算机和互联网技术，人们目前已经发现了 12000000 多对亲和数。把亲和数中的较小数，按从小到大排序，则前 10 个亲和数列举如下：

(1) 220 和 284，

(2) 1184 和 1210，

(3) 2620 和 2924，

(4) 5020 和 5564，

(5) 6232 和 6368,

(6) 10744 和 10856,

(7) 12285 和 14595,

(8) 17296 和 18416,

(9) 63020 和 76084,

(10) 66928 和 66992。

仔细观察这些已知的亲和数,有两个一直令人感到困惑的问题:

(1) 是否有无穷多对亲和数?

(2) 亲和数中的两个数,是否总是一对奇数或一对偶数,而不会是一个奇数和一个偶数?

在历史上,寻找亲和数是一个异常艰辛的过程,人们至今尚未找到一般性的方法。虽然猜测和构造了几个数学公式,期望能得到新的亲和数,但都效果不大。值得一提的是,欧拉提出的亲和数计算公式:如果 $m > n$ 均为正整数,使得下述三个数都是素数:

$$p = 2^m(2^{m-n}+1) - 1,$$
$$q = 2^n(2^{m-n}+1) - 1,$$
$$r = 2^{m+n}(2^{m-n}+1)^2 - 1,$$

则 $2^m pq$ 和 $2^m r$ 就是一对亲和数。遗憾的是,使用这个欧拉公式,总共就找到了 5 对亲和数,相应参数 m 和 n 的取值为

$$(m,n) = (2,1),(4,3),(7,6),(8,1),(40,29)。$$

类似欧几里得给出的偶完全数公式(见问题 006),人们自然也期望找到一个简明而有效的数学公式,能给出更多的亲和数,从而揭示出亲和数的很多奥秘。但这样的一个美好的亲和数公式,是否真的存在呢?

 素数的表达公式

如果 a, b 为互素的整数,则算术级数 $an + b$ 中包含无限个素数。

虽然在问题 004 中已经了解到费马数 $F_n = 2^{2^n} + 1$ 不能总给出素数,甚至

也无法证明在所有的费马数中存在无穷多个素数,但人们还是热衷于寻找一个公式(为了便于计算,最好是某个多项式 $f(n)$),希望它总能给出素数,或者退一步讲,至少从它能得到无穷多个素数。在历史上,人们的确找到了许多有趣的多项式,它们甚至能连续地给出一些素数,但遗憾的是在大多数情形下,却无法证明这些多项式能给出无穷多个素数。

欧拉给出了一个二次多项式 $f(n)=n^2-n+17$,当 $n=0,1,\cdots,16$ 时,不难验证 $f(n)$ 均为素数。注意到

$$f(n)=n(n-1)+17=(-n)(-n+1)+17=f(-n+1),$$

所以,$f(-15),f(-14),\cdots,f(-1)$ 也都是素数。由此表明当 n 连续地取遍从 $-15\sim16$ 之间的 32 个整数时,相应的多项式 $f(n)=n^2-n+17$ 的值均能给出素数。这种由多项式连续地给出素数的现象令人十分惊奇,由此就产生了一个有趣的问题:一个二次多项式究竟能连续地给出多少个素数呢?

经过不懈的努力和寻找,欧拉终于在 1772 年又发现了一个非常著名的二次多项式 $f(n)=n^2+n+41$。当 n 依次从 0 取到 39 时,$f(n)$ 的这 40 个函数值也都是素数。同样,该多项式也具有下述性质:

$$f(n)=n(n+1)+41=(-n)(-n-1)+41=f(-n-1)。$$

所以,当 n 依次取从 $-40\sim-1$ 之间的 40 个整数时,相应的多项式 $f(n)$ 之值也均为素数。换言之,该多项式 $f(n)$ 对 n 的连续 80 个取值(从 -40 直到 39)都能给出素数!另外,也有人不喜欢 n 取负整数,而希望 n 取非负整数 $0,1,2,\cdots$。为此,只需把 $n=x-40$ 代入该多项式,即得

$$f(x-40)=(x-40)(x-39)+41=x^2-79x+1601,$$

这样,当 x 从 0 依次取到 79 时,多项式 $g(x)=x^2-79x+1601$ 的相应取值均为素数。

不可思议的是,继欧拉之后,人们再也找不到其他的二次多项式 an^2+bn+c,可以对 n 的某些连续 80 个以上的取值都能给出素数。在许多次失败的尝试后,人们甚至猜想:没有一个二次多项式能满足这样的性质,它对相继 80 个以上的函数值均为素数。这当然是一个相当困难的问题,要想在近期内证明这一猜想,希望十分渺茫。但对欧拉发现的著名多项式 n^2+n+41 而言,1967 年有人证明:如果多项式 n^2+n+a 对 $n=0,1,\cdots,a-2$ 全部给出素数,则 $a\leq41$。这也算是差强人意了。

现在一般地考虑正次数多项式 $f(n)=a_m n^m+\cdots+a_1 n+a_0$,对某些特殊选取的整数 a_i,有两个自然的问题:①该多项式能否总给出素数? ②该多项式

能否给出无限个素数？

问题①的答案是否定的。事实上，如果某个多项式 $f(n)$ 在 n 等于某个正整数 s 时给出素数 p，即 $f(s)=p$，则对任意整数 k，不难看出 $f(s+kp)=f(s)+p(\cdots)$ 可被 p 整除。所以，当假设 $f(n)$ 的值总是素数时，就有 $f(s+kp)=f(s)=p$。由此表明多项式 $f(x+s)-f(s)$ 有无穷多个不同的根 $x=kp$，但这是不可能的，因为一个 m 次多项式最多只有 m 个根（见问题 041）。

相比之下，问题②的解答则要困难得多。如果希望多项式

$$f(n)=a_m n^m+\cdots+a_1 n+a_0$$

能给出无限多个素数，一个必要条件是它的各项系数 $a_0,a_1,\cdots,a_m$ 的最大公因子为 1，高斯称这类多项式为本原多项式。不难看出，该必要条件并不充分，例如，多项式 $f(n)=n^2+n=n(n+1)$ 对 n 的每个整数取值均为偶数，也就是说，它只能给出一个素数 2。事实上，对许多次数大于 1 的多项式，如 n^2+1，人们猜测它们能给出无穷多个素数。虽然看起来该猜想应该是正确的，但至今仍然无法证明。

令人欣慰的是，对于一次多项式 $an+b$，如果系数 a 和 b 为互素的整数，亦即 a 和 b 的最大公因子为 1，则当 n 取遍正整数时，$\{an+b\}$ 中的确包含了无穷多个素数。这个非凡的定理是由高斯的学生狄利克雷于 1837 年首先证明的。

 **009 素数定理**

设 x 为正实数，从 $0\sim x$ 之间的素数个数记为 $\pi(x)$，则

$$\lim_{x\to\infty}\frac{\pi(x)}{x/\ln x}=1$$

自从公元前 300 年的欧几里得时代以来，素数的研究一直是数论的核心问题。既然欧几里得已经证明了有无穷多个素数，人们自然想知道素数序列 $2,3,5,\cdots,p,\cdots$ 在正整数序列 $1,2,3,\cdots,n,\cdots$ 中是如何分布的。特别是，对于给定的区间 $[a,b]$，如何判定其中是否存在素数？如果该区间确实包含素数，又该怎样计算区间 $[a,b]$ 中所含素数的个数呢？从理论到应用都表明这是一个最为基

本的问题。

对任意正实数 x,记 $\pi(x)$ 为小于或等于 x 的素数的个数,即 $\pi(x)$ 为区间 $[0,x]$ 中所含的素数的个数。如果能够找到计算 $\pi(x)$ 的有效方法,则区间 $[a,b]$ 中的素数的个数就能精确地估计出来。事实上,当 a 本身不是素数时,$[a,b]$ 中的素数个数恰为 $\pi(b)-\pi(a)$;而当 a 本身为素数时,则 $[a,b]$ 中的素数个数就等于 $\pi(b)-\pi(a)+1$。所以,为了研究素数在正整数中的分布情形,特别是想估计素数在正整数中分布的稀疏程度或者增长速度,问题就归结为研究这个神秘的数论函数 $\pi(x)$。

最初,人们期望 $\pi(x)$ 最好能有一个公式,一个便于计算和分析的表达式。这主要是受 19 世纪以前函数概念的束缚,当时的数学家普遍认为每个函数均有一个表示公式。法国数学家勒让德曾证明 $\pi(x)$ 不存在有理的表达式,亦即 $\pi(x)$ 不是一个有理函数。在很长一段时期内他致力于寻找 $\pi(x)$ 可能存在的其他表达式,但最终不得不予以放弃。既然寻求 $\pi(x)$ 表示公式的希望如此渺茫,迫使人们意识到这样的表示公式或许根本就不存在。于是,数学家们不得不改变初衷,转而寻求 $\pi(x)$ 的一个好的逼近,即寻找这样一个函数,它和 $\pi(x)$ 的取值非常的接近,从而能大体上告诉我们有关 $\pi(x)$ 的一些基本信息,特别是在区间 $[0,x]$ 中素数的个数大致有多少。

1792 年高斯在 15 岁时,通过对 3000000 以内的一切素数做了大量的统计和分析,推测出 $\pi(x)$ 和积分函数 $\int_2^x \dfrac{1}{\ln t}\mathrm{d}t$ 在取值上是非常接近的,这里的对数函数 $\ln t$ 是自然对数,亦即其底数为自然常数 $\mathrm{e}=2.71828\cdots$。但美中不足的是积分函数 $\int_2^x \dfrac{1}{\ln t}\mathrm{d}t$ 较难计算,而且没有显然的表示公式。为了用一个更为简单的函数来替代它,高斯发现

$$\lim_{x\to\infty}\frac{\int_2^x \frac{1}{\ln t}\mathrm{d}t}{x/\ln x}=1,$$

于是,他猜测

$$\lim_{x\to\infty}\frac{\pi(x)}{x/\ln x}=1。$$

换句话说,$x/\ln x$ 应该是素数函数 $\pi(x)$ 的一个好的逼近,亦即 $\pi(x)$ 的取值可以用 $x/\ln x$ 的取值来近似。随着 x 的不断增大,$x/\ln x$ 越来越接近 $\pi(x)$,这相当于说它们的比值越来越接近于 1。这就是所谓的素数定理,但高斯并未发表

这一结论。1798 年法国数学家勒让德也猜测到一个类似的素数公式,在 1801 年最终得到上述素数定理的一个等价表述。

　　时至今日,仍然不十分清楚少年高斯究竟是如何通过分析大量的数据而提出上述逼近公式的,要知道那个年代并没有计算机,一切的计算只能靠手工进行。我们除了对高斯卓越的计算天赋深感钦佩外,也对这种"实验数学"的研究风格十分推崇。因为能从自然现象或实验数据中直接发现新的数学定理,往往是最具原创性的成果,必将对数学的进一步发展产生深远的影响。素数定理就是这样一个不可多得的数学定理,事实上,从它的最初发现直到 100 多年以后的完整证明,甚至到 1982 年克莱瓦尔得到的最为简化的证明过程,200 多年来人们关于素数定理所作的大量深入且细致的研究,更加显示了素数定理在整个数论乃至数学中的重要地位。

　　虽然 18 世纪的数学家们已经猜想出素数定理的内容,但它的严格证明却远远超出了那个时代的数学发展水平。直到 1848 年,俄国伟大的数学家切比雪夫在该问题的研究上首先获得了突破。切比雪夫不仅是一位非常多才的数学家,而且对用初等方法解决超级难题具有罕见的特长。通过引入切比雪夫不等式,并使用一系列巧妙且初等的不等式估值技巧,终于证明了对于足够大的 x,成立

$$0.9213\cdots < \frac{\pi(x)}{x/\ln x} < 1.1055\cdots,$$

并且切比雪夫还证明了:如果 $\frac{\pi(x)}{x/\ln x}$ 在 $x \to \infty$ 时确有极限,则该极限值必为 1。随后,许多数学家对切比雪夫给出的不等式进行了不断的改进,但都没能证明 $\lim\limits_{x \to \infty} \frac{\pi(x)}{x/\ln x} = 1$,以至于怀疑该极限到底是否真的存在。特别值得一提的是,英国数学家西尔维斯特在 1881 年曾说:"要想证明素数定理,我们或许还要等待世界上诞生这样的一个人,他的智慧和洞察力就像切比雪夫一样,证明自己是超人一等的。"

　　到了 1896 年,法国数学家阿达马通过对黎曼猜想以及复变函数中整函数理论所作的深刻研究,终于证明了素数定理。另外,比利时数学家瓦莱·普桑几乎在同一时期也独立地得到了素数定理的证明。这项工作被看成是 19 世纪解析数论中最伟大的成就。

　　另一方面,阿达马和瓦莱·普桑关于素数定理的证明过于艰深,尤其是用到了黎曼 ζ 函数

$$\zeta(z) = \sum_{n=1}^{\infty} \frac{1}{n^z} = 1 + \frac{1}{2^z} + \frac{1}{3^z} + \cdots + \frac{1}{n^z} + \cdots$$

（见问题 092）在复平面 $x=1$ 的直线上没有零点这一深刻的事实，即他们首先证明了对每个实数 y，均有 $\zeta(1+yi)\neq 0$。所以，在随后的研究中，人们对这个证明还不甚满意，希望能找到一种较为初等的证明方法。虽然美国数学家维纳曾给出过素数定理的一个简化证明，但他所用的方法并不初等。经过许多次失败的尝试后，许多人对素数定理是否存在一个初等的证明表示了怀疑。特别是英国数论大师哈代在 1921 年一次数学会议上发表演讲时曾说："如果谁给出了素数定理的初等证明，那他就证明了我们现在关于数论中的许多见解是错误的，从而到了该丢掉一些著作并且要重写理论的时候了。"他认为素数定理的初等证明是根本不存在的。

美国著名的科普作家阿西莫夫在总结科学研究的方法论时，曾幽默地提出了三条"定律"。他的第一定律说："如果一个科学权威断言某件事情是不可能的，那他的观点往往很可能是错误的。"有趣的是，在哈代身上正好应验了阿西莫夫的这条定律。28 年后，挪威 32 岁的青年数学家塞尔伯格和匈牙利另一位青年数学家埃尔多斯同时用初等方法独立地给出了素数定理的证明。值得指出的是：塞尔伯格还因其对黎曼猜想所作的深刻研究于 1950 年荣获菲尔兹奖。

至此，有关素数定理的证明似乎应该结束了，但故事还没有完。因为塞尔伯格和埃尔多斯对素数定理的证明虽然初等，却过于繁杂和冗长，不符合数学家的审美标准。又过了 30 多年，克莱瓦尔在 1982 年发现了一个更为简单和巧妙的证明。他的证明过程只有短短的几页，也只涉及复变函数中的一些初等事实。现在的问题是数学家会对这个证明十分满意吗？毕竟克莱瓦尔的证明对高中生来说仍非易事。考虑到现代数学的不断发展以及数学家们的精益求精，我们有理由期待在不久的将来，人们会找到素数定理的一个简洁且直观的证明。当然，这个证明最好只用到一些简单的微积分知识，以便高中生和大学低年级学生都能够品味和欣赏。

 与勾股定理有关的一个数论问题

求方程 $x^2+y^2=z^2$ 的全部正整数解。

勾股定理是在中学就已经学过的一个平面几何的基本定理，距今已有几千

年的历史了。该定理断言在每个直角三角形中,两条直角边的平方和等于斜边的平方。在我国古代数学名著《周髀算经》里,曾记载了数学家商高回答周公提出的一些有关数的问题,从中可以看出商高已经知晓了勾股定理的内容,所以勾股定理在我国学术界又称为商高定理。另外,古代的巴比伦人、埃及人和印度人也都掌握了这个定理的一些特殊情况,但只有古希腊的毕达哥拉斯学派在公元前 500 年前后才使用比例和相似三角形理论给出了一般形式的证明,国外数学界也因此称勾股定理为毕达哥拉斯定理。

勾股定理的得名是这样的:在我国古代把直角三角形称为"勾股形",把直角三角形中较小的直角边称为"勾",另外一个直角边称为"股",剩下的斜边称为"弦"。古人还总结出了"勾三股四弦五"的说法,指的是边长分别为 3,4,5 的三角形不仅是直角三角形,而且三条边的长度还满足关系式 $3^2+4^2=5^2$。

目前发现的有关勾股定理的证明大约有 400 多种,大多初等且巧妙。在此不介绍勾股定理的证明,而是详细探讨与它相关的一个基本问题:除上述的 3,4,5 以外,还有哪些正整数 x,y,z 也能作为直角三角形的三条边,即满足 $x^2+y^2=z^2$ 呢? 换句话说,就是求出不定方程 $x^2+y^2=z^2$ 的全部正整数解。在历史上这是一个相当有名的问题。事实上,费马正是由于对该问题做了深入思考后,提出了著名的费马大定理(见问题 013)。300 多年来,这一大定理吸引了无数的数学家为之呕心沥血,通过对它的研究不仅丰富了代数数论的内容,而且极大地推动了代数数论的发展。

下面给出不定方程 $x^2+y^2=z^2$ 的全部正整数解,先作两点观察:

(1) 设 x 和 y 的最大公因子为 d,则可令 $x=dx_0$ 和 $y=dy_0$,此时 x_0 和 y_0 的最大公因子为 1,亦即 x_0 和 y_0 互素,所求方程变为 $d^2(x_0^2+y_0^2)=z^2$。因为两边均为正整数,故得 d^2 整除 z^2,等价于说 d 整除 z。这表明 d 是 z 的一个因子,又可令 $z=dz_0$,从而 $x_0^2+y_0^2=z_0^2$。由此可知,$x^2+y^2=z^2$ 的全部正整数解 (x,y,z) 形如 (dx_0,dy_0,dz_0),其中 x_0 和 y_0 互素。所以,一旦求出方程 $x^2+y^2=z^2$ 的满足 x 和 y 互素的所有正整数解,则扩大任意一个正整数倍数后即得该方程的全部正整数解。以下不妨假设 x 和 y 互素。

(2) 在假定 x 和 y 互素的情形下,x 和 y 不能都是偶数,否则 2 即为它们的一个公因子。注意到每个奇数可表为 $2k+1$,而 $(2k+1)^2=4k^2+4k+1$,表明奇数的平方总是除以 4 余 1。如果 x 和 y 均为奇数,则 $z^2=x^2+y^2$ 除以 4 后的余数为 2,但此时的 z 必为偶数,而每个偶数的平方都是 4 的倍数,此矛盾表明 x 和 y 也不能都是奇数。所以,x 和 y 只能是一个奇数和一个偶数,以下不妨

设 x 为偶数而 y 为奇数。

总之,在求不定方程 $x^2+y^2=z^2$ 的全部正整数解时,做了以上两个简化:既要求 x 和 y 互素,又要求 x 是偶数而 y 是奇数。显然 z 也只能是奇数,故 $z-y$ 和 $z+y$ 都是偶数。设 $z+y=2u$,$z-y=2v$,则 $y=u-v$,以及 $z=u+v$。由此表明 u 和 v 也只能是一个奇数和一个偶数,并且 y 和 z 的最大公因子等于 u 和 v 的最大公因子。再从 x 和 y 互素可知 y 和 z 也互素,从而 u 和 v 也互素。又

$$\left(\frac{x}{2}\right)^2=\left(\frac{z}{2}\right)^2-\left(\frac{y}{2}\right)^2=\frac{z+y}{2}\cdot\frac{z-y}{2}=u\cdot v,$$

可见 u 和 v 的乘积 uv 为平方数,只有 u 和 v 本身都是平方数。令 $u=a^2$,$v=b^2$,则 a 和 b 也是互素的正整数,一个为奇数而另一个为偶数,且从 $u>v$ 可知 $a>b$。最后,从 $\left(\frac{x}{2}\right)^2=uv=a^2b^2$ 解出 $x=2ab$,以及 $y=u-v=a^2-b^2$,$z=u+v=a^2+b^2$。

反之,对任意两个正整数 a 和 b,如果满足三个条件:a 和 b 中一个为奇数而另一个为偶数,a 和 b 的最大公因子为 1,并且 $a>b$,则不难验证 $2ab$ 和 a^2-b^2 也互素。事实上,假设 k 为 $2ab$ 和 a^2-b^2 的最大公因子,因为 $(2ab)^2+(a^2-b^2)^2=(a^2+b^2)^2$,所以 k 整除 a^2+b^2,从而 k 也整除 $(a^2-b^2)+(a^2+b^2)=2a^2$ 以及 $(a^2+b^2)-(a^2-b^2)=2b^2$。注意到 a 和 b 中一个为奇数而另一个为偶数,表明 k 为奇数,所以 k 同时整除 a^2 和 b^2。再由假设 a 和 b 互素可知 a^2 和 b^2 也互素,只有 $k=1$,可见 $2ab$ 和 a^2-b^2 的确是两个互素的正整数。

至此,在 x 和 y 互素且 x 为偶数而 y 为奇数的条件下,求出方程 $x^2+y^2=z^2$ 的全部正整数解为

$$x=2ab, \quad y=a^2-b^2, \quad z=a^2+b^2.$$

其中 a,b 为互素的正整数,一个为奇数而另一个为偶数,且 $a>b$。

因为在 x 和 y 互素时,已经知道 x 和 y 必然是一个为奇数而另一个为偶数,所以当 x 为奇数而 y 为偶数时,根据对称性可知方程 $x^2+y^2=z^2$ 的全部整数解为

$$x=a^2-b^2, \quad y=2ab, \quad z=a^2+b^2. \tag{$*$}$$

其中 a,b 为互素的正整数,一个为奇数而另一个为偶数,并且 $a>b$。

最后,把上述讨论的结果总结如下:

不定方程 $x^2+y^2=z^2$ 的全部正整数解为

$$x=k(2ab), \quad y=k(a^2-b^2), \quad z=k(a^2+b^2),$$

或者

$$x=k(a^2-b^2), \quad y=k(2ab), \quad z=k(a^2+b^2)。$$

其中 k,a,b 为任意正整数,但要求 a 和 b 互素,$a>b$ 并且 a 和 b 一个为奇数而另一个为偶数。

有了以上通解公式,就可以得到 $x^2+y^2=z^2$ 的许多具体的解了。

取 $k=1,a=2,b=1$ 代入 * 式即得一组最小解 $x=4,y=3,z=5$ 或者 $x=3,y=4,z=5$。

再取 $k=1,a=3,b=2$ 代入 * 式又得到 $x=12,y=5,z=13$ 或者 $x=5,y=12,z=13$。

当然,随着 k,a,b 的不同选取,可以得到不定方程 $x^2+y^2=z^2$ 无穷多组不同的解。

⬤011　丢番图问题

求两个数,使得它们平方的乘积加到这两个数中任何一个数的平方上仍是一个平方数,即求两个数 a,b,使得 $a^2b^2+a^2$ 和 $a^2b^2+b^2$ 均为平方数。

这是古希腊数学家丢番图在其划时代巨著《算术》一书中提出的一个问题,需要说明的是,丢番图只承认正有理数解,而且通常满足于找到一个解即可,所以上述丢番图问题中的两个数 a 和 b 均被限制为正有理数。关于该问题,丢番图给出的解答是 $a=3/4,b=7/24$。但人们感兴趣的是,这个丢番图问题是否还有其他的正有理数解,以及如何找出所有这样的解。

现在给出丢番图问题的所有正有理数解。假设 a,b,u,v 均为正有理数,满足

$$a^2b^2+a^2=u^2, \quad a^2b^2+b^2=v^2。 \tag{1}$$

因为 a 和 b 均不为零,故式(1)可变形为

$$b^2+1=(u/a)^2, \quad a^2+1=(v/b)^2。 \tag{2}$$

接着,通过去掉分母把式(2)中的正有理数都化为正整数,即选取正整数 c 使得

bc 和 cu/a 均为正整数;同理选取正整数 d 使得 ad 和 dv/b 也都是正整数。在式(2)中的两个方程的两端分别乘以 c^2 和 d^2,则式(2)可等价地变换为

$$(bc)^2 + c^2 = (cu/a)^2, \quad (ad)^2 + d^2 = (dv/b)^2。 \tag{3}$$

由此即可看出式(3)中的两组正整数 $bc,c,cu/a$ 以及 $ad,d,dv/b$ 均为不定方程 $x^2+y^2=z^2$ 的正整数解,根据问题 010 中的结论,不定方程 $x^2+y^2=z^2$ 的全部正整数解可表示为

$$x=k(2st), \quad y=k(s^2-t^2), \quad z=k(s^2+t^2),$$

或者

$$x=k(s^2-t^2), \quad y=k(2st), \quad z=k(s^2+t^2)。$$

其中 k,s,t 均为任意正整数,但要求 s 和 t 互素,$s>t$,并且 s 和 t 中一个为奇数而另一个为偶数。因此,从 $bc,c,cu/a$ 为不定方程 $x^2+y^2=z^2$ 的一组正整数解,可令

$$bc=k(2st), \quad c=k(s^2-t^2)$$

或者

$$bc=k(s^2-t^2), \quad c=k(2st)。$$

由此可求出 b 的两个取值为

$$b=\frac{bc}{c}=\frac{k(2st)}{k(s^2-t^2)}=\frac{2st}{s^2-t^2}, \quad \text{或者 } b=\frac{s^2-t^2}{2st}。 \tag{4}$$

同理,从 $ad,d,dv/b$ 为不定方程 $x^2+y^2=z^2$ 的一组正整数解,亦可求出 a 的两个取值为

$$a=\frac{2mn}{m^2-n^2}, \quad \text{或者 } a=\frac{m^2-n^2}{2mn}。 \tag{5}$$

其中 m,n 为任意正整数,但要求 m 和 n 互素,$m>n$,并且 m 和 n 中一个为奇数而另一个为偶数。

最后验证上述式(4)和式(5)分别给出的 b 和 a 的值即为丢番图问题的全部正有理数解。事实上,由式(4)得到

$$b^2+1=\left(\frac{s^2+t^2}{s^2-t^2}\right)^2, \quad \text{或者 } b^2+1=\left(\frac{s^2+t^2}{2st}\right)^2,$$

表明 b^2+1 是一个有理数的平方,从而 $a^2b^2+a^2=a^2(b^2+1)$ 也是一个有理数的平方。同理,由式(5)得到

$$a^2+1=\left(\frac{m^2+n^2}{m^2-n^2}\right)^2, \quad \text{或者 } a^2+1=\left(\frac{m^2+n^2}{2mn}\right)^2,$$

也表明 a^2+1 是一个有理数的平方,从而 $a^2b^2+b^2=b^2(a^2+1)$ 也是一个有理

数的平方。至此,丢番图问题的全部正有理数解 a,b 可由式(4)和式(5)给出。注意到从式(4)和式(5)得到的 a,b 之值本质上是相同的,故丢番图问题的全部正有理数解为下述形式的任意两个数:

$$\frac{2st}{s^2-t^2}, \quad \text{或者} \frac{s^2-t^2}{2st}。$$

其中 s,t 为任意正整数,但要求 s 和 t 互素,$s>t$,并且 s 和 t 中一个为奇数而另一个为偶数。

取 $s=2$ 和 $t=1$,则 $(s^2-t^2)/(2st)=3/4$;再取 $s=4$ 和 $t=3$,则 $(s^2-t^2)/(2st)=7/24$。这就是丢番图本人给出的两组正有理数解。显然,通过对 s,t 选取满足所述条件的其他正整数,均可得到丢番图问题的正有理数解。由此不难看出,丢番图问题有无穷多组解。

在结束本问题之前,提及一个丢番图的趣事。虽然丢番图是古希腊伟大的数学家之一,他所写的 13 卷巨著《算术》在数学史上影响之大,可与欧几里得的《几何原本》相媲美,但目前人们对其生平事迹所知甚少。即使是丢番图的生卒年代,也只能靠一些古籍上的记载推测为公元 246 年到公元 330 年之间,比较可信的说法是他的活跃时期在公元 250 年前后。有趣的是,关于丢番图的生平,流传下来的却是他那别具一格的墓志铭,据说墓碑上镌刻着这样的话:"上帝赐给他生命的 1/6 为童年;再过生命的 1/12,他的双颊长出了胡子;又过了生命的 1/7,他举行了婚礼;婚后的第 5 年天赐贵子。唉,这个不幸的儿子只活了他父亲整个生命的一半年纪就被死神带走了。从此他以研究算术来寄托哀思,但在 4 年之后也离开了人世。"这个奇特的墓志铭隐含了丢番图享年 84 岁的信息,感兴趣的读者不妨自己验算一下。

012 指数为 3 的费马大定理

证明方程 $x^3+y^3=z^3$ 没有正整数解。

大约在 1637 年,费马在研读古希腊数学家丢番图的《算术》一书时,对其中有关不定方程 $x^2+y^2=z^2$ 的正整数解的讨论产生了兴趣。费马可能在想:既然某些平方数能够写成两个平方数之和,例如 $5^2=3^2+4^2$ 或 $13^2=5^2+12^2$,那么什么样的立方数也能写成两个立方数之和呢?经过仔细的思考和计算,费马就在该书的空白处写下了一段著名的话:"把一个数的立方分成另外两个数的立方和,把一个数的四次方分成另外两个数的四次方的和,或一般地,把一个数的高于2的任何次方分成两个数的同次方之和是不可能的。我已经发现了这定理的一个真正奇妙的证明,但书上空白的地方太小,写不下。"

换句话说,费马宣称自己证明了方程 $x^n+y^n=z^n$ 当 $n>2$ 时不存在正整数解。在17世纪,数论界几乎是费马一个人的天下,他以其天才的直觉作出了许多大胆的推测,并提出过两个定理。在1640年10月18日给朋友的一封信中,费马提到了一个基本结果:设 p 为素数,a 为任意整数,则 p 整除 a^p-a。后人把这个结论称为费马小定理,而把费马关于 $x^n+y^n=z^n$ 的断言称为费马大定理,或称为费马最后定理。

令人遗憾的是,人们从未找到费马所宣称的那个奇妙的证明,而且在费马以后的许多大数学家,包括欧拉、勒让德、高斯、狄利克雷、库默、柯西等,在试图证明费马大定理的一般情形时都没有成功。这一方面使得费马大定理更加著称于世,但另一方面也使人们对费马本人究竟是否严格和完整地证明了这个定理产生了怀疑。事实上,费马使用他发明的"无限下降法"的确证明了 $n=4$ 时方程 $x^n+y^n=z^n$ 没有正整数解,很可能他以为仿此就可以得到一般情形的证明。当然,这只是人们的一种猜测。也有人认为或许费马真的找到了一个美妙的证明,故意秘而不宣。但现在看来,这种可能性不大。

欧拉在1770年发表了他对 $n=3$ 情形的证明,即欧拉证明了 $x^3+y^3=z^3$ 没有正整数解。欧拉的这个证明十分复杂,而且从现代数学的观点看并不严格。后来,高斯给出了一个简化证明,用到了所谓"复整数"的理论,其中包含了全新的思想,对以后的数论发展产生了深远影响。下面完整地介绍高斯的这个堪称数学精品的美妙证明,但为了使读者能更好地阅读和欣赏它,我们按现代数学的观点作了一些补充和改写。

高斯的证明思路是这样的:首先,不难看出方程 $x^3+y^3=z^3$ 没有正整数解的断言等价于说方程 $x^3+y^3=z^3$ 没有 $xyz\neq0$ 的整数解。其次,高斯发现在整数集合 $\mathbb{Z}$ 中讨论方程 $x^3+y^3=z^3$ 的解时会遇到许多复杂性,但如果允许把整数的概念扩充成更为一般的"复整数",在一个比整数集合更大的复整数集合中来研究该方程的解时,就会使问题大为简化。高斯的成功又一次验证了数学中这样一个信念:通过把所研究的问题尽可能地一般化,就会发现证明一个一般性的命题往往要比证明一个特殊的命题更为容易。

现在讨论高斯引进的复整数概念。设 $\omega=(-1+\sqrt{-3})/2$ 为一个 3 次本原单位根,即 $1,\omega,\omega^2$ 为方程 $x^3=1$ 的全部根,不难验证 $1+\omega+\omega^2=0$。对任意整数 a,b,高斯考虑所有形如 $a+b\omega$ 的复数,称之为复整数。注意到

$$(a+b\omega)\pm(a'+b'\omega)=(a+a')+(b\pm b')\omega$$

$$(a+b\omega)(a'+b'\omega)=aa'+(ab'+ba')\omega+bb'\omega^2$$
$$=aa'+(ab'+ba')\omega+bb'(-1-\omega)$$
$$=(aa'-bb')+(ab'-bb'+ba')\omega,$$

表明两个复整数相加、相减与相乘后仍然得到复整数。记所有复整数的集合为 $\mathbb{Z}[\omega]$,即 $\mathbb{Z}[\omega]=\{a+b\omega\mid a,b\in\mathbb{Z}\}$,则 $\mathbb{Z}[\omega]$ 对加法、减法和乘法三种运算封闭。显然 $\mathbb{Z}\subset\mathbb{Z}[\omega]$。所以,如果能够证明方程 $x^3+y^3=z^3$ 在复整数集合 $\mathbb{Z}[\omega]$ 中没有非零的解,则该方程在整数集合 $\mathbb{Z}$ 中也没有非零的解。为此目的,先得仔细地考察 $\mathbb{Z}[\omega]$ 中的算术理论,特别是要把通常在整数集合中的一些相关概念推广到复整数集合中来,分以下几步进行:

(1) 整除:设 $\alpha,\beta\in\mathbb{Z}[\omega]$ 为复整数且 $\beta\neq 0$,如果存在复整数 γ 使得 $\alpha=\beta\gamma$,则称 β 整除 α,记为 $\beta\mid\alpha$,也称 β 为 α 的一个因子。

如果 β 整除两个复整数之差 $\alpha-\alpha'$,则称 α 和 α' 模 β 同余,记为 $\alpha\equiv\alpha'(\mathrm{mod}\,\beta)$。

(2) 范数:设 $\alpha=a+b\omega$,其中 a,b 为整数,$\bar{\alpha}$ 表示相应的共轭复数,显然 $\bar{\alpha}=a+b\bar{\omega}=a+b\omega^2=(a-b)-b\omega$,表明复整数的共轭也是复整数。记 $N(\alpha)=\alpha\bar{\alpha}$,称为 α 的范数。直接计算可知 $N(a+b\omega)=a^2-ab+b^2$。

范数的重要性在于它建立了复整数与通常整数之间的基本关系,而且从 $N(\alpha)=\alpha\bar{\alpha}=|\alpha|^2$ 即可看出范数其实就是该复数绝对值(也称为模长,对实数 x,y,相应复数 $x+y\sqrt{-1}$ 的绝对值定义为 $|x+y\sqrt{-1}|=\sqrt{x^2+y^2}$)的平方。

两个复整数相除未必还是复整数,即 $\mathbb{Z}[\omega]$ 对除法运算不封闭。如果记 $\mathbb{Q}[\omega]=\{s+t\omega\mid s,t\in\mathbb{Q}\}$,则 $\mathbb{Q}[\omega]$ 中的元素对加减乘除四则运算封闭。任取 $\alpha\in\mathbb{Q}[\omega]$,仍然定义 $N(\alpha)=\alpha\bar{\alpha}$ 为 α 的范数,同样成立 $N(s+t\omega)=s^2-st+t^2$。

从定义不难看出:每个 $\alpha\in\mathbb{Q}[\omega]$ 的范数 $N(\alpha)$ 总是非负的有理数,当 α 为复整数时,$N(\alpha)$ 还是非负整数。显然 $N(\alpha)=0$ 当且仅当 $\alpha=0$。另外,范数还保持乘积,即对任意 $\alpha,\beta\in\mathbb{Q}[\omega]$,有 $N(\alpha\beta)=N(\alpha)N(\beta)$。

(3) 单位:称范数为 1 的复整数 α 为单位。设 $\alpha=a+b\omega$,则 $N(a+b\omega)=$

$a^2-ab+b^2=1$。因为 a,b 均为整数，故 $1-ab=a^2-2ab+b^2=(a-b)^2\geqslant0$，即 $ab\leqslant1$。另一方面，如果 $ab<0$，则 $-ab>0$，表明 a,b 均不为零且 $-ab\geqslant1$，必有 $a^2-ab+b^2>1$，矛盾。所以有 $0\leqslant ab\leqslant1$，只有 $a=\pm1,b=0$，或 $a=0,b=\pm1$，或 $a=b=\pm1$ 这六种情形，相应的复整数为 $\alpha=\pm1,\pm\omega,\pm\omega^2$。反之，这六个复整数的范数显然为 1。这样，就证明了在 $\mathbb{Z}[\omega]$ 中共有六个单位。

单位其实就是 1 的因子，换句话说，α 为单位当且仅当 α 整除 1，或等价地说，$1/\alpha$ 也是 $\mathbb{Z}[\omega]$ 中的复整数。这从范数的定义即可得出：如果 α 为单位，则 $N(\alpha)=\alpha\bar\alpha=1$，表明 α 整除 1；反之，如果 α 整除 1，则存在复整数 β 使得 $1=\alpha\beta$，两边取范数得 $1=N(\alpha)N(\beta)$，因范数为非负整数，只有 $N(\alpha)=1$。

如果两个复整数 α 和 β 相差一个单位，即存在单位 ε 使得 $\beta=\varepsilon\alpha$，则称 α 和 β 相伴，记为 $\alpha\sim\beta$。不难看出，两个非零的复整数相伴当且仅当它们能相互整除。

(4) 带余除法：在整数集合 $\mathbb{Z}$ 中，有所谓的带余除法或称欧氏算法，即对任意两个整数 a,b，只要 $b\neq0$，则存在整数 q,r 使得 $a=bq+r$ 并且 $0\leqslant r<|b|$，其中 q 称为 a 除以 b 所得的商，而 r 称为余数。带余除法是整数理论中的一个基本法则，也是证明许多定理的出发点。现在也来建立复整数的带余除法，即对任意两个复整数 α,β 且 $\beta\neq0$，将证明存在复整数 δ,γ 满足 $\alpha=\beta\delta+\gamma$，并且 $N(\gamma)<N(\beta)$。

事实上，从 $\alpha/\beta=\alpha\bar\beta/N(\beta)$ 可知存在有理数 s,t 使得 $\alpha/\beta=s+t\omega$。在数轴上用整数去逼近有理数，即可选取整数 m,n 使得 $|s-m|\leqslant1/2$ 以及 $|t-n|\leqslant1/2$。令 $\delta=m+n\omega$，则 δ 为复整数。再令 $\gamma=\alpha-\beta\delta$，则 γ 也是复整数。需要证明的是 $N(\gamma)<N(\beta)$。根据 $\mathbb{Q}[\omega]$ 中范数的定义，有 $N((s-m)+(t-n)\omega)=(s-m)^2-(s-m)(t-n)+(t-n)^2\leqslant1/4+1/4+1/4<1$，所以 $N(\gamma)=N(\beta)N(\alpha/\beta-\delta)=N(\beta)N((s-m)+(t-n)\omega)<N(\beta)$。

(5) 最大公因子：设 $\alpha,\beta,\sigma\in\mathbb{Z}[\omega]$ 为任意复整数，如果 σ 同时整除 α 和 β，则称 σ 为 α 和 β 的一个公因子。在 α 和 β 的所有公因子中，范数最大的公因子称为最大公因子。如果 σ 为 α 和 β 的一个最大公因子，则与 σ 相伴的每个复整数 $\varepsilon\sigma$ 也是最大公因子。这里将证明 α 和 β 的每个最大公因子 σ 均可写为 $\sigma=\lambda\alpha+\mu\beta$，其中 λ 和 μ 为适当选取的复整数。

事实上，考虑复整数集合 $\Lambda=\{\lambda\alpha+\mu\beta\,|\,\lambda,\mu\in\mathbb{Z}[\omega]\}$，选取 Λ 中的非零元 γ 使得 $N(\gamma)$ 最小。对任意 $\xi\in\Lambda$，根据 (4) 中的带余除法，存在复整数 δ 和 γ_0 使得 $\xi=\delta\gamma+\gamma_0$ 且 $N(\gamma_0)<N(\gamma)$。注意到 $\gamma\in\Lambda$，它的每个倍数 $\delta\gamma$ 也在 Λ 中，而

且 Λ 中两个元素之差也在其中,所以 $\gamma_0 = \xi - \delta\gamma \in \Lambda$。根据 γ 的最小选取,只有 $N(\gamma_0) = 0$,亦即 γ 整除 Λ 中的每个元素 ξ。特别地,γ 整除 α 和 β,表明 γ 为 α 和 β 的一个公因子。从 $\gamma \in \Lambda$ 可令 $\gamma = \lambda\alpha + \mu\beta$,其中 λ, μ 为复整数。现在证明 γ 还是最大公因子。事实上,如果 τ 是 α 和 β 的任意一个公因子,则从 τ 整除 α 和 β 可知,τ 也整除 $\lambda\alpha + \mu\beta = \gamma$,从而 τ 是 γ 的一个因子,故 $N(\tau) \leqslant N(\gamma)$,按定义,$\gamma$ 确为 α 和 β 的一个最大公因子。因为已经预先给定了 α 和 β 的一个最大公因子 σ,把上述 τ 换为 σ,即知 $N(\sigma) \leqslant N(\gamma)$。根据最大公因子的定义,只有 $N(\sigma) = N(\gamma)$。又因为 σ 整除 γ,令 $\gamma = \sigma\varepsilon$,两边取范数即得 $N(\varepsilon) = 1$,表明 ε 为单位,从而 ε^{-1} 也是复整数。最后就有 $\sigma = \varepsilon^{-1}\gamma = (\varepsilon^{-1}\lambda)\alpha + (\varepsilon^{-1}\mu)\beta$。

总之,通过上述讨论实际上证明了任意两个不全为零的复整数 α 和 β 均存在最大公因子;任何一个公因子均整除最大公因子;任意两个最大公因子相差一个单位,亦即任意两个最大公因子都相伴;每个最大公因子 σ 均可写为 $\sigma = \lambda\alpha + \mu\beta$ 的形式,其中的 λ, μ 都是复整数。

如果两个复整数 α 和 β 的最大公因子只有单位,等价于说 1 是 α 和 β 的一个最大公因子,则称 α 和 β 互素。

(6) 素元:作为素数概念的推广,在 $\mathbb{Z}[\omega]$ 中定义相应的素元概念。设 α 为非零非单位的复整数,如果 α 的因子只有 1 和 α 以及它们的相伴元,则称 α 为 $\mathbb{Z}[\omega]$ 中的一个素元。

素元的基本性质如下:设 ρ 为素元,α, β 为复整数,如果 ρ 整除 $\alpha\beta$,则 ρ 必然整除 α 或 β。这是因为当 ρ 不整除 α 时,1 就是它们的一个最大公因子。根据(5)可知,存在复整数 λ, μ 使得 $1 = \lambda\alpha + \mu\rho$。两边同乘 β 得 $\beta = \lambda\alpha\beta + \mu\rho\beta$,因为等式右边的两项分别被 ρ 整除,从而左边的 β 也能被 ρ 整除。

由此可推出:如果素元 ρ 整除若干复整数的乘积 $\alpha_1\alpha_2\cdots\alpha_n$,则 ρ 必能整除其中的某个 α_i。

(7) 唯一因子分解:类似于整数中的算术基本定理,下面将证明复整数具有唯一因子分解性质。设 $\alpha \in \mathbb{Z}[\omega]$ 为非零非单位的复整数,则 α 可表为一个单位和一些素元的乘积,简称为素元分解,即 $\alpha = \varepsilon\rho_1\rho_2\cdots\rho_n$,其中 ε 为单位而诸 ρ_i 均为素元。进而,如果 $\alpha = \varepsilon'\gamma_1\gamma_2\cdots\gamma_m$ 也是这样一个表示,即 ε' 为单位且 γ_i 均为素元,则 $n = m$,并且把下标适当重排后可使每个 ρ_i 与 γ_i 相伴。换句话说,α 的任意两个素元分解在相伴的意义下是唯一的。

分解的存在性是显然的:如果 α 本身为素元,则 $\alpha = \alpha$ 即为素元分解;如果 α 不是素元,则可令 $\alpha = \alpha_1\alpha_2$,其中 α_1, α_2 均不是单位,从而 $N(\alpha_1)$ 和 $N(\alpha_2)$ 都

大于 1，又 $N(\alpha)=N(\alpha_1)N(\alpha_2)$，所以 $N(\alpha_1)<N(\alpha)$ 且 $N(\alpha_2)<N(\alpha)$。通过对 $N(\alpha)$ 做归纳法，由归纳假设可知 α_1 和 α_2 都具有素元分解，合并后即得 α 的素元分解。

现证分解的唯一性：设 $\alpha=\varepsilon\rho_1\rho_2\cdots\rho_n=\varepsilon'\gamma_1\gamma_2\cdots\gamma_m$ 为上述两个素元分解，则 ρ_1 整除 $\varepsilon'\gamma_1\gamma_2\cdots\gamma_m$。根据素元的性质，$\rho_1$ 必然整除某个 γ_i，适当重排下标后不妨假设 ρ_1 整除 γ_1。因为 γ_1 也是素元，从而 ρ_1 与 γ_1 相伴，即存在单位 ε_1 使得 $\gamma_1=\varepsilon_1\rho_1$。从 α 的两个素元分解式中两边除去 ρ_1，即知 $\varepsilon\rho_2\rho_3\cdots\rho_n=(\varepsilon'\varepsilon_1)\gamma_2\gamma_3\cdots\gamma_m$。显然 $\varepsilon'\varepsilon_1$ 还是单位。对 ρ_2 重复 ρ_1 的论证，不妨设 ρ_2 与 γ_2 相伴，同理存在单位 ε_2 满足 $\gamma_2=\varepsilon_2\rho_2$，代入消去后又得等式 $\varepsilon\rho_3\rho_4\cdots\rho_n=(\varepsilon'\varepsilon_1\varepsilon_2)\gamma_3\gamma_4\cdots\gamma_m$。再对 $\rho_3,\rho_4,\cdots$ 不断重复该论证过程，最终得到 $n=m$，且适当编号后可使每个 ρ_i 与 γ_i 相伴。

(8) 素元 $1-\omega$：以下总记 $\pi=1-\omega$，显然 $N(\pi)=3$，表明 π 的因子只有单位和 π 的相伴元，即 π 确为素元。这是一个相当特殊的元素，在高斯的证明中起着关键的作用。为此，先建立有关 π 的三条基本性质。

性质 1：设 α 为复整数，则 α 除以 π 所得的余数为 $0,\pm1$。

性质 2：设 α 为复整数，则 $\alpha^3\equiv\alpha\pmod{\pi}$。

性质 3：设 π 不整除复整数 α，则 $\alpha^3\equiv\pm1\pmod{\pi^4}$。

事实上，对任意复整数 $\alpha=a+b\omega$，有

$$\alpha=a+b\omega=(a+b)-b(1-\omega)\equiv a+b\pmod{\pi}。$$

因为整数 $a+b$ 除以 3 的余数为 $0,\pm1$，而 π 整除 $3=\pi\bar{\pi}$，所以 $a+b$ 除以 π 的余数也只能是 $0,\pm1$，从而任意复整数 α 模 π 的余数只有三个取值：$0,-1,1$。由此说明性质 1 成立。此外，对任意整数 n，显然 n^3 和 n 除以 3 后所得的余数相等，即 $n^3\equiv n\pmod{3}$，更有 $n^3\equiv n\pmod{\pi}$。所以，

$$\alpha^3-\alpha\equiv(a+b)^3-(a+b)\equiv0\pmod{\pi}，$$

表明性质 2 也成立。最后，如果 π 不整除 α，则 $\alpha\equiv\pm1\pmod{\pi}$。分两种情形：当 α 除以 π 的余数为 1 时，可令 $\alpha=1+\lambda\pi$，λ 为某个复整数，则

$$\alpha^3-1=(\alpha-1)(\alpha-\omega)(\alpha-\omega^2)$$
$$=\lambda\pi(\pi+\lambda\pi)(1-\omega^2+\lambda\pi)$$
$$=\pi^3\lambda(1+\lambda)(\lambda-\omega^2)。$$

注意到 $\omega^2\equiv1\pmod{\pi}$，根据性质 2，有

$$\lambda(1+\lambda)(\lambda-\omega^2)\equiv\lambda(1+\lambda)(\lambda-1)\equiv\lambda^3-\lambda\equiv0\pmod{\pi}，$$

由此表明 α^3-1 被 π^4 整除，即 $\alpha^3\equiv1\pmod{\pi^4}$。当 α 除以 π 的余数为 -1 时，

即 $-\alpha\equiv1(\bmod\pi)$，在上述讨论中换 α 为 $-\alpha$，同理可得 $(-\alpha)^3\equiv1(\bmod\pi^4)$，亦即 $\alpha^3\equiv-1(\bmod\pi^4)$。总之，性质 3 得证。

在高斯的证明中还涉及另外一个概念：设 α 为非零的复整数，则可令 $\alpha=\varepsilon\pi^n\beta$，其中 ε 为单位，β 为复整数且不被 π 整除。根据(7)中有关素元分解之唯一性的论述，可知非负整数 n 由 α 唯一确定，称为 α 关于 π 的指数，记为 $n=\mathrm{ord}_\pi(\alpha)$。因为预先固定了素元 π，在不致引起混淆时可把 α 关于 π 的指数简记为 $o(\alpha)$。不难看出，当复整数 α,β 关于 π 的指数不相等时，则 $o(\alpha\pm\beta)$ 即为 $o(\alpha)$ 和 $o(\beta)$ 中的最小者。

有了以上的准备，现在给出高斯关于方程 $x^3+y^3=z^3$ 没有 $xyz\neq0$ 整数解的完整证明。事实上，高斯转而去证明更为一般的结论，即对每个单位 ε，形如 $x^3+y^3=\varepsilon z^3$ 的方程在 $\mathbf{Z}[\omega]$ 中均没有 $xyz\neq0$ 的解。整个证明过程由下述三个结论组成。

Ⅰ. 如果方程 $x^3+y^3=\varepsilon z^3$ 在 $\mathbf{Z}[\omega]$ 中存在 $xyz\neq0$ 的解，则存在非零的复整数 x,y,z 以及某个单位 ε，使得 $x^3+y^3=\varepsilon z^3$，并且 π 不整除 xy 以及 π 整除 z。

Ⅱ. 对任意不为零的复整数 x,y,z，如果满足 $x^3+y^3=\varepsilon z^3$，并且 π 不整除 xy 以及 π 整除 z，则 π^2 也整除 z。

Ⅲ. 如果存在不为零的复整数 x,y,z 满足 $x^3+y^3=\varepsilon z^3$，并且 π 不整除 xy 以及 π^2 整除 z，则存在不为零的复整数 x_1,y_1,z_1 和单位 ε_1，使得 $x_1^3+y_1^3=\varepsilon_1 z_1^3$，并且 π 不整除 x_1y_1 以及 π 整除 z_1，但 $o(z_1)<o(z)$。

读者不难看出这三个结论蕴含着一个矛盾：因为如果方程 $x^3+y^3=\varepsilon z^3$ 在 $\mathbf{Z}[\omega]$ 中存在非零解，则根据(Ⅰ)和(Ⅱ)可选择非零的复整数 x,y,z 以及某个单位 ε，使得 $x^3+y^3=\varepsilon z^3$ 并且 π 不整除 xy 以及 π^2 整除 z。按照(Ⅲ)的结论，又可选择非零的复整数 x_1,y_1,z_1 和单位 ε_1，使得 $x_1^3+y_1^3=\varepsilon_1 z_1^3$，并且 π 不整除 x_1y_1 及 π 整除 z_1，但 $1\leqslant o(z_1)<o(z)$。再由(Ⅱ)知 π^2 也整除 z_1，重复(Ⅲ)的结论又可得到非零的复整数 x_2,y_2,z_2 和单位 ε_2，使得 $x_2^3+y_2^3=\varepsilon_2 z_2^3$，且 π 不整除 x_2y_2 及 π 整除 z_2，但 $1\leqslant o(z_2)<o(z_1)<o(z)$。显然，这个过程不能无限地重复下去，有限步以后必然得到矛盾。由此即证 $x^3+y^3=\varepsilon z^3$ 在 $\mathbf{Z}[\omega]$ 中没有非零的解，特别地，取 $\varepsilon=1$ 即知不定方程 $x^3+y^3=z^3$ 也没有非零的整数解。

下面逐一给出上述三个结论的详细证明，供有兴趣的读者赏析。

Ⅰ. 证明：设复整数 x,y,z 满足 $x^3+y^3=\varepsilon z^3$ 且 $xyz\neq0$，必要时两边消去

公因子,故可进一步假设 x,y,z 两两互素。如果 π 不整除 x,y,z,根据(8)中性质 3,两边取模 π^4 的余数即得 $\pm1\pm1\equiv\pm\varepsilon(\bmod\pi^4)$,归结成两种情形:$0\equiv\varepsilon(\bmod\pi^4)$ 或 $\pm2\equiv\varepsilon(\bmod\pi^4)$。前者显然不成立,后者表明 π^4 整除 $2\pm\varepsilon$,更有 $N(\pi^4)$ 整除 $N(2\pm\varepsilon)$。但 $N(\pi^4)=N(\pi)^4=3^4$,而 $\varepsilon=\pm1,\pm\omega,\pm\omega^2$,故 $N(2\pm\varepsilon)$ 的全部取值为 $1,3,7,9$,均不被 3^4 整除,矛盾。由此表明 π 必整除 xyz。

如果 π 不整除 yz,则 π 必整除 x。在 $x^3+y^3=\varepsilon z^3$ 两边再取模 π^4 的余数,有 $\pm1\equiv\pm\varepsilon(\bmod\pi^4)$,亦即 π^4 整除 $\varepsilon\pm1$。比较范数即知 $\varepsilon\pm1=0$,此时可把原方程变形为 $(\pm z)^3+y^3=(-x)^3$。同理,当 π 不整除 xz 时必有 π 整除 y,原方程也可变形为 $x^3+(\pm z)^3=(-y)^3$。总之,可归结成 π 不整除 xy 但 π 整除 z 的情形,(Ⅰ)得证。

Ⅱ. 证明:在 $x^3+y^3=\varepsilon z^3$ 的两边再取模 π^4 的余数,得 $\pm1\pm1\equiv\varepsilon z^3(\bmod\pi^4)$,又分两种情形:$0\equiv\varepsilon z^3(\bmod\pi^4)$ 或 $\pm2\equiv\varepsilon z^3(\bmod\pi^4)$。前者表明 π^4 整除 z^3,从而 π^2 能整除 z^2;后者从 π 整除 z 可推出 π 整除 ±2,因而 $N(\pi)=3$ 整除 $N(\pm2)=4$,矛盾。总之,证明了当 π 不整除 xy 时必有 π^2 整除 z,从而(Ⅱ)也成立。

Ⅲ. 证明:设不为零的复整数 x,y,z 满足 $x^3+y^3=\varepsilon z^3$,并且 π 不整除 xy 以及 π^2 整除 z。必要时两边消去公因子,不妨设 x,y,z 两两互素。显然 $(x+y)(x+\omega y)(x+\omega^2 y)=\varepsilon z^3$。从 π^2 整除 z 可知 εz^3 关于 π 的指数 $o(\varepsilon z^3)\geqslant6$,所以上式左边的三项 $x+y,x+\omega y,x+\omega^2 y$ 中至少有一项关于 π 的指数不小于 2。必要时可用 ωy 或 $\omega^2 y$ 替换 y,不妨假定 $o(x+y)\geqslant2$。因为 π 不整除 y,故 $o((1-\omega)y)=o(\pi y)=1$ 以及 $o((1-\omega^2)y)=o((1+\omega)\pi y)=1$。根据(8)中有关计算 π 指数的公式,有

$$o(x+\omega y)=o((x+y)-(1-\omega)y)=1,$$
$$o(x+\omega^2 y)=o((x+y)-(1-\omega^2)y)=1,$$
$$o(x+y)=o(\varepsilon z^3)-o(x+\omega y)-o(x+\omega^2 y)=3o(z)-2.$$

现在求 $x+y,x+\omega y,x+\omega^2 y$ 中任意两个复整数的最大公因子。设素元 ρ 整除 $x+y$ 和 $x+\omega y$,则 ρ 也整除二者之差 $(1-\omega)y=\pi y$,从而有 ρ 整除 π 或者 ρ 整除 y。但 ρ 整除 y 时必整除 $(x+y)-y=x$,矛盾于 x,y 互素的假定。所以 ρ 整除 π,从而 ρ 与 π 相伴。由此表明 $x+y$ 和 $x+\omega y$ 的最大公因子只能是 π 的某个幂及其相伴元。同理可证 $x+\omega y$ 和 $x+\omega^2 y$,以及 $x+y$ 和 $x+\omega^2 y$ 的最大公因子也都是 π 的某个方幂及其相伴元。又因为三个复整数 $x+y,x+$

$\omega y,x+\omega^2 y$ 的乘积等于 εz^3，根据素元分解的唯一性可设

$$x+y=\eta_1\pi^k\alpha^3,\quad x+\omega y=\eta_2\pi\beta^3,\quad x+\omega^2 y=\eta_3\pi\gamma^3,$$

其中 η_1,η_2,η_3 均为单位，$k=o(x+y)=3o(z)-2$，而 α,β,γ 为两两互素的复整数，且 π 不整除 α,β,γ。显然

$$0=(x+y)+\omega(x+\omega y)+\omega^2(x+\omega^2 y)=\eta_1\pi^k\alpha^3+\omega\eta_2\pi\beta^3+\omega^2\eta_3\pi\gamma^3,$$

两边消去 π 即得

$$\eta_1\pi^{k-1}\alpha^3+\omega\eta_2\beta^3+\omega^2\eta_3\gamma^3=0。$$

注意到 $\omega\eta_2$ 也是单位，故两边同乘 $(\omega\eta_2)^{-1}$ 后又变为

$$(\omega\eta_2)^{-1}\eta_1\pi^{k-1}\alpha^3+\beta^3+(\omega\eta_2)^{-1}(\omega^2\eta_3)\gamma^3=0。$$

再记 $\varepsilon_1=(\omega\eta_2)^{-1}\eta_1,\varepsilon_2=(\omega\eta_2)^{-1}(\omega^2\eta_3)$ 以及 $z_1=-\pi^{o(z)-1}\alpha$，则 $\varepsilon_1,\varepsilon_2$ 均为单位，并且上式变为

$$\beta^3+\varepsilon_2\gamma^3=\varepsilon_1 z_1^3。$$

因为 π 不整除 β 和 γ，根据（8）中的性质 3，有

$$\beta\equiv\pm1(\mathrm{mod}\,\pi^4),$$

更有

$$\beta\equiv\pm1(\mathrm{mod}\,\pi^2)。$$

同理

$$\gamma\equiv\pm1(\mathrm{mod}\,\pi^2)。$$

所以在

$$\beta^3+\varepsilon_2\gamma^3=\varepsilon_1 z_1^3$$

的两边取模 π^2 的余数即得

$$\pm1\pm\varepsilon_2\equiv0(\mathrm{mod}\,\pi^2),$$

等价于说 π^2 整除 $1\pm\varepsilon_2$，从而 $N(\pi^2)=3^2$ 也整除 $N(1\pm\varepsilon_2)$。但 $N(1\pm\varepsilon_2)$ 的全部可能取值仅为 $0,1,3,4$，只有 $1\pm\varepsilon_2=0$，即 $\varepsilon_2=\pm1$。

最后，令 $x_1=\beta,y_1=\varepsilon_2\gamma$，则 $x_1^3+y_1^3=\varepsilon_1 z_1^3$。显然 π 不整除 x_1y_1 但 π 整除 z_1，并且 $o(z_1)=o(z)-1<o(z)$。这就证明了（Ⅲ）。

至此就完成了指数为 3 的费马大定理的证明。读者不难看出，尽管高斯提供的这个证法已属于现代风格了，但一般情形下的费马大定理的证明，该是何等的艰深啊！

013 费马大定理

证明方程 $x^n + y^n = z^n (n > 2)$ 没有正整数解。

在问题 012 中已经介绍了费马大定理产生的历史背景,并且提到了欧拉在 1770 年证明了 $x^3 + y^3 = z^3$ 没有正整数解。注意到,如果 $x^{mn} + y^{mn} = z^{mn}$ 有正整数解 a, b, c,则 $(a^m)^n + (b^m)^n = (c^m)^n$,这表明 a^m, b^m, c^m 也是方程 $x^n + y^n = z^n$ 的一组正整数解。所以,如果能证明 $x^n + y^n = z^n$ 没有正整数解,则对 n 的每个倍数 mn 而言,方程 $x^{mn} + y^{mn} = z^{mn}$ 也不存在正整数解。因为费马本人证明了 $x^4 + y^4 = z^4$ 没有正整数解,从而当 n 是 4 的倍数时 $x^n + y^n = z^n$ 也没有正整数解。显然每个大于 2 的正整数 n 要么是 4 的倍数,要么是某个奇素数的倍数。因此,为了证明费马大定理,只需对每个奇素数 $p = 3, 5, 7, \cdots$,证明 $x^p + y^p = z^p$ 没有正整数解。

过了 50 多年后,在 1825 年勒让德和狄利克雷才证明了 $p = 5$ 的情形。值得注意的是,高斯在试图证明 $p = 7$ 的情形时遭遇失败,或许这多少有点伤害了这位"数学家之王"的自尊心,他从此放弃了证明费马大定理的努力,并且在 1816 年给朋友的一封信中写道:"我的确承认,费马大定理作为一个孤立的命题对我没有多少兴趣,因为可以容易地提出许多那样的命题,人们既不能证明它,也不能否定它。" $n = 7$ 情形的证明一直到 1839 年才由法国数学家拉梅完成。当然,像这样对每个素数 p 来逐一证明费马大定理并不现实,况且所遇到的复杂性和困难程度足以令人望而生畏。所以,多少年来人们一直在寻找某种普遍性的方法或技术能够证明费马大定理。

1811 年,法国巴黎科学院首次为证明费马大定理设立大奖,奖项包括一枚金质奖章以及 3000 法郎的巨额奖金。这不仅使得费马大定理变得家喻户晓,而且在公众心目中掀起了一阵数学狂热,以至于许多数学爱好者也纷纷加入攻克费马大定理的队伍中。

令人惊奇的是,在攻克费马大定理的征途中,不只是业余数学家经常会犯一些逻辑上的错误,就连柯西和拉梅这样的数学大师也会给出有致命缺陷的数学证明。柯西是 19 世纪可谓举足轻重的大数学家,他完成了微积分的严密化工程,并且在复变函数理论中卓有建树。在 1847 年 3 月 1 日的法国巴黎科学院的会议上,拉梅宣布自己证明了费马大定理。他粗略地叙述了自己的方法并预言完整的证明过程将在以后几个星期内给出。有趣的是,拉梅刚一离开讲台,柯西立刻就登台发言,他声称自己一直在用与拉梅类似的方法研究费马大定理,很快也会发表一个完整的证明。两位数学家之间出现了优先权的竞争,散会后他们都争分夺秒地整理自己的研究成果,谁都想先拔头筹。大家都非常兴奋,不断议论和猜测两人当中究竟谁会首先赢得这份旷世殊荣。

然而,刘维尔在 5 月 24 日宣读了德国数学家库默的一封来信,让听众大为震惊,这封信不仅使得拉梅和柯西的证明变得毫无意义,也结束了两人之间无谓的竞争。原来,库默通过阅读法国科学院的数学通报,已经从拉梅和柯西的证明思路中发现了致命的错误,而他本人早在 1843 年就犯过同样的错误。事实上,对任意奇素数 p,为了证明方程 $x^p+y^p=z^p$ 没有正整数解,拉梅和柯西所用的方法都和库默在 1843 年的想法不谋而合:首先,把费马方程分解为

$$x^p+y^p=(x+y)(x+\zeta y)\cdots(x+\zeta^{p-1}y)=z^p$$

其中 $\zeta=e^{2\pi i/p}$ 为 p 次本原单位根;其次,考虑以下特殊形式的复数

$$a_0+a_1\zeta+\cdots+a_{p-2}\zeta^{p-2}$$

其中的 a_i 均为整数,这种特殊的复数现在称为"p 次分圆整数",全体 p 次分圆整数的集合记为 $\mathbb{Z}[\zeta_p]$。读者不难看出分圆整数包含了通常的整数,而且两个分圆整数的相加、相减以及相乘仍为分圆整数。类似于整数集合 $\mathbb{Z}$,也可在分圆整数集合 $\mathbb{Z}[\zeta_p]$ 中建立相应的算术理论,定义诸如整除、因子、倍数、单位(即 1 的所有因子)以及不可约元(不能分解为两个非单位分圆整数之积,视为通常素数概念的推广)等基本概念。接下来,库默想当然地认为在分圆整数集合 $\mathbb{Z}[\zeta_p]$ 中也有所谓的唯一因子分解性质:每个非零非单位的分圆整数均可唯一地分解成有限个不可约元的乘积。为了证明费马大定理,库默被迫去考虑比整数集合 $\mathbb{Z}$ 更大的分圆整数集合 $\mathbb{Z}[\zeta_p]$。如果 $x^p+y^p=z^p$ 确有非零的整数解,不妨设 x 和 y 互素,此时可证 $x+y,x+\zeta y,\cdots,x+\zeta^{p-1}y$ 也两两互素。既然它们的乘积是一个 p 次幂,则每一项也应该是某个单位 ε_i 与某个分圆整数 z_i 的 p 次幂之积,故可令 $x+\zeta^i y=\varepsilon_i z_i^p$。这是一个相当强的约束条件,沿此路线推理下去,很快就能得出一个矛盾,表明原方程 $x^p+y^p=z^p$ 实际上并没有非零的整数解,费马大定理由此得证。

1843 年,当库默把证明费马大定理的手稿寄给狄利克雷时,后者发现在证明中有一个错误的假设,这也正是拉梅和柯西在 1847 年所犯的同样错误。原来,在大多数所谓的复整数集合中,类似的唯一因子分解性质并不成立。狄利

克雷举了一个典型的反例：考虑所有形如 $a+b\sqrt{-5}$ 的复整数构成的集合 $\mathbb{Z}[\sqrt{-5}]$，这里 a,b 均为普通的整数。显然该集合对加、减、乘三种运算封闭，但在集合 $\mathbb{Z}[\sqrt{-5}]$ 中，数 6 有以下两种本质上不同的分解：

$$6=2\times 3=(1+\sqrt{-5})(1-\sqrt{-5})。$$

容易验证 $2,3,1+\sqrt{-5},1-\sqrt{-5}$ 都是 $\mathbb{Z}[\sqrt{-5}]$ 中不可分解的元素，这表明唯一因子分解不成立。1844 年，库默经过仔细的研究后，不仅意识到狄利克雷批评的正确性，而且还发现有许多不小于 23 的素数 p，使得 p 次分圆整数集合 $\mathbb{Z}[\zeta_p]$ 不具有唯一因子分解性质。换句话说，对于这些破坏唯一因子分解性质的素数 p 而言，关于相应方程 $x^p+y^p=z^p$ 没有非零整数解的断言并没有真正得到证明，这当然是令人沮丧的。值得一提的是，直到 1971 年，美国数学家蒙哥马利才证明了 $\mathbb{Z}[\zeta_p]$ 具有唯一因子分解性质当且仅当 $p\leqslant 19$，这更进一步说明了使用唯一因子分解的方法一般性地证明费马大定理是不可能的。

令人称道的是，库默虽然遭遇如此重大的挫败，但他却毫不气馁。通过对唯一因子分解性质的仔细分析，1847 年，库默独辟蹊径，以其非凡的想象力，发明了一种"理想数"。借助于这种神秘的理想数，库默终于证明了在分圆整数集合中，尽管分圆整数并不具有唯一因子分解性质，但关于理想数的唯一因子分解性质却普遍成立。利用他发明的理想数概念，库默证明了第一个具有普遍性的结果：如果 p 为正规素数，则 $x^p+y^p=z^p$ 没有非零的整数解。正规素数的定义稍微复杂些，我们不想给出它的严格定义，作为例子，读者只需知道 100 以内的素数除了 37,59 和 67 外都是正规素数。对比一下以往人们在证明指数为 3,5,7 的费马大定理时所遇到的艰难困苦，即可说明库默的成果有多么的伟大。在历史上，这也是证明费马大定理所取得的第一个重大突破。

终其一生，库默也没完全证明费马大定理，因为非正规素数有无穷多个，至今也无法完全征服它们。但库默为证明费马大定理而发明的"理想数"理论却是 19 世纪数学中最为辉煌的创造之一。后来，经过戴德金的加工和整理，理想数变为现代环论中的理想概念，并且成为代数数论、代数几何乃至整个现代数学中最为基本的概念之一。

令人欣慰的是，这个困惑数学家 350 多年的费马大定理 1995 年由英国数学家怀尔斯使用当时最先进的椭圆曲线的算术理论给出了完整的证明，这无疑是 20 世纪数学领域最为杰出的成果之一，怀尔斯也因此在 1996 年 3 月获得了由以色列总统颁发的沃尔夫数学奖，并于 1998 年荣获菲尔兹奖银质奖章，2016 年获阿贝尔奖。

014 威尔逊定理

设 p 为素数,则 p 整除 $(p-1)!+1$。

威尔逊曾是剑桥大学的一名高才生,后来当了律师和法官,但他在数论中却作出了一个重要的发现。当他还是学生的时候,他阐述了一个至今仍以他的名字命名的定理:对任意素数 p,均有 p 整除 $(p-1)!+1$;而且如果 $(q-1)!+1$ 能被 q 整除,则 q 必然也是素数。这是数论中最为基本且重要的定理之一,其意义在于给出了一个正整数为素数的充分必要条件,从而在理论上就完全解决了有关素数的判别问题。然而,威尔逊未能证明自己的这个定理,他只是猜想其正确性,而且就此事专门写信请教当时著名的英国数学家华林。有趣的是,华林本人也没能够证明威尔逊定理,他只是在自己 1770 年出版的《代数沉思录》中公布了这条定理。随后,在 1773 年,法国大数学家拉格朗日才首次给出了威尔逊定理的严格证明。

威尔逊并不是一个数学家,他对数学的贡献也仅限于此,但能以这样一个基本定理而流芳百世,确实令人羡慕和惊奇。实际上,威尔逊并不是第一个作出这一猜想的人,德国数学家莱布尼茨在 1682 年就已经发现了它。据说威尔逊还认为他的这个优美定理永远不会被证明,因为人类没有好的符号来处理素数。后来,当伟大数学家高斯听说了威尔逊的观点后,仅仅用了五分钟,就证明了威尔逊定理!为此,高斯批评威尔逊说:"他需要的是概念,而不是符号。"

下面使用同余的概念给出威尔逊定理的证明,读者将看到它是多么的简洁明快。

当 $p=2$ 时显然有 $(p-1)!+1=2$,表明 $p=2$ 时威尔逊定理成立。以下假设 p 为奇素数。证明的思想是把 $p-3$ 个数 $2,3,\cdots,p-2$ 两两配对,使得每一对数的乘积除以 p 余 1(即模 p 余 1)。为此,注意到 a 和 p 互素,故存在整数 m 和 n 使得 $am+pn=1$,即 am 除以 p 的余数为 1。换句话说,同余方程

$$ax\equiv1(\bmod p)$$

在 a 和 p 互素的条件下总有解。如果该方程有两个解 x,y 满足 $0\leqslant x,y<p$,则 $a(x-y)\equiv0(\bmod p)$,亦即 p 整除 $a(x-y)$。同样由于 a 和 p 互素的缘故,可知 p 整除 $x-y$,只有 $x=y$。这说明上述同余方程具有唯一的满足 $0\leqslant x<p$

的解,把这个解记为 a'。这时 $aa'\equiv1(\bmod p)$,互换 a 和 a' 的位置,根据对称性即知不仅 a 唯一地决定了 a',而且反过来 a' 也唯一地决定了 a,即它们相互唯一确定。假如 $a=a'$,则 $a^2\equiv1(\bmod p)$,即 p 整除 $a^2-1=(a-1)(a+1)$,从而 p 整除 $a-1$ 或者 $a+1$,只有 $a=1$ 或 $p-1$ 时成立。所以,当限制 a 的取值范围是 $2\leqslant a\leqslant p-2$,则每个这样的 a 对应的 a' 与 a 不相等,由此根据对称性又迫使 a' 的取值范围也只能是 $2\leqslant a'\leqslant p-2$。这样,当 a 遍历 $2,3,\cdots,p-2$ 时,把 a 和 a' 配成一对,从而把 $2,3,\cdots,p-2$ 这 $p-3$ 个数两两分组,使得每一组数的乘积恰好除 p 余 1,因而

$$2\cdot3\cdots(p-2)\equiv1(\bmod p)。$$

由此得出

$$(p-1)!=1\cdot2\cdot3\cdots(p-2)(p-1)\equiv1\cdot1\cdot(p-1)\equiv-1(\bmod p),$$

这等价于说 p 整除 $(p-1)!+1$。

反过来,如果正整数 q 能整除 $(q-1)!+1$,将证明 q 必然也是素数。事实上,从该整除关系不难看出 q 与 $(q-1)!$ 没有大于 1 的公因子,从而 q 与比它小的每个正整数都互素,由此推出 q 本身没有除了 1 和 q 的因子,这相当于说 q 为素数。至此就完成了威尔逊定理的全部证明。

虽然威尔逊定理从理论上给出了判别素数的条件,但却难以实际应用,因为当 n 较大时,阶乘 $(n-1)!$ 更是大得惊人。如何有效地判别一个数是否为素数,至今仍然是数论中非常重要的问题。

 **015 线性同余方程**

求解线性同余方程 $ax\equiv b(\bmod m)$。

同余方程的求解始终是初等数论的核心问题之一,最简单的情形当属下述线性同余方程或称为一次同余方程:

$$ax\equiv b(\bmod m)。$$

下面讨论该方程何时有解以及解的个数问题。当然,把解局限在模 m 的剩余系中,亦即在模 m 所得的全部余数 $0,1,\cdots,m-1$ 中,谈论解的存在性、唯一性以

及解的个数等问题。

先研究解的存在性问题。如果该方程有解 x,则 $ax-b$ 被 m 整除,亦即 $ax-b$ 是 m 的一个倍数。此时存在整数 k 使得 $ax-b=km$,变形为 $b=ax-km$。这说明 b 可表示为 a 和 m 的一个整系数线性组合,从而 a 和 m 的最大公因子 (a,m) 整除 b。换句话说,得到了上述线性同余方程有解的必要条件。那么,该条件是否还是解存在的充分条件呢?事实上,使用欧几里得的辗转相除法去求两个整数的最大公因子时,能把两个数的最大公因子写成该两数的整系数线性组合。所以,存在整数 l,k 满足

$$(a,m)=al+mk。$$

如果最大公因子 (a,m) 整除 b,令 $b=(a,m)n$,则有

$$b=(a,m)n=a(ln)+m(kn)。$$

于是 $x \equiv ln \pmod{m}$ 即为同余方程 $ax \equiv b \pmod{m}$ 的一个解。这就证明了一开始所讨论的线性同余方程 $ax \equiv b \pmod{m}$ 有解的充分必要条件是 a 和 m 的最大公因子 (a,m) 整除 b。

接着,来研究该同余方程解的个数问题。为此先考虑 a 和 m 互素这一特殊情形,下面将证明此时的同余方程恰有一个解。事实上,根据上一段关于解的存在性讨论,当 $(a,m)=1$ 时方程 $ax \equiv b \pmod{m}$ 有解,设 $x=r$ 为其一个解。假如 $x=s$ 也是其任意一个解,则两个同余式相减后即为

$$a(r-s)=ar-as \equiv b-b \equiv 0 \pmod{m}。$$

假定 a 和 m 互素,故从 m 整除 $a(r-s)$ 可推出 m 整除 $r-s$。因为把解限制在模 m 的余数中,故有 $r=s$,表明该同余方程有唯一的解。

一般地,将证明当 (a,m) 整除 b 时,线性同余方程 $ax \equiv b \pmod{m}$ 恰好有 (a,m) 个解。为此,先作一些简化。令

$$d=(a,m), \quad a=da', \quad m=dm', \quad b=db'。$$

显然 a' 和 m' 互素,而且在 $ax \equiv b \pmod{m}$ 中消去公因子 d 可得下述简化同余方程

$$a'x \equiv b' \pmod{m'}。$$

根据上段关于解唯一性的讨论可知该简化同余方程恰有一个解,设为 r。只需验证下述构造的 $d=(a,m)$ 个数

$$r,r+m',r+2m',\cdots,r+(d-1)m'$$

即为原同余方程全部不同的解。

首先,从 $0 \leqslant r < m'$ 可知对每个 $0 \leqslant k \leqslant d-1$ 均有

$$0 \leqslant r + km' \leqslant r + (d-1)m' < m' + (d-1)m' = dm' = m \, .$$

其次,这些数不仅两两不同,而且都是简化同余方程的解,自然也满足原同余方程。剩下的只是要证明原同余方程的每个解必然出现在这些数中。设 s 为 $ax \equiv b \pmod{m}$ 的任意一个解,则 s 也是简化同余方程 $a'x \equiv b' \pmod{m'}$ 的一个解。根据简化同余方程解唯一的性质,有 $s \equiv r \pmod{m'}$,故可令 $s = r + km'$。注意到 $0 \leqslant s < m = dm'$,这将迫使 $0 \leqslant k < d$,表明 s 也出现在上述构造的 d 个数中。所以,这 d 个数确为同余方程全部不同的解。

综上所述,关于线性同余方程 $ax \equiv b \pmod{m}$ 解的存在性和个数问题,总结如下:当 a 和 m 的最大公因子 (a, m) 不整除 b 时该方程无解;当 (a, m) 整除 b 时该方程恰有 (a, m) 个解。另外,所有的解可从简化同余方程的唯一解构造出来。

 016 欧拉函数 $\phi(n)$

对任意给定的正整数 n,试求小于 n 且与 n 互素的正整数的个数。

即使从现代数学的角度来看,这个问题仍然是数论中的一个基本问题,它的价值在于由此产生了一个非常有用的数论函数。早在 1640 年 10 月 18 日,费马在给朋友的一封信中叙述了一个数论结果:如果 p 为素数,则对每个正整数 a,均有 p 整除 $a^p - a$。后人把费马发现的这个漂亮的结论称为费马小定理。到了 1736 年,欧拉给出了费马小定理的严格证明。事实上,至今为止人们已经找到了这个定理的许多证明,但值得赞赏的是,欧拉在 1760 年给出了费马小定理的重要推广。他首先考虑了小于给定正整数 n 且与 n 互素的正整数的个数,高斯为此还专门引进了一个记号 $\phi(n)$,即 $\phi(n)$ 表示在 $1, 2, \cdots, n$ 中与 n 互素的正整数的个数,现在称之为欧拉函数。使用这个新的数论函数,欧拉证明了如果 a 和 n 互素,则 n 整除 $a^{\phi(n)} - 1$。注意到当 n 为素数 p 时,每个小于 p 的正整数都和 p 互素,亦即 $\phi(p) = p - 1$,此时的欧拉定理变为对每个与 p 互素的 a,均有 p 整除 $a^{p-1} - 1$,自然也整除 $a^p - a$。如果 a 与 p 不互素,亦即 p 整除 a,则显然有 p 整除 $a^p - a$。这其实就是费马小定理的内容,因此欧拉的定理的确包含了费马小定理。

令人惊奇的是,欧拉定理的困难之处仅仅在于它的提出和发现,这需要一定的想象力,而它的证明却非常简单。叙述如下:

假设 a 和 n 互素,并且在 $1,2,\cdots,n$ 中与 n 互素的正整数为 $r_1,r_2,\cdots,r_k$,按欧拉函数的定义,其中 $k=\phi(n)$。接着,欧拉又考虑了 k 个数

$$ar_1,ar_2,\cdots,ar_k$$

分别除以 n 后所得的余数。一方面,因为 a 和每一个 r_i 分别与 n 互素,从而它们的乘积 ar_i 也和 n 互素,除以 n 所得的余数也将和 n 互素。另一方面,如果某两项 ar_i 和 ar_j 除以 n 所得的余数相同,则 n 必整除它们的差 $ar_i-ar_j=a(r_i-r_j)$。同样根据 a 和 n 互素的假设,可知 n 整除 r_i-r_j,只有 $r_i=r_j$。由此表明上述数列 $ar_1,ar_2,\cdots,ar_k$ 除以 n 所得的余数不仅与 n 互素而且两两不同,故为 $r_1,r_2,\cdots,r_k$ 的一个排列。所以,n 整除下述乘积之差

$$(ar_1)(ar_2)\cdots(ar_k)-r_1r_2\cdots r_k=(r_1r_2\cdots r_k)(a^k-1)。$$

又因为乘积 $r_1r_2\cdots r_k$ 也和 n 互素,从而 n 整除 a^k-1。至此就完成了欧拉定理的证明。

现在继续讨论欧拉函数 $\phi(n)$。既然该函数在数学的许多领域里经常出现,是一个十分基本的数论函数,那么,如何计算 $\phi(n)$ 或者得到它的表达式,则是一个重要的基础问题。前面已经提到过,当 n 为素数 p 时 $\phi(p)=p-1$。一般地,当 n 为一个素数幂 p^e 时,从定义出发也能求出相应的函数值 $\phi(p^e)$。事实上,在小于或等于 p^e 的正整数中,与 p^e 不互素者恰为 p 的倍数,它们只能是

$$1\cdot p,2\cdot p,3\cdot p,\cdots,p^{e-1}\cdot p,$$

一共有 p^{e-1} 个。这就证明了在小于或等于 p^e 中,与 p^e 互素的正整数的个数恰为 p^e-p^{e-1}。换句话说,即证明了当 p 为素数时,

$$\phi(p^e)=p^e-p^{e-1}=p^{e-1}(p-1)。$$

因为任意大于 1 的正整数均可写成不同的素数幂之积,即可令 $n=p_1^{e_1}p_2^{e_2}\cdots p_k^{e_k}$,所以,为了计算相应的 $\phi(n)$,人们自然期望 $\phi(n)$ 为积性函数,即对互素的正整数 m 和 n,总有 $\phi(mn)=\phi(m)\phi(n)$。一旦这个乘积公式得到了证明,借此就能得到 $\phi(n)$ 的计算公式,亦即

$$\phi(n)=\phi(p_1^{e_1})\phi(p_2^{e_2})\cdots\phi(p_k^{e_k})$$

$$=p_1^{e_1-1}(p_1-1)p_2^{e_2-1}(p_2-1)\cdots p_k^{e_k-1}(p_k-1)$$

$$=n\left(1-\frac{1}{p_1}\right)\left(1-\frac{1}{p_2}\right)\cdots\left(1-\frac{1}{p_k}\right)。$$

令人感到欣慰的是，$\phi(n)$的确是一个积性函数，下面就来证明这一点。

假设 m 和 n 是两个互素的正整数，把从 $1\sim mn$ 的正整数按下述方式排列成一个有 m 行和 n 列的阵势：

$$\begin{array}{ccccc} 1 & m+1 & 2m+1 & \cdots & (n-1)m+1 \\ 2 & m+2 & 2m+2 & \cdots & (n-1)m+2 \\ \vdots & \vdots & \vdots & & \vdots \\ m & 2m & 3m & \cdots & nm。 \end{array}$$

显然，此阵势的第 $r(1\leqslant r\leqslant m)$ 行的 n 个数为

$$r \quad m+r \quad 2m+r \quad \cdots \quad (n-1)m+r。$$

一方面，不难看出一个数 d 整除 m 和 r，当且仅当 d 整除 m 和 $km+r$。由此表明当 r 和 m 互素时，第 r 行中的各数也都与 m 互素；而当 r 和 m 不互素时，第 r 行中的每个数也都与 m 不互素。另一方面，假如该行中某两个数 $am+r$ 和 $bm+r$ 除以 n 的余数相同，则它们的差等于 $(a-b)m$ 也能被 n 整除。从 m 和 n 互素的假定可知 n 整除 $a-b$，因为 a 和 b 的取值范围都是从 $0\sim n-1$，所以只能是 $a=b$。这说明每行中的 n 个数分别除以 n 后所得的余数两两不同，这 n 个不同的余数只能是 $0,1,\cdots,n-1$ 的一个排列，因而每行中恰有 $\phi(n)$ 个数与 n 互素。注意到与 mn 互素的数就是那些分别同 m 和 n 都互素的数，所以，为了在上述阵势中寻找所有与 mn 互素的数，可以先找出与 m 互素的那些行，共有 $\phi(m)$ 个，然后在每个与 m 互素的行中再接着找出与 n 互素的数来。按以上说明，每行中都恰好有 $\phi(n)$ 个与 n 互素的数。这样，在上述阵势里与 mn 互素的数就共有 $\phi(m)\phi(n)$ 个，亦即证明了 $\phi(mn)=\phi(m)\phi(n)$。

至此就介绍完了欧拉函数 $\phi(n)$ 的计算公式及其证明过程，从理论上说解决了 $\phi(n)$ 的计算问题。例如，为了计算 $\phi(100)$，即 100 以内与 100 互素的数的个数，先把 100 分解成素数幂乘积 $100=2^2\cdot 5^2$，分别算出 $\phi(2^2)=2$ 以及 $\phi(5^2)=5(5-1)=20$，最后得到 $\phi(100)=\phi(2^2)\phi(5^2)=40$。但是，当 n 较大，尤其是当 n 的素数幂分解难以写出时，就无法直接应用 $\phi(n)$ 的计算公式，相应的函数值 $\phi(n)$ 也就难以计算了，这也是欧拉函数的美中不足之处。剩下的问题是：对欧拉函数 $\phi(n)$ 而言，能否找到一个不依赖于 n 的因子分解的计算方法呢？遗憾的是，这个问题至今尚未得到解决。

最后，在本问题结束之前，再证明欧拉函数的一个基本性质：设 m 为正整数，用记号 $a\mid b$ 表示 a 整除 b，则

$$\sum_{d\mid m}\phi(d)=m。$$

该证明是高斯首先给出的。对 m 的每个因子 d,记 C_d 为 $1,2,\cdots,m$ 中那些与 m 的最大公因子为 d 的正整数集合。注意到 n 在 C_d 中当且仅当 $(m,n)=d$,亦即 $(m/d,n/d)=1$。此时 n/d 的取值共有 $\phi(m/d)$ 个,表明 C_d 中元素的个数为 $\phi(m/d)$。显然 $1,2,\cdots,m$ 中的每个元素恰属于一个集合 C_d,所以

$$m=\sum_{d\mid m}|C_d|=\sum_{d\mid m}\phi(m/d)=\sum_{d\mid m}\phi(d)。$$

 # 017　原根问题

什么样的正整数具有原根?

设 a 和 m 是互素的正整数,考虑 a 的所有方幂 $a,a^2,a^3,\cdots$ 除以 m 后所得的余数。因为一个数除以 m 所得的余数只能是 $0,1,\cdots,m-1$ 中之一,故存在两个不同的方幂 a^i 和 a^j。不妨设 $i<j$,使得 m 整除 $a^j-a^i=a^i(a^{j-i}-1)$。根据 m 和 a 互素的假定,可知 m 整除 $a^{j-i}-1$。由此证明了只要 a 和 m 互素,就存在一个正整数 k 使得 $a^k\equiv1(\bmod m)$。把这个最小的 k 称为 a 模 m 的阶,或者称为 a 关于 m 的指数。

a 模 m 的阶 k 应该是什么样子的呢?假如还有 $a^n\equiv1(\bmod m)$。设 n 除以 k 的余数为 r,即可令 $n=kq+r$,其中 $0\leqslant r<k$,则

$$a^r=a^{n-kq}=a^n a^{-kq}\equiv1(\bmod m)。$$

根据 k 的极小性推出 $r=0$,表明 k 整除 n。这实际上给出了阶的一个刻画,即 k 为 a 模 m 的阶当且仅当 $a^k\equiv1(\bmod m)$,以及对任意 $a^n\equiv1(\bmod m)$,总有 k 整除 n。

特别地,根据问题 016 中提及的欧拉定理,当 a 和 m 为互素的正整数时,总有 m 整除 $a^{\varphi(m)}-1$,写成同余式即为 $a^{\varphi(m)}\equiv1(\bmod m)$,其中 $\varphi(m)$ 为欧拉函数。由此表明 a 模 m 的阶必然整除 $\varphi(m)$,亦即为 $\varphi(m)$ 的一个因子。从此引出一个最为基本的问题:在什么条件下 a 模 m 的阶恰好等于 $\varphi(m)$ 呢?

如果 a 模 m 的阶恰好等于 $\varphi(m)$,则称 a 为 m 的一个原根。现在的问题是:什么样的正整数 m 有原根,以及在原根存在的情形下如何求出其所有的原根。这个问题之所以特别重要,原因在于对具有原根为 a 的正整数 m 而言,a

的 $\varphi(m)$ 个方幂 $a, a^2, \cdots, a^{\varphi(m)}$ 除以 m 所得的余数恰好就是小于 m 且与 m 互素的全部正整数。换句话说,那些与 m 互素的每个正整数必然与 $a, a^2, \cdots, a^{\varphi(m)}$ 中的某一个模 m 同余,这在整除理论中当然是一种理想情形。

并不是每个正整数都有原根。例如,取 $m=8$,直接计算可知 $3, 5, 7$ 分别模 8 的阶都是 2,而 $\varphi(8)=4$,表明 8 没有原根。

然而,欧拉在 1773 年首先证明了每个素数 p 都有原根。为了介绍欧拉的这个证明,需要下述两个基本结论。在给出这两个基本结论之前,有必要介绍同余方程解的一个性质。如果 x 是同余方程 $f(x) \equiv 0 \pmod{m}$ 的一个解,且 x 除以 m 后所得的余数为 r,亦即存在 k 使得 $x = km + r (0 \leqslant r < m)$,根据二项展开公式显然有 $f(km+r) \equiv f(r) \pmod{m}$,从而 $f(r) \equiv 0 \pmod{m}$,这表明 r 也是同余方程 $f(x) \equiv 0 \pmod{m}$ 的解。基于同余方程解的这一性质,在讨论同余方程 $f(x) \equiv 0 \pmod{m}$ 的解时,可以把解局限在模 m 的简化剩余系中,亦即在模 m 所得的全部余数 $0, 1, \cdots, m-1$ 中,谈论解的存在性以及解的个数等问题。

(1) 设 $f(x)$ 为 n 次整系数多项式,则同余方程

$$f(x) \equiv 0 \pmod{p}$$

至多有 n 个解。

此即所谓的拉格朗日定理,是拉格朗日在 1770 年首先证明的。现在,对多项式的次数作归纳来证明该结论。令

$$f(x) = a_n x^n + a_{n-1} x^{n-1} + \cdots + a_0$$

为整系数多项式,不妨设 $a_n \not\equiv 0 \pmod{p}$。当 $n=1$ 时,从 $(a_1, p)=1$ 即知一次同余方程 $a_1 x + a_0 \equiv 0 \pmod{p}$ 只有一个解。假定该结论对 $n-1$ 次多项式成立,考虑 n 次多项式 $f(x)$。如果 $f(x) \equiv 0 \pmod{p}$ 无解,则结论自然成立。如果 $f(x) \equiv 0 \pmod{p}$ 有一个解 r,即 $f(r) \equiv 0 \pmod{p}$,此时用 $x-r$ 去除 $f(x)$ 所得的余式恰为 $f(r)$,亦即存在整系数多项式 $g(x)$ 满足

$$f(x) = (x-r)g(x) + f(r)。$$

显然 $f(x) \equiv (x-r)g(x) \pmod{p}$,且 $g(x)$ 的次数是 $n-1$。因为 p 是素数,所以 $f(x) \equiv 0 \pmod{p}$ 的全部解即为 r 和 $g(x) \equiv 0 \pmod{p}$ 的所有解组成。根据归纳假设 $g(x) \equiv 0 \pmod{p}$ 至多有 $n-1$ 个解,从而 $f(x) \equiv 0 \pmod{p}$ 的解最多有 n 个。

(2) 如果 d 是 $p-1$ 的一个因子,则 $x^d \equiv 1 \pmod{p}$ 恰有 d 个解。

事实上,根据费马小定理可知对每个与 p 互素的正整数 a,均有 p 整除

$a^{p-1}-1$，即同余方程 $x^{p-1}\equiv1(\mathrm{mod}\ p)$ 恰有 $p-1$ 个解 $1,2,\cdots,p-1$。从条件 d 整除 $p-1$ 不难看出 x^d-1 也整除 $x^{p-1}-1$，故可令

$$x^{p-1}-1=(x^d-1)h(x)。$$

根据上述结论(1)，同余方程 $h(x)\equiv0(\mathrm{mod}\ p)$ 最多有 $p-1-d$ 个解。因此 $x^d\equiv1(\mathrm{mod}\ p)$ 至少也有 d 个解，再从结论(1)可知其恰好有 d 个解。

有了以上的准备工作，就可证明每个素数 p 均有原根。注意到

$$1,2,\cdots,p-1$$

中的每个数模 p 的阶都整除 $\varphi(p)=p-1$，对 $p-1$ 的每个因子 d，用 $\psi(d)$ 表示该 $p-1$ 个数中模 p 的阶等于 d 的那些数的个数，则有

$$\sum_{d|(p-1)}\psi(d)=p-1。$$

现在比较 $\varphi(d)$ 和 $\psi(d)$ 的大小。对 $p-1$ 的每个因子 d，如果 $\psi(d)=0$，则 $\psi(d)<\varphi(d)$。如果 $\psi(d)\neq0$，则存在一个模 p 的阶为 d 的正整数，设为 a。显然阶为 d 的所有数都是同余方程

$$x^d\equiv1(\mathrm{mod}\ p)$$

的解，根据结论(2)知该方程恰好有 d 个解。因 $a,a^2,\cdots,a^d$ 模 p 两两不同，故为上述方程的全部解。由此表明凡阶为 d 的正整数均可写成 a 的方幂形式，易知 a^k 的阶为 d 当且仅当 $(d,k)=1$，从而有 $\varphi(d)$ 个阶为 d 的方幂，所以 $\psi(d)=\varphi(d)$。总之，一般地证明了 $\psi(d)\leqslant\varphi(d)$。再根据欧拉函数的性质，有

$$\sum_{d|(p-1)}\varphi(d)=p-1=\sum_{d|(p-1)}\psi(d)。$$

所以，对每个 $p-1$ 的因子 d，均有 $\psi(d)=\varphi(d)$。特别地，$\psi(p-1)=\varphi(p-1)\neq0$，这说明存在模 p 的阶为 $p-1$ 的正整数，亦即 p 有原根。

一般地，高斯在 1801 年证明了一个正整数具有原根，当且仅当它形如

$$1,2,4,p^e,2p^e,$$

这里 p 为任意奇素数，而 e 为任意正整数。虽然高斯的这个证明同样初等且巧妙，但篇幅所限，就不再介绍了。

最后，关于原根问题提及一个著名的猜想。1927 年，奥地利大数学家阿廷猜测：对每个不等于 1、$p-1$ 以及完全平方的正整数 a，均存在无穷多个素数 p 以 a 为原根。这一猜想至今尚未得到证明。

018 二次剩余和欧拉准则

如何判定二次同余方程 $x^2 \equiv a \pmod{p}$ 是否有解。

线性同余方程的求解问题解决之后,接下来自然要研究二次同余方程

$$ax^2 + bx + c \equiv 0 \pmod{m}$$

的求解问题,其中要求 m 不整除 a。下面只研究模 m 等于素数 p 的二次同余方程,这也是最为重要的情形。至于模 m 为合数的一般二次同余方程的求解问题,本质上可约化为 m 为素数的情形。

先看 $m=2$。此时根据 2 不整除 a 的假设,不妨设 $a=1$。因为任意正整数模 2 的余数只有 0 和 1,所以 $x=0$ 为该同余方程的解当且仅当 c 为偶数;而 $x=1$ 为该同余方程的解当且仅当 $1+b+c$ 为偶数。总之,当 $m=2$ 时上述二次同余方程有解的充分必要条件是 c 为偶数,或者 $b+c$ 为奇数。因此,只需研究 m 等于奇素数 p 时的情形。

现在对同余方程作一些简化。首先,我们能把首项系数化为 1。事实上,从 p 不整除 a 可知存在唯一的 a' 满足 $a'a \equiv 1 \pmod{p}$,因为 a' 和 p 也互素,故所讨论的二次同余方程与下述二次同余方程

$$x^2 + a'bx + a'c \equiv 0 \pmod{p}$$

同解。其次,接着能消去一次项。如果 $a'b$ 为偶数,直接配方可得下述二项方程

$$\left(x + \frac{a'b}{2}\right)^2 \equiv \left(\frac{a'b}{2}\right)^2 - a'c \pmod{p}。$$

而如果 $a'b$ 为奇数,则 $p+a'b$ 为偶数。对等价的方程

$$x^2 + (p+a'b)x + a'c \equiv 0 \pmod{p}$$

再作类似的配方亦可化为上述二项方程。总之,无论何种情形,都可以把所研究的一般二次同余方程归结成下述二项同余方程

$$x^2 \equiv a \pmod{p}。$$

换句话说,对模为奇素数 p 而言,如果能求解这种二项方程,则也能求解任意一般的二次同余方程。

为了研究上述二项同余方程,先介绍高斯引进的一些术语。如果二项同余

方程 $x^2 \equiv a \pmod{p}$ 有解,则称 a 为模 p 的一个二次剩余,否则就称为模 p 的一个二次非剩余。显然,当 p 整除 a 时,$x=0$ 即为该二项同余方程的一个解,从而 a 是 p 的一个二次剩余。这当然是一种平凡情形,以后不妨要求 p 不整除 a。使用二次剩余的概念,把有关二项同余方程的求解问题等价地叙述为:对于给定的奇素数 p,如何判别一个正整数 a 是否为模 p 的二次剩余,以及怎样求出模 p 的所有二次剩余。

在历史上,欧拉首先解决了关于二次剩余的判别问题,得到了欧拉准则。根据费马小定理,对每个与 p 互素的正整数 a,均有 $a^{p-1} \equiv 1 \pmod{p}$。今假定 p 为奇素数,从而 $p-1$ 被 2 整除,就有

$$a^{p-1} - 1 = (a^{(p-1)/2} + 1)(a^{(p-1)/2} - 1) \equiv 0 \pmod{p},$$

于是 $a^{(p-1)/2} \equiv \pm 1 \pmod{p}$。欧拉准则断言:$a$ 为模 p 的二次剩余当且仅当 $a^{(p-1)/2} \equiv 1 \pmod{p}$。换言之,如果 $a^{(p-1)/2} \equiv 1 \pmod{p}$,则 a 为模 p 的二次剩余;而如果 $a^{(p-1)/2} \equiv -1 \pmod{p}$,则 a 为模 p 的二次非剩余。下面使用原根的概念(见问题 017)给出欧拉准则的证明。

设 r 为奇素数 p 的一个原根,从定义可知 $r^{(p-1)/2} \not\equiv 1 \pmod{p}$。再根据上述讨论,只有 $r^{(p-1)/2} \equiv -1 \pmod{p}$。因为 $r, r^2, \cdots, r^{p-1}$ 模 p 两两不同,且 a 与 p 互素,故存在正整数 k 使得 $a \equiv r^k \pmod{p}$。如果 k 为偶数,则方程 $x^2 \equiv a \pmod{p}$ 显然有解,即 $r^{k/2}$ 模 p 的余数。此时,

$$a^{(p-1)/2} \equiv (r^k)^{(p-1)/2} \equiv (r^{k/2})^{p-1} \equiv 1 \pmod{p}。$$

如果 k 为奇数,则

$$a^{(p-1)/2} \equiv (r^{(p-1)/2})^k \equiv (-1)^k \equiv -1 \pmod{p},$$

此时方程 $x^2 \equiv a \pmod{p}$ 必然无解,因为假设它有一解,比方说 s,则有

$$1 \equiv s^{p-1} \equiv (s^2)^{(p-1)/2} \equiv a^{(p-1)/2} \equiv -1 \pmod{p},$$

这对于奇素数 p 而言当然是不可能的。由此即证欧拉准则。

欧拉准则虽然给出了一个数是否为某个奇素数二次剩余的判别方法,但它并没有解决相应二项同余方程的求解问题,而且欧拉准则实际应用起来往往也是非常麻烦的。为了进一步获得二次剩余更为有效的判别方法,勒让德在 1808 年发明了一个记号(勒让德符号)。设 p 为奇素数,且不整除整数 a,则记

$$(a/p) = \begin{cases} 1, & \text{当 } a \text{ 是模 } p \text{ 的二次剩余时} \\ -1, & \text{当 } a \text{ 是模 } p \text{ 的二次非剩余时} \end{cases}$$

它的意义在于把判别 a 是否为模 p 的二次剩余的问题归结成计算勒让德符号 (a/p) 是否为 1,尤其引人注意的是勒让德符号具有下述乘法性质:设 a, b 均

与 p 互素,则

$$(ab/p)=(a/p)(b/p)。$$

其证明可由欧拉准则直接得出。事实上,结合勒让德符号的定义和欧拉准则,显然有

$$a^{(p-1)/2}\equiv(a/p)(\mathrm{mod}\,p)。$$

再从 a,b 分别与 p 互素可知 ab 也与 p 互素,所以

$$(ab/p)\equiv(ab)^{(p-1)/2}\equiv a^{(p-1)/2}b^{(p-1)/2}\equiv(a/p)(b/p)(\mathrm{mod}\,p)。$$

因为勒让德符号的值仅为 ±1,故有 $(ab/p)=(a/p)(b/p)$。

　　勒让德发明的这个优美的符号为二次剩余的判别问题提供了清晰的思想纲领。为了计算 (a/p),先把 a 写成素数的乘积 $a=q_1q_2\cdots q_s$,根据勒让德符号的乘法性质,则有

$$(a/p)=(q_1/p)(q_2/p)\cdots(q_s/p)。$$

考虑到 a 可能取负整数,把 (a/p) 的计算归结成三类:$(-1/p)$,$(2/p)$,(q/p),其中 q 为奇素数。对于前两类勒让德符号的计算,根据欧拉准则和问题 019 讲述的高斯引理不难得出

$$(-1/p)=(-1)^{(p-1)/2},\quad(2/p)=(-1)^{(p^2-1)/8}。$$

所以,一般地,计算勒让德符号的关键就归结成对任意两个不同的奇素数 p,q,如何计算 (q/p)。

　　令人惊奇的是,计算 (q/p) 的奥妙竟然蕴藏在 (q/p) 和 (p/q) 的关系中。在 18 世纪后期到 19 世纪初,许多大数学家都对此进行了深入的探讨,结果发现了数论中最具有创新精神而且可能引发出最多成果的二次互反律,高斯称之为黄金定律。1783 年,欧拉通过观察和验算首先猜测出二者之间的关系:设 p,q 为不同的奇素数,则

$$(p/q)(q/p)=(-1)^{(p-1)(q-1)/4}。$$

这就是数论中著名的二次互反律,它十分漂亮地解决了勒让德符号的计算问题。稍后,在与欧拉毫无联系的情况下,勒让德于 1785 年也独立发现了上面这个公式,并且给出了部分证明。二次互反律的第一个严格证明,是由高斯在其 24 岁时出版的划时代巨著《算术研究》中给出的,有关的主题和背景将在问题 019 中介绍。

　　最后,举例说明为什么二次互反律实际上解决了二次剩余的判别问题。例如,为了判别 15 是否为模 17 的二次剩余,需要计算 $(15/17)$。但 $(15/17)=(3/17)(5/17)$,根据二次互反律以及 $(2/p)$ 的计算公式,有

$$(3/17)=(-1)^{(3-1)(17-1)/4}(17/3)=(2/3)=(-1)^{(3-1)/2}=-1。$$

其中 $(17/3)=(2/3)$ 用到了勒让德符号的一个基本性质，即当 a 和 b 模 p 同余时，总有 $(a/p)=(b/p)$。同理，

$$(5/17)=(-1)^{(5-1)(17-1)/4}(17/5)=(2/5)=(-1)^{(5-1)/2}=1。$$

所以 $(15/17)=(3/17)(5/17)=1$，表明 15 是模 17 的二次剩余，亦即同余方程 $x^2 \equiv 15 \pmod{17}$ 有解。细心的读者一定能体会出其中的美妙吧！

019 二次互反律

设 p,q 为不同的奇素数，则 $(p/q)(q/p)=(-1)^{(p-1)(q-1)/4}$。

在问题 018 中已经提及，二次互反律虽然是由欧拉和勒让德分别在 1783 年和 1785 年各自独自提出的，但他们都没能完整地证明它。二次互反律的第一个严格证明是高斯在 1796 年 19 岁时完成的，此后他又发现了另外七个不同的证明。高斯说他找到了许多证明，因为他希望从中发现推广至高次互反律的一些线索。高斯把二次互反律誉为算术理论中的宝石，是一个黄金定律。事实也的确如此，正如美国数学家狄克逊所言："二次互反律无疑是数论中最重要的工具，并且在数论的发展史中处于中心的地位。"

自从高斯证明了二次互反律以来，许多杰出的数学家如雅克比、柯西、刘维尔、克罗内克、弗罗比纽斯等也相继对这一定理做了深入的探讨并提出了新的证明方法。据统计，二次互反律迄今已有 150 多个不同的证明。这在数学中是极为罕见的，充分说明二次互反律在人们心目中的崇高地位。尽管已有许多证明，但即使今天，要想证明二次互反律也绝非易事。下面介绍高斯对二次互反律所做的第三个证明，高斯和其他人都认为这是他八个证明中最为简单和灵巧的一个。

先从高斯引理谈起，它是证明的基础和出发点。设 p 为奇素数，且不整除整数 a。考虑下述 $(p-1)/2$ 个数：

$$a,2a,3a,\cdots,\frac{p-1}{2}a,$$

显然,它们除以 p 所得的余数两两不同。假设这些余数中恰有 g 个大于 $(p-1)/2$,则高斯引理断言 a 为模 p 的二次剩余当且仅当 g 为偶数,即 $(a/p)=(-1)^g$。

现在来证明高斯引理。任何一个与 p 互素的数除以 p 所得的余数不外乎下列数之一:

$$1,2,(p-1)/2,(p+1)/2,\cdots,p-1。$$

其中所有大于 $(p-1)/2$ 的余数也就是下述 $(p-1)/2$ 个数:

$$-1,-2,-3,\cdots,-(p-1)/2$$

分别除以 p 后所得的余数。因此,如果一个数模 p 的余数大于 $(p-1)/2$,则该数必然与某个 $-k$ 模 p 同余,其中 $1\leqslant k\leqslant(p-1)/2$。另外,$a$ 的任何两个倍数 ma 和 na,其中 $1\leqslant m,n\leqslant(p-1)/2$,不可能和两个符号相反的数模 p 同余。否则,假设

$$ma\equiv r(\bmod p),\quad na\equiv -r(\bmod p),$$

这里 $1\leqslant r\leqslant(p-1)/2$,则两个同余式相加后即得 p 整除 $(m+n)a$。从 a 和 p 互素可知 p 整除 $m+n$,但 $0<m+n<p$,这是不可能的。于是有

$$a\cdot 2a\cdot\cdots\cdot\left(\frac{p-1}{2}a\right)\equiv(-1)^g 1\cdot 2\cdot\cdots\cdot\frac{p-1}{2}(\bmod p),$$

注意到 $1\cdot 2\cdot\cdots\cdot\frac{p-1}{2}$ 与 p 互素,从而有

$$a^{(p-1)/2}\equiv(-1)^g(\bmod p)。$$

根据欧拉定理和勒让德符号的关系,上式即为 $(a/p)=(-1)^g$。高斯引理由此得证。

接着,给出二次互反律的证明。设 p 和 q 为不同的奇素数,考虑下述 $(p-1)/2$ 个数:

$$q,2q,3q,\cdots,\frac{p-1}{2}q$$

除以 p 所得的余数。把小于或等于 $(p-1)/2$ 的那些余数归为一类,记为 r_1, $r_2,\cdots,r_k$;而把大于 $(p-1)/2$ 的那些余数归入另一类,并记为 $s_1,s_2,\cdots,s_g$。因此 $k+g=(p-1)/2$。在上述高斯引理的证明过程中,已经知道

$$r_1,r_2,\cdots,r_k,p-s_1,p-s_2,\cdots,p-s_g$$

不过是下列各数的一个排列:

$$1,2,3,\cdots,\frac{p-1}{2}。$$

为了便于求和,记

$$R = r_1 + r_2 + \cdots + r_k, \quad S = s_1 + s_2 + \cdots + s_g。$$

按以上说明,有

$$R + gp - S = 1 + 2 + \cdots + \frac{p-1}{2} = \frac{p^2-1}{8}。$$

另一方面,每个 $iq(1 \leqslant i \leqslant (p-1)/2)$ 除以 p 的商记为 $[iq/p]$,其中符号 $[x]$ 表示不超过 x 的最大整数。于是

$$\sum_{i=1}^{(p-1)/2} iq = \sum_{i=1}^{(p-1)/2} [iq/p]p + R + S。$$

方便起见,再记

$$S(p,q) = \sum_{i=1}^{(p-1)/2} [iq/p],$$

则有 $q(p^2-1)/8 = pS(p,q) + R + S$。再将 $R = S - gp + (p^2-1)/8$ 代入,整理后即得

$$(q-1)(p^2-1)/8 = p(S(p,q) - g) + 2S。$$

现在讨论上式的奇偶性。因为每个奇数的平方除 8 余 1,今 q 为奇素数,故上式左边为偶数。注意到 p 也是奇素数,从而 $S(p,q) - g$ 必为偶数。换句话说,$S(p,q)$ 和 g 的奇偶性相同。因此,根据高斯引理,有

$$(q/p) = (-1)^g = (-1)^{S(p,q)}。$$

互换 p 和 q 的位置,根据对称性,同理可得

$$(p/q) = (-1)^{S(q,p)}。$$

于是,为了证明二次互反律,只需证明下述等式成立:

$$S(p,q) + S(q,p) = (p-1)(q-1)/4。$$

关于该等式,介绍两个不同的证明方法,一个属于几何,另一个属于代数。在平面直角坐标系中考虑下述矩形区域

$$D = \{(x,y) \mid 1 \leqslant x \leqslant (p-1)/2, 1 \leqslant y \leqslant (q-1)/2\}$$

中所有坐标均为整数的点,称为格点。直线 $y = qx/p$ 把该矩形一分为二,把下方的区域记为 D_1,把上方的区域记为 D_2。显然,矩形 D 内格点的个数恰为 $(p-1)(q-1)/4$。现在来分别计算 D_1 和 D_2 中的格点个数。对于每个 $1 \leqslant i \leqslant (p-1)/2$,$[iq/p]$ 可以看成是直线 $y=1$ 和 $y=qx/p$ 在直线 $x=i$ 上的两个交点之间的格点个数,由此表明区域 D_1 内的格点个数恰为 $S(p,q)$。同理,区域 D_2 内的格点个数亦为 $S(q,p)$。于是所证等式成立。

在欣赏了上述巧妙的几何论证后,再看一个同样巧妙的代数证明。考虑所

有形如 $iq-jp$ 的数,其中 $1\leqslant i\leqslant(p-1)/2$,$1\leqslant j\leqslant(q-1)/2$。按照 i,j 可能的取值,这些数不仅两两不同而且均不为零,总共有 $(p-1)(q-1)/4$ 个。现在统计一下其中包含多少个正数和负数。显然,$iq-jp>0$ 当且仅当 $iq/p>j$。注意到 $i<p/2$,故 $iq/p<q/2$,从而 $[iq/p]\leqslant(q-1)/2$。这说明对每个固定的 i,j 的取法共有 $[iq/p]$ 个。因此在所有形如 $iq-jp$ 的数中,包含的正数个数恰为

$$\sum_{i=1}^{(p-1)/2}[iq/p]=S(p,q)。$$

同理可算出所含的负数个数为 $S(q,p)$,二者相加即得所需等式。

至此就介绍完了高斯对二次互反律所做的第三个证明。值得指出的是,高斯还研究了高次同余方程

$$x^n\equiv a(\bmod p),\quad n\geqslant 3$$

并且分别得到了三次($n=3$)和四次($n=4$)互反律。事实上,高次互反律是代数数论中重要主题之一。例如,德国大数学家希尔伯特在 1900 年提出的 23 个数学问题中,第 9 个问题:二次互反律如何推广到一般的代数数域上。正是通过对这些问题的深入研究,极大地丰富和发展了至今仍然十分活跃的代数数论以及代数几何等学科。

020 二平方和问题

什么样的正整数可表为两个整数的平方和呢?

1640 年 12 月 25 日,费马在写给梅森的信中猜测,每个形如 $4n+1$ 的素数均可表为两个平方数之和。欧拉于 1754 年首先证明了它,并且还证明了这种表达式的唯一性。事实上,该结论是研究二平方和问题的关键所在。下面将证明一个正整数 m 可写成两个整数的平方和当且仅当在 m 的素数幂分解中,凡形如 $4n-1$ 的素因子的方幂均为偶数。换句话说,对任意大于 1 的正整数 m,设

$$m=p_1^{e_1}p_2^{e_2}\cdots p_r^{e_r}$$

为其不同的素数幂分解，则 m 可写成两个数的平方和当且仅当对每个形如
$4n-1$ 的素因子 p_i 而言，相应的方幂 e_i 均为偶数。

先证明费马-欧拉定理，即每个形如 $p=4n+1$ 的素数均可表为两个正整数
的平方和。事实上，令 $a=(p-1)/2, b=a!$ 为 a 的阶乘，则前 $p-1$ 个正整数
可以写成

$$1,2,\cdots,a,p-a,p-(a-1),\cdots,p-1。$$

把上述 $p-1$ 个数首尾两两配对后相乘即得

$$(p-1)!=1 \cdot (p-1) \cdot 2 \cdot (p-2) \cdot \cdots \cdot a \cdot (p-a) \equiv (-1)^a (a!)^2 (\bmod p)。$$

注意到 $a=2n$ 为偶数，以及根据威尔逊定理 $(p-1)! \equiv -1 (\bmod p)$，有 $b^2 \equiv$
$-1 (\bmod p)$。接着，再假设 r 是满足 $r^2>p$ 的最小正整数。此时，从
$(p-1)^2>p$ 可知 $r<p$。又因为 $5=2^2+1^2$ 为两个正整数的平方和，故以下不
妨假定 $n \geqslant 2$，此时显然有 $b=a!=(2n)!>4n+1=p$。现在考虑所有形如
$bx-y$ 的数，其中 x,y 遍历所有小于 r 的非负整数。如果其中某两个数相等，
比如说 $bx_1-y_1=bx_2-y_2$，则 $b(x_1-x_2)=y_1-y_2$。假设 $x_1 \neq x_2$，从 x,y 均
为整数可知

$$b=|(y_1-y_2)/(x_1-x_2)| \leqslant |y_1-y_2| \leqslant r<p<b。$$

此矛盾表明 $x_1=x_2$，又迫使 $y_1=y_2$。因此，随着 (x,y) 的不同选取，上述形如
$bx-y$ 的数两两不同，总共有 $r^2>p$ 个，这说明存在其中两个不同的数，不妨仍
记为 bx_1-y_1 和 bx_2-y_2，除以 p 后有相同的余数，即

$$bx_1-y_1 \equiv bx_2-y_2 (\bmod p)。$$

记 $u=|x_1-x_2|, v=|y_1-y_2|$，则 $0 \leqslant u,v<r<p$，并且

$$bu=b(x_1-x_2) \equiv y_1-y_2=v (\bmod p)。$$

因为 u,v 不全为零，而 p 不整除 b，故从上式可知 u,v 均不为零。所以

$$b^2 u^2 \equiv v^2 (\bmod p)，$$

而一开始已证 $b^2 \equiv -1 (\bmod p)$，所以

$$-u^2 \equiv v^2 (\bmod p)。$$

由此表明 p 整除 u^2+v^2，故存在正整数 k 使得 $u^2+v^2=kp$。如果 $u^2 \geqslant p$，因素
数不是平方数，故相当于说 $u^2>p$，再从 r 的取法即知 $u \geqslant r$，矛盾于 $u<r$。所
以 $u^2<p$，同理也有 $v^2<p$。此时

$$kp=u^2+v^2<2p，$$

只有 $k=1$，从而 $p=u^2+v^2$ 为两个平方数之和。

利用上述费马-欧拉定理，就可以探讨二平方和问题了。

首先,不难看出下述恒等式成立:

$$(a^2+b^2)(c^2+d^2)=(ac+bd)^2+(ad-bc)^2。$$

因此,对每个大于 1 的正整数 m,令 $m=p_1^{e_1}p_2^{e_2}\cdots p_r^{e_r}$ 为其不同的素数幂分解,并且假定只要 p_i 是形如 $4n-1$ 的素数,相应的方幂 e_i 就为偶数。这样的正整数 m 可以写成 $m=k^2 p_1\cdots p_s$,其中 p_i 或为 2 或为形如 $4n+1$ 的素数。因为 2 和所有形如 $4n+1$ 的素数均可写成两个平方数之和,反复使用上述恒等式即可推出 m 也能写成两个平方数之和。

其次,要证明其逆命题也成立,即若 m 为两个平方数之和,则在其分解成不同的素数幂乘积中,每个形如 $4n-1$ 的素因子均有偶数幂。采用反证法,假设 $m=a^2+b^2$,且存在某个素数 $p=4n-1$ 使得 p^{2e+1} 整除 m 但 p^{2e+2} 不整除 m。希望由此推导出一个矛盾的结论。现在记 a 和 b 的最大公因子为 d,则 d^2 整除 m。令

$$a=da_1,\quad b=db_1,\quad m=d^2m_1,$$

则 a_1 和 b_1 互素,并且从 m 的表达式中两边消去 d^2 后即得 $m_1=a_1^2+b_1^2$。因为 p 在 m 的素数幂分解中具有奇数次方幂,故 p 必然整除 m_1。此时,p 不能整除 a_1,否则 p 也整除 b_1,这将导致它们不互素。所以,下述线性同余方程

$$a_1x\equiv b_1(\bmod\ p)$$

必有解,设 c 为其一个解。有

$$0\equiv m_1\equiv a_1^2+(a_1c)^2\equiv a_1^2(1+c^2)(\bmod\ p),$$

因 p 不整除 a_1,故消去 a_1 后,上式变为

$$c^2\equiv -1(\bmod\ p),$$

这就证明了 -1 是模 p 的一个二次剩余。但 $p=4n-1$,相应的勒让德符号(见问题 018)

$$(-1/p)=(-1)^{(p-1)/2}=(-1)^{2n-1}=-1,$$

又表明 -1 不是模 p 的二次剩余。由此得到了所需的矛盾。费马-欧拉定理证毕。

至此,关于二平方和问题就彻底解决了。自然地,还有所谓的三平方和问题,即什么样的正整数可以写成三个整数的平方和呢?这个问题最终被高斯攻克,他证明了一个正整数是三个平方数之和的充要条件是它不能表示成形如 $4^a(8b-1)$ 的数,其中的 a,b 均为整数。那么,四平方和问题又会是怎样的呢?这个问题产生的背景及其解答我们留在问题 021 中给出。

021 四平方和问题

每个正整数均可表示为四个整数的平方和。

这是数论中一个非常著名的古老问题，许多大数学家都曾经做过一些探讨。古希腊的丢番图似乎是最早猜测到该结论的人，但他并未给出明确的阐述。费马曾经宣称使用他发明的无限下降法能够得到一个证明，但由于他对自己的证明过程总是秘而不宣，致使后来的数学家们对他的证明是否严格和完整产生了怀疑。笛卡儿也猜测这个定理应该是正确的，但他同时又认为证明它实在是太难了，以至于他不得不放弃了这项工作。

欧拉在 1730 年开始研究这一难题，经过 13 年孜孜不倦的求索，终于取得了关键性的突破。欧拉发现了下面这个著名的恒等式：

$$(a^2+b^2+c^2+d^2)(x^2+y^2+z^2+w^2)$$
$$=(ax+by+cz+dw)^2+(ay-bx+cw-dz)^2+$$
$$(az-bw-cx+dy)^2+(aw+bz-cy-dx)^2$$

虽然其证明几乎是显而易见的，但要发现它却绝非易事。根据上述欧拉恒等式可知，如果正整数 m 和 n 都能表示为四个整数的平方和（允许某些整数取零），则乘积 mn 也能表示为四个整数的平方和。所以，为了证明每个正整数均可表示为四个整数的平方和，只需证明每个素数都能表示为四个整数的平方和即可。这当然使问题得到了很大的简化。

到了 1751 年，欧拉又得到了另一个基本结果，简称为欧拉引理。即对任意奇素数 p，同余方程

$$x^2+y^2+1\equiv0\,(\mathrm{mod}\ p)$$

必有一组整数解 x,y 满足 $0\leqslant x<p/2$ 和 $0\leqslant y<p/2$。

以下给出欧拉引理的证明。考虑下面的一组数

$$0^2,1^2,2^2,\cdots,\left(\frac{p-1}{2}\right)^2,$$

不难看出它们除以 p 所得的余数两两不同。同样，下面一组数

$$-1-0^2,-1-1^2,-1-2^2,\cdots,-1-\left(\frac{p-1}{2}\right)^2$$

除以 p 所得的余数也两两不等。但这两组数共有

$$(p-1)/2+1+(p-1)/2+1=p+1$$

个，所以第一组数中的某个数必然与第二组数中的某个数模 p 同余，即存在满足 $0 \leq x, y < p/2$ 的整数 x, y，使得

$$x^2 \equiv -1-y^2 (\bmod p),$$

移项即得所证。

至此，欧拉实际上已经完成了证明四平方定理所有的准备工作，但奇怪的是欧拉仍然没能把该定理证出。又过了 19 年，拉格朗日根据欧拉的思想在 1770 年才成功地作出了一个证明。三年以后，已经是 66 岁高龄并且双目完全失明的欧拉终于得到了一个更为简洁的证明方法。如果从 1730 年欧拉开始研究这一问题算起，直到他在 1773 年发现了一个完美的解答为止，中间竟然经历了 43 年！这真有点感天动地了。

下面给出四平方和定理的完整证明。因为 $2=1^2+1^2+0^2+0^2$，根据欧拉恒等式，我们只需证明任意奇素数 p 可以表示为四个整数的平方和。为此，将逐一证明以下三个结论。

(1) 设 p 为奇素数，则存在正整数 $m<p$，使得 mp 可表示为四个整数的平方和。

(2) 如果 mp 能表示为四个整数的平方和，令 $m=2^n m'$，其中 m' 为奇数，则 $m'p$ 也能表示为四个整数的平方和。

(3) 设 $m<p$ 为奇数，使得 mp 能表示为四个整数的平方和，如果 $m>1$，则存在正整数 $m_1<m$，使得 $m_1 p$ 也能表示为四个整数的平方和。

读者不难看到上述三个结论蕴含了一个递推过程。因为对任意奇素数 p，根据(1)和(2)，存在奇数 $m<p$，使得 mp 能表示为四个整数的平方和。如果 $m=1$，表明 p 本身即为四个整数的平方和，即得所证。而如果 $m>1$，则根据(3)可知存在某个比 m 小的正整数 m_1，使得 $m_1 p$ 也能表示为四个整数的平方和。当 $m_1>1$ 时，再次使用(2)和(3)，重复对 m 的论证，又可得到更小的正整数 m_2，使得 $m_2 p$ 能表示为四个整数的平方和。不断重复下去，有限步递推后，即可得出 p 本身能表示为四个整数的平方和。

(1)的证明：根据欧拉引理，对下述同余方程

$$x^2+y^2+1 \equiv 0 (\bmod p)$$

任意一组解 $0 \leq x, y < p/2$，存在正整数 k 使得 $kp=x^2+y^2+1$。此时

$$kp < p^2/4+p^2/4+1 < p^2,$$

表明 $k < p$，且 $kp = x^2 + y^2 + 1^2 + 0^2$ 即为四个整数的平方和。

(2)的证明：如果 m 为奇数，则结论显然成立，当 m 为偶数时，假设
$$mp = x^2 + y^2 + z^2 + w^2$$
为四个整数的平方和，则 x, y, z, w 要么全为偶数，要么全为奇数，要么两个为偶数两个为奇数。但无论出现哪种情形，总可以适当调整使得 x, y 奇偶性相同，以及 z, w 的奇偶性相同。此时
$$\frac{mp}{2} = \left(\frac{x-y}{2}\right)^2 + \left(\frac{x+y}{2}\right)^2 + \left(\frac{z-w}{2}\right)^2 + \left(\frac{z+w}{2}\right)^2,$$
表明 $(m/2)p$ 仍为四个整数的平方和。如果 $m/2$ 还是偶数，则重复以上步骤又可将 $(m/4)p$ 表示为四个整数的平方和。因为 $m = 2^n m'$，不断重复该过程，有限步递推后，即可把 $m'p$ 表示为四个整数的平方和。

(3)的证明：假设 mp 有以下表示
$$mp = x^2 + y^2 + z^2 + w^2,$$
因 m 为奇数，故有整数 a, b, c, d，使得 $-m/2 < a, b, c, d < m/2$ 且
$$a \equiv x \pmod{m}, \quad b \equiv y \pmod{m}, \quad c \equiv z \pmod{m}, \quad d \equiv w \pmod{m},$$
此时 $a^2 + b^2 + c^2 + d^2$ 被 m 整除，故存在正整数 k 满足
$$a^2 + b^2 + c^2 + d^2 = km。$$
显然 $k \neq 0$，否则 m 整除 x, y, z, w 中的每一个，从而导致 m^2 整除 mp，特别是 m 整除 p，只有 $m = 1$。所以，从不等式
$$a^2 + b^2 + c^2 + d^2 < m^2/4 + m^2/4 + m^2/4 + m^2/4 = m^2$$
可知 $0 < k < m$。又因为
$$m^2 kp = (mp)(km) = (x^2 + y^2 + z^2 + w^2)(a^2 + b^2 + c^2 + d^2),$$
根据欧拉恒等式，有
$$m^2 kp = (xa + yb + zc + wd)^2 + (xb - ya + zd - wc)^2 +$$
$$(xc - yd - za + wb)^2 + (xd + yc - zb - wa)^2。$$
上式右边四个括号里的数其实都能被 m 整除：
$$xa + yb + zc + wd \equiv x^2 + y^2 + z^2 + w^2 \equiv 0 \pmod{m},$$
$$xb - ya + zd - wc \equiv xy - yx + zw - wz = 0 \pmod{m},$$
$$xc - yd - za + wb \equiv xz - yw - zx + wy = 0 \pmod{m},$$
$$xd + yc - zb - wa \equiv xw + yz - zy - wx = 0 \pmod{m}。$$
因此，如果记
$$x_1 = (xa + yb + zc + wd)/m,$$

$$y_1 = (xb - ya + zd - wc)/m,$$
$$z_1 = (xc - yd - za + wb)/m,$$
$$w_1 = (xd + yc - zb - wa)/m,$$

则显然有

$$x_1^2 + y_1^2 + z_1^2 + w_1^2 = (m^2 kp)/m^2 = kp。$$

当然,此时 k 的确满足 $k < m$,即为所求的 m_1。

 **022 华林问题**

对每个正整数 k 求 $s(k)$,使得每个正整数均能表为 $s(k)$ 个非负的 k 次方数之和。

在欧拉和拉格朗日证明了每个正整数都能写成四个整数的平方和后,人们自然想了解把正整数表为三次方、四次方甚至更高次方之和的相应问题。英国数学家华林在其 1770 年出版的《代数沉思录》一书中,提出了一个猜想:每个正整数可以写成 4 个平方数之和、9 个立方数之和以及 19 个 4 次方数之和,等等。一般地,华林认为对任意给定的正整数 k,必定存在一个仅仅依赖于 k 的正整数 $s(k)$,使得每个正整数均能写成 $s(k)$ 个非负的 k 次方数之和,亦即下述不定方程:

$$x_1^k + x_2^k + \cdots + x_s^k = n$$

对每个正整数 n 均有非负整数解 $x_i (1 \leqslant i \leqslant s)$。现在,人们把求 $s(k)$ 的问题称之为华林问题。首要的任务当然是确定 $s(k)$ 的存在性,以及当它存在时,对每个固定的 k,设法估计出它的最小值 $g(k)$。华林本人猜测 $s(k)$ 的最小值 $g(k)$ 为

$$g(k) = 2^k + [(3/2)^k] - 2,$$

其中,$[x]$ 为取整函数,表示不超过 x 的最大整数。例如,按上式可计算出

$$g(2) = 2^2 + [9/4] - 2 = 4 + 2 - 2 = 4,$$

这正是欧拉和拉格朗日证明的结果。

1909 年,德国大数学家希尔伯特使用复杂和艰深的方法首先证明了 $s(k)$

的存在性问题。其后,苏联的数学家林尼克于 1943 年给出了一个简化证明。接下来的问题便是如何计算 $g(k)$。1909 年魏弗里奇证明了 $g(3)=9$；1964 年我国的陈景润证明了 $g(5)=37$；而 $g(4)=19$ 一直到 1985 年才由巴拉撒布雷尼安和德雷斯所证明。至于 $k \geqslant 6$ 时的情形,可以证明当下述不等式

$$3^k - 2^k + 2 \leqslant (2^k - 1)[(3/2)^k]$$

成立时,确有 $g(k) = 2^k + [(3/2)^k] - 2$。1957 年马勒尔证明了上述不等式对充分大的 k 都成立；目前使用计算机已验证该不等式对 $k < 471600000$ 也都成立。

从 1920 年开始,英国数学家哈代和李特尔伍德利用他们发明的圆法来研究华林问题,对充分大的正整数得到更好的估计公式。用 $G(k)$ 表示每个充分大的正整数写成 $s(k)$ 个非负 k 次方数时 $s(k)$ 所取的最小值,则从解析数论所发展的技术观点看,研究 $G(k)$ 比 $g(k)$ 可能更有意义,也更为深刻些。类似于 $g(k)$,人们也希望能计算出 $G(k)$,或者退一步讲,设法给出 $G(k)$ 的上界来。1942 年林尼克证明了 $G(3)=7$,1939 年达文波特证明了 $G(4)=16$。一般地,哈代和李特尔伍德关于 $G(k)$ 的估值做了一个优美的猜测：当 k 是 2 的方幂时 $G(k)=4k$,而当 k 不是 2 的方幂时 $G(k) \leqslant 2k+1$。该猜想目前尚未得到证明。

另外,我国数学家华罗庚在华林问题及其推广方面都做了大量深刻的工作,在此就不一一列举了。

023 多边形数

每个正整数都能写成 n 个 n 边形数之和。

在四平方和问题中(问题 021),已经介绍了每个正整数可写成四个整数平方和的证明,这是一个非常优美的定理。为了揭示其中可能蕴含的有关数的一般表示的秘密,华林考虑了把正整数表示成若干立方数之和以及四次方之和的个数的情形,并提出了著名的华林问题。这是从幂的角度对四平方和定理的一种自然推广。另外,高斯却独具慧眼,因为他看出平方和是由一些所谓的"正方形数"构成的,那么,将这些正方形数换成"三角形数"后,相应的结论是否依然成立呢? 这里蕴含着从另外一个角度推广四平方和定理的可能性。

所谓的三角形数,是指形如 $n(n+1)/2$ 的数,从小到大依次排列为

$$1,3,6,10,15,21,\cdots。$$

因为这些数目的点可堆积成正三角形形状,故此得名。正方形数显然是指形如 n^2 的数,它们可解释为堆积各种正方形所需的点数。

1796 年,19 岁的高斯证明了每个正整数都能写成三个三角形数之和。例如:

$$7=1+3+3, \quad 14=1+3+10, \quad 24=3+6+15, \quad \cdots$$

高斯为此专门在当年 7 月 19 日的日记上写下了这一发现:

$$E\gamma PHKA!, \quad num=\triangle+\triangle+\triangle。$$

其中,$E\gamma PHKA$ 即为 Eureka,意思是"找到了",这是阿基米德发现浮力定律后兴奋呼喊的词语,后面的那个式子显然是指每个数均为三个三角形数之和。由此可看出高斯的欣喜之情。

其实,早在古希腊的毕达哥拉斯学派就已经发现了所谓的多边形数,例如五边形数为

$$1,5,12,22,\cdots,n(3n-1)/2,\cdots$$

既然高斯已经证明了三角数也能表示出所有的正整数,那么,其他的多边形数是否也有类似的性质呢?换句话说,是否每个正整数都能写成 n 个 n 边形数之和呢?

看起来这是一个更难的问题,欧拉、拉格朗日和勒让德等都未能作出证明。第一个完整的证明是柯西在 1815 年给出的,虽然他当时只有 26 岁,但已经跻身于伟大数学家的行列,并成了高斯当时最重要的竞争对手。

024 哥德巴赫猜想

每个大于 4 的偶数均可表为两个素数之和。

1742 年 6 月 7 日,德国数学家哥德巴赫在给他的老朋友欧拉的信中提出了一个猜想:

(1) 每个大于或等于 6 的偶数都可以表示成两个素数之和。

(2) 每个大于或等于 9 的奇数都可以表示成三个素数之和。

人们把(1)称为偶数哥德巴赫猜想,把(2)称为奇数哥德巴赫猜想。不难看出,从偶数哥德巴赫猜想能推出奇数哥德巴赫猜想。这是因为对每个大于或等于 9 的奇数 n,显然 $n-3$ 为大于或等于 6 的偶数,如果(1)成立,则 $n-3$ 可表为两个素数之和,从而 n 就能写成三个素数之和,即(2)也成立。由此可见,哥德巴赫猜想的重点是偶数情形(1)。

例如,我们可以验证前几个偶数对(1)的断言:

$$6=3+3, \quad 8=3+5, \quad 10=5+5=3+7, \quad 12=5+7, \quad \cdots$$

它们均可写成两个素数之和。另外,还有人甚至对非常大的偶数都逐一进行了验算,结果发现偶数哥德巴赫猜想的确都成立。

这就是大名鼎鼎的"哥德巴赫猜想",特别是随着我国作家徐迟在 1978 年发表了一篇同名的报告文学,更使得哥德巴赫猜想和陈景润的名字在中国几乎到了家喻户晓的地步。欧拉在 1742 年 6 月 30 日给哥德巴赫的回信中说,他相信这个猜想是正确的,可惜他无法给出证明。因为这个猜想的叙述是如此的简单和优美,而且连欧拉这样的大数学家都不能证明,所以它一经提出就立刻吸引了许多数学家的关注。然而,200 多年过去了,一直没有取得真正的进展。于是,有人把哥德巴赫猜想比喻为数学皇冠上的一颗可望而不可即的明珠。

一直到 1930 年,苏联数学家史尼雷尔曼才沿着正确的方向迈出了关键的第一步。他证明了存在一个正整数 k,使得每个大于 1 的正整数 n 都可以表示为不超过 k 个素数之和,即存在

$$n=p_1+p_2+\cdots+p_k,$$

其中每个 p_i 或为素数或为零。后来,有许多数学家尝试着不断减少这个 k,先降低到 $k=67$,后来又减少到 $k=20$,但距离期望的 $k=3$ 还相差甚远。

然而,1937 年苏联数学家维诺格拉多夫证明了每个充分大的奇数都可表为三个素数之和,即存在一个比较大的正整数 c,使得每个大于 c 的奇数均可表示成三个素数之和。那么这个大数 c 有多大呢? 有人算出它大约等于

$$e^{e^{16.038}}, \quad 其中 e=2.71828\cdots为自然常数。$$

这样就把奇数哥德巴赫猜想的完整证明归结为验证 c 以内的奇数。在此意义上讲,维诺格拉多夫解决了奇数哥德巴赫猜想。这是一个巨大的成就,震惊了当时的数学界。从此,哥德巴赫猜想就专指偶数情形(1)了。

需要说明的是,维诺格拉多夫的方法是以英国两位数学家哈代与李特尔伍德在 1923 年创立的圆法为基础的,属于一种复杂且艰深的解析数论技术。下

面对这个圆法做一简单说明,重点介绍一下数学家们是如何把哥德巴赫猜想这一数论问题转化为一个积分估值问题的。

首先,对每个整数 n,下述积分显然成立

$$\int_0^1 e^{2\pi i n x} dx = \begin{cases} 1, & n = 0; \\ 0, & n \neq 0. \end{cases}$$

因此,如果记方程 $n = p_1 + p_2 + p_3$(其中 p_i 均为素数)解的个数为 $r_3(n)$,即 $r_3(n)$ 是把 n 表示为三个素数之和的表示法个数,则

$$r_3(n) = \sum_{p_1, p_2, p_3 \leqslant n} \int_0^1 e^{2\pi i (p_1 + p_2 + p_3 - n) x} dx$$

$$= \int_0^1 \left(\sum_{p \leqslant n} e^{2\pi i p x} \right)^3 e^{-2\pi i n x} dx.$$

不难看出,奇数哥德巴赫猜想相当于说当 n 为大于或等于 9 的奇数时总有 $r_3(n) > 0$。因此,为了证明奇数情形的哥德巴赫猜想,只需论证上述关于 $r_3(n)$ 的积分值大于零。同理,记方程 $n = p_1 + p_2$(其中 p_i 均为素数)解的个数为 $r_2(n)$,即 $r_2(n)$ 是把 n 表示为两个素数之和的表示法个数,同样有

$$r_2(n) = \sum_{p_1, p_2 \leqslant n} \int_0^1 e^{2\pi i (p_1 + p_2 - n) x} dx$$

$$= \int_0^1 \left(\sum_{p \leqslant n} e^{2\pi i p x} \right)^2 e^{-2\pi i n x} dx.$$

此时,偶数哥德巴赫猜想相当于说当 n 为大于或等于 6 的偶数时总有 $r_2(n) > 0$。为了证明偶数情形的哥德巴赫猜想,同样需论证上述关于 $r_2(n)$ 的积分值大于零。

其次,为了估计上述 $r_2(n)$ 和 $r_3(n)$ 的积分值是否大于零,哈代和李特尔伍德把积分区间 $[0,1]$ 分成所谓的"优弧"和"劣弧"两部分,在优弧部分可以把 $r_2(n)$ 和 $r_3(n)$ 的积分值估计出来,这样就把 $r_2(n)$ 和 $r_3(n)$ 的积分估值集中在劣弧部分,特别是转化为对所谓"指数和"

$$S(x) = \sum_{p \leqslant n} e^{2\pi i p x}$$

的相应估计上,正是这一解析工具发挥了关键作用。事实上,维诺格拉多夫正是通过改进圆法和使用他提出的估计线性素变数指数和的方法,证明了当 n 为充分大的奇数时 $r_3(n) > 0$,基本上解决了奇数哥德巴赫猜想。遗憾的是,他的方法不能用来证明偶数情形的哥德巴赫猜想。借此想说明的是,上述提到的"指数和估计"是目前证明哥德巴赫猜想的基本出发点,而且几乎所有的阶段性

成果都是通过对圆法的不断改进所取得的。因此，奉劝广大的数学爱好者不要企图只用初等数论的方法去攻克这一难题，那样做只会白白浪费宝贵的时间。

对哥德巴赫猜想研究目前采取的是一种逐步逼近的方法：首先证明每一个大偶数都可以表示成两个素因子不太多的数之和，然后再逐渐地减少素因子的个数，最后证明每个大偶数均可以写成两个素数之和。特别是，对于固定的正整数 r, s，人们通常把命题"每个大偶数均能写成两个素因子个数分别不超过 r 和 s 的数之和"简称为 $(r+s)$。于是，哥德巴赫猜想就简单地说成是 $(1+1)$。

关于哥德巴赫猜想有着漫长的证明历史，这里只提及几个重要的阶段性成果。我国数学家王元在 1956 年和 1957 年分别证明了 $(3+4)$ 和 $(2+3)$；潘承洞于 1962 年首先证明了 $(1+5)$，接着他又和王元证明了 $(1+4)$；很快，苏联数学家维诺格拉多夫、布赫夕太勃以及意大利数学家朋比利于 1965 年又证明了 $(1+3)$。

最终，我国数学家陈景润在 1966 年宣布他证明了 $(1+2)$，并于 1972 年发表了证明的全文。换句话说，陈景润证明了每个大偶数都是一个素数与一个素因子不超过 2 的数之和。这是目前的最佳成果，曾经在国内外数学界引起强烈轰动，被称为"陈氏定理"。著名数学家哈贝斯坦把陈景润的证明写入他与合作者最新的数论专著《筛法》(*sieve methods*) 中，并以"陈氏定理"(Chen's theorem) 为标题作为该书的最后一章，书中写道："本章目的是证明陈景润的下述惊人定理，我们是在前十章已经付印时才注意到这一结果的；从筛法的任何方面来说，它都是光辉的顶点。"20 世纪数学大师韦伊在读了陈景润的一系列论文，尤其是关于哥德巴赫猜想 $(1+2)$ 的论文以后，热情洋溢地称赞说："陈景润的每一项工作，都好像是在喜马拉雅山的山巅上行走。"华罗庚也抑制不住内心的激动，称赞说："我的学生的工作中，最使我感动的是 $(1+2)$。"

遗憾的是，陈景润的结果虽然距离证明哥德巴赫猜想从表面上看仅有一步之遥，但实际上二者之间仍然有本质性的不同，相差何止是天壤之别。另外，按一些数论专家的观点，目前尚未发现直接证明哥德巴赫猜想的有效途径，以往所有的方法都无法用来直接证明这个 $(1+1)$。因此，为了摘取这个数学皇冠上的明珠，恐怕只能寄希望于未来的数学家们另辟蹊径了。

最后，提及一个令人振奋的成果。法国数学家赫尔夫戈特在 2013 年发表了两篇论文，彻底证明了奇数哥德巴赫猜想（也称弱哥德巴赫猜想）。

025 孪生素数猜想

存在无穷多对孪生素数,即存在无穷多个素数 p,使得 $p+2$ 也是素数。此时称 $(p,p+2)$ 为一对孪生素数。

古希腊数学家欧几里得在他的划时代著作《几何原本》中首先证明了素数有无穷多个,这也是数学史上第一次使用反证法。随后,他又考虑了相差为 2 的素数对,即所谓的孪生素数,如 $(3,5),(5,7),(11,13)$,等等。欧几里得猜想孪生素数也应该有无穷多个,但他没法给出严格证明。

事实上,孪生素数猜想和哥德巴赫猜想均为数学中同样著名的超级难题,都被希尔伯特选入他的 23 个数学问题中的第 8 个问题(见问题 099)。2000 多年来,吸引了无数的数学家和数学爱好者,他们呕心沥血、前赴后继地钻研探索着,渴望解决这两个数学中的大猜想。由于素数的定义来源于正整数的乘法分解,但这两个猜想都涉及素数的加法性质,这是非常深奥的现象,人们对此至今尚未获得较好的理解和认识。

借助计算机和专门的素数搜索程序,目前已知的最大的孪生素数对 $(p,p+2)$ 是 2016 年 9 月发现的,其中

$$p=2996863034895\times 2^{1290000}-1$$

是一个有 388342 位数的素数。当然,随着计算技术和编程设计的发展,这个记录还会不断地被刷新。

孪生素数猜想的研究,和哥德巴赫猜想一样,也经历了漫长的艰苦探索,至今没有得到彻底地解决。

第一个进展出现在 1920 年,挪威数学家布朗使用筛法理论证明了:存在无穷多个数 n,使得 n 和 $n+2$ 都最多有 9 个素数因子。显然,如果把其中的素因子个数从 9 个减少到 1 个,这就等于证明了孪生素数猜想。

接下来的重要进展是我国数学家陈景润在 1966 年取得的。他也是利用筛法成功地证明了:存在无穷多个素数 p,使得 $p+2$ 要么是素数,要么是两个素数的乘积。这个结果看起来很像他关于哥德巴赫猜想的(1+2)定理,但由于筛法的局限性,普遍认为陈景润的这个孪生素数定理也是筛法理论所能取得的最好成果。

突破性进展来自 2013 年 5 月,华裔数学家张益唐使用代数几何与代数数论

中的最新技术，成功地证明了孪生素数猜想的一个弱化形式，即存在无穷多对素数，其间距小于 7000 万。换句话说，他证明了存在无穷多对素数 (p,q)，使得

$$|p-q| < 7 \times 10^7.$$

孪生素数猜想相当于说间距等于 2 的素数对有无穷多个，张益唐的这个素数间距 7000 万虽然远大于 2，但它毕竟是 2000 多年来第一次能给出素数间距的确定性定理。

张益唐的工作很快引起了巨大轰动。《自然》(nature) 杂志专门报道了他的成果，认为这是一个"重要的里程碑"。一位数论专家评论说："从 7000 万到 2 的距离，相比从无穷到 7000 万的距离来说是微不足道的。"数学最高级别的期刊《数学年刊》(Annals of Mathematics) 迅速发表了张益唐的论文，审稿人认为是"一流的数学工作。"

张益唐的论文发表后，立刻吸引了许多数学家致力于改进其结果。澳大利亚华裔数学家陶哲轩专门组织了一个网上数学项目，在张益唐成果的基础上，把 7000 万的素数间距不断地缩小。迄今为止，人们已经把张益唐的这个素数间距改进到 246，即证明了存在无穷多个素数对 (p,q)，满足 $|p-q| < 246$。这看起来似乎是距离解决孪生素数猜想越来越近了，但使用当前的方法和技术，还是不能彻底攻克该猜想，未来的探索之路还很艰难和漫长。

026 圆内整点问题

在一个给定半径的圆内有多少个整点呢？

所谓的整点或称为格点，是指坐标均为整数的点。许多大数学家都曾研究过给定区域中整点个数的问题，提出了一些深刻的猜想，同时发展了一些相关技术。其中，高斯的圆内整点问题最为著名。设 $x > 1$，令 $A_2(x)$ 表示平面上半径为 $\sqrt{x}$ 的圆内所包含的整点个数，亦即满足不等式

$$u^2 + v^2 \leq x$$

的整数解 (u,v) 的个数。所谓的圆内整点问题即要求对 $A_2(x)$ 尽可能作出精确的估计。另外，对每个正整数 n，如果我们记 $r_2(n)$ 为下述不定方程

$$x_1^2 + x_2^2 = n$$

所有整数解 (x_1, x_2) 的个数,则不难看出

$$A_2(x) = \sum_{n \leqslant x} r_2(n),$$

由此能建立圆内整点问题和不定方程解法理论之间的一些基本联系。

高斯率先得出了圆内整点问题的经典结果。他证明了

$$A_2(x) = \pi x + O(x^{1/2}),$$

其中 $O(x^{1/2})$ 表示一个不比 $x^{1/2}$ 阶低的无穷大,亦即下述两个无穷大之比

$$(A_2(x) - \pi x)/x^{1/2}$$

当 x 充分大时是一个有界变量。人们自然希望用比 $x^{1/2}$ 尽可能低阶的无穷大来替代它,于是,圆内整点问题就转化为求所有满足

$$A_2(x) = \pi x + O(x^\lambda)$$

的 λ 的下确界 α 的问题。哈代于 1916 年证明了 $\alpha \geqslant 1/4$,所以人们普遍猜想该下确界应该是 $\alpha = 1/4$,但目前仍然没有得到证明。

1906 年,波兰数学家谢尔宾斯基使用初等方法证明了 $\alpha \leqslant 1/3$。接着,人们使用较深的分析方法对此不断地进行改进,使得关于 α 的估值越来越接近理想值 1/4。在这方面我国数学家做了大量工作,如华罗庚在 1942 年证明了 $\alpha \leqslant 13/40$,陈景润和尹文霖在 1963 年证明了 $\alpha \leqslant 12/37$。此外,诺瓦克 1985 年又得到了更为精细的结果 $\alpha \leqslant 139/429$。

关于圆内整点问题还有一些直接的推广,如球内整点问题或椭球内的整点问题等,这里就不介绍了。

 卡塔兰猜想

除了 $8 = 2^3, 9 = 3^2$,再没有其他两个连续的数都是正整数的方幂。

有关整数的一些规律常常是有趣而迷人的。例如,在小学时,我们都背过数的平方表和立方表,对于 $2^3 = 8$ 以及 $3^2 = 9$,大家都司空见惯习以为常了,但有谁会想到这里竟然还暗藏着一个惊人的奥秘呢?1842 年,卡塔兰据此作出了一个大胆的猜想:除了上述的 8 和 9 分别为正整数的方幂外,再也没有其他两

个连续的数也分别都是正整数的方幂了。当然，这里所指的方幂指数均大于 1。这就是著名的卡塔兰猜想或者称为卡塔兰问题。如果使用方程的语言，则卡塔兰猜想相当于说下述四个变量的不定方程

$$x^m - y^n = 1, \quad m > 1, n > 1,$$

的正整数解只有 $x = 3, m = 2, y = 2, n = 3$。

1962 年，我国著名数学家柯召首先在卡塔兰猜想方面取得了突破。他证明了下述不定方程

$$x^2 - y^n = 1, \quad n > 1,$$

只有一组解 $x = 3, y = 2, n = 3$。而方程

$$x^m - y^2 = 1, \quad m > 1,$$

没有正整数解。从而解决了在两个正整数方幂中有一个是平方数时的卡塔兰猜想。直到 1976 年，荷兰数学家提德曼使用英国数学家贝克创立的求解不定方程的"有效方法"，几乎解决了卡塔兰猜想。具体来讲，提德曼证明了存在一个绝对常数 c，使得比 c 大的任何两个正整数幂都不会是连续整数。因此，为了完全证明卡塔兰猜想，剩下的任务便是对任意两个小于 c 的正整数幂逐一验证它们的差是否会等于 1，这在理论上是可以做到的。但有人计算出那个绝对常数 c 非常大，是一个有 500 多位的数，已经超过了计算机所能验算的范围。因此，尽管卡塔兰猜想几乎是正确的，但要完全解决它，恐怕还得另辟蹊径。

另外，卡塔兰猜想涉及两个连续的数，作为推广，人们自然会问：是否也不存在三个连续的数它们分别都是正整数的方幂？这个问题称为弱卡塔兰猜想。显然，如果卡塔兰猜想得以证明，则弱卡塔兰猜想的正确性也随之成立。20 世纪 60 年代初，柯召和卡塞尔斯分别独立地解决了弱卡塔兰猜想，即他们证明了不存在三个连续的数使得它们分别都是正整数的方幂。

2002 年，罗马尼亚数学家米哈伊列斯库最终证明了卡塔兰猜想。

028 $3x + 1$ 问题

任给一个正整数 n，如果 n 是偶数就除以 2 变成 $n/2$，如果 n 是奇数就乘 3 加 1 变为 $3n + 1$，不断地重复这两种运算，则有限步后均可回到 1。

　　$3x+1$ 问题有许多其他的称呼,如克拉茨猜想、舒拉古猜想或角谷猜想等。它产生于 20 世纪 30 年代,最初只是在少数几个数学家之间口头流传,但现在已经是一个广为人知的数论难题了。自从怀尔斯在 1995 年证明了困扰数学界长达 350 多年的费马大定理后,有人甚至认为 $3x+1$ 问题应该被列为下一个亟待解决的费马问题,并且数次为求证该问题设立奖金。但从目前的发展来看,正如大数学家埃尔多斯在谈到 $3x+1$ 问题的困难时所说:"数学还没有发展到解决这种问题的水平。"尽管有如此悲观的认识,近年来,还是出现了数十篇研究论文,从各个角度对该问题做了相当深入的探讨。

　　初看起来,$3x+1$ 问题十分浅显,似乎描述的仅仅是正整数的一些简单运算规则。它的意思是说:从任意一个正整数 n 出发(如 $n=6$),如果是偶数就不断地除以 2 直到变为奇数(如 6 除以 2 后就变为 3);接着把这个奇数再乘 3 加 1 后又变成了一个偶数(如 $3\times3+1=10$);对得到的这个偶数再次重复一开始的运算,亦即碰到偶数就不断地除以 2 直至得到一个奇数,而碰到奇数就乘 3 加 1 再次变成偶数。该问题断言:对任何一个正整数不断地进行这两种运算,在有限步后必然会出现 1。例如,对数 6 而言,重复进行上述两种运算,其运算过程为

$$6\to3\to10\to5\to16\to8\to4\to2\to1。$$

同样地,对 7 也做类似的重复运算,得到一个更长的运算过程:

$$7\to22\to11\to34\to17\to52\to26\to13\to40\to$$
$$20\to10\to5\to16\to8\to4\to2\to1。$$

　　事实上,人们已经做了大量的验算,至今也没能发现 $3x+1$ 问题的反例,这增加了该问题正确的可能性。但令人遗憾的是,就是这个看起来非常简单的问题,令数学家们束手无策,一直难以找到有效的处理方法。

　　目前,人们对 $3x+1$ 问题的探讨大多是从迭代函数的角度进行的,因为该问题的内容就蕴含了一种迭代过程。具体来讲,对任意正整数 x,我们可以定义一个函数

$$T(x)=\begin{cases}\dfrac{3x+1}{2}, & \text{如果 } x \text{ 为奇数,}\\[2mm]\dfrac{x}{2}, & \text{如果 } x \text{ 为偶数。}\end{cases}$$

则 $3x+1$ 问题等价于说,对任意给定的正整数 n,总存在一个数 k,使得 $T(x)$ 的 k 次迭代后 $T^{(k)}(x)$ 在 n 的值恰为 1,即

$$T^{(k)}(n)=T(T(\cdots T(n)))=1。$$

人们从这个迭代函数出发,建立了 $3x+1$ 问题与图论和遍历理论之间的一些联系,并得到了许多有意义的结果和猜想。但距离该问题的彻底解决,仍然十分渺茫。

 029 超越数之谜

$2^{\sqrt{2}}$ 和 $e+\pi$ 都是超越数吗?

19 世纪中叶,人们关于无理数最为重要的认识首先集中在超越数的研究上。所谓超越数是指那些不是任何一个有理系数多项式方程的复数根,它是相对于代数数而言的。因为一个复数为代数数被定义为它是某个有理系数方程的根。这样,复数被分成两大类:代数数和超越数。之所以作出这样的区别,部分原因是人们希望了解从有理数的代数运算出发究竟能得到多少复数。随着 19 世纪关于方程解工作的深入,人们逐渐意识到并不是每个代数数都能从有理数的代数运算得到。那么,是否真的存在超越数呢? 这个基本的问题一直到 1844 年以前仍未解决。

1844 年,法国数学家刘维尔首先在超越数的认识方面取得了突破。他证明了下述形式的每一个数都是超越数:

$$\frac{1}{a}+\frac{1}{a^{2!}}+\frac{1}{a^{3!}}+\frac{1}{a^{4!}}+\cdots,$$

其中 a 可以取大于 1 的任意正整数。刘维尔这个结果的意义在于它具体地构造出无穷多个超越数,从而解决了超越数的存在性问题。

下一个突破是法国数学家埃尔米特在 1873 年证明了自然常数 e 也是一个超越数(见问题 087),从而把超越数的研究带到了一个新的水平。随后,德国数学家林德曼于 1882 年证明了圆周率 π 亦为超越数。特别是林德曼-魏尔斯特拉斯定理代表着 19 世纪超越数论的最高成就,它的内容是:如果 $\alpha_1,\alpha_2,\cdots,\alpha_n$ 是两两不同的代数数,而 $\beta_1,\beta_2,\cdots,\beta_n$ 是不全为零的代数数,则

$$\beta_1 e^{\alpha_1}+\beta_2 e^{\alpha_2}+\cdots+\beta_n e^{\alpha_n}\neq 0。$$

这是一个相当深刻的定理，因为它统一证明了一大类数都是超越数。埃尔米特证明 e 是超越数仅是其一个特例。事实上，假设 e 为代数数，则 e 为某个非零的有理系数方程的根，这相当于说存在不全为零的有理数 $a_0, a_1, \cdots, a_n$ 使得

$$a_0 + a_1 e + a_2 e^2 + \cdots + a_n e^n = 0,$$

矛盾于上述林德曼-魏尔斯特拉斯定理，所以 e 只能是超越数。

再比如，从公式（见问题 081）

$$e^{i\pi} + 1 = 0$$

即知 $i\pi$ 不可能为代数数。又因为任意两个代数数之和、差、积、商亦为代数数（见问题 047），$i = \sqrt{-1}$ 显然为代数数，从而 π 不是代数数，即为超越数。类似地，根据公式

$$e^{i\alpha} - e^{-i\alpha} = 2i\sin\alpha$$

可知，当 α 为非零的代数数时，$\sin\alpha$ 必然是超越数。同理可证 $\cos\alpha$，$\tan\alpha$ 等也都是超越数。另外，当 α 是不等于 0 和 1 的代数数时，自然对数 $\ln\alpha$ 也是超越数。

在证明了 e 和 π 的超越性后，人们自然要问 $e+\pi$ 和 e^π 等数是否也是超越数。德国数学家希尔伯特在 1900 年巴黎国际数学家大会上提出的 23 个数学问题中，第 7 个就提到：如果 α 是不等于 0 和 1 的代数数，而 β 是代数无理数，问 α^β 是否为超越数？例如，$2^{\sqrt{2}}$ 是否为超越数？希尔伯特本人认为这个问题太难了，甚至比黎曼猜想和费马大定理更难以解决。然而，在 1934 年该问题就获得了肯定的解答。不仅证明 $2^{\sqrt{2}}$ 是超越数，还通过在

$$\cos x + i\sin x = e^{ix}$$

中，令 $x = \pi$ 得到 $e^{i\pi} = -1$，两边乘 $-i$ 次方即为 $e^\pi = (-1)^{-i}$，从而证明 e^π 亦为超越数。但时至今日，人们却无法证明 $e+\pi$ 是否为超越数。

进入 20 世纪，超越数理论得到了更为深刻和丰富的发展。特别值得一提的是，英国青年数学家贝克 1966 年在超越数的研究中取得了重大突破，被誉为"在数论中引起了自高斯以来最深刻变革的人"，贝克因此在 1970 年荣获菲尔兹奖。

二、代数与组合问题

030 三十六名军官问题

把三十六名军官按要求排列成一个方阵。

这是一个非常著名的组合问题,是由当时的普鲁士国王腓特烈二世向欧拉提出的。原来,腓特烈二世在一次阅兵时别出心裁:他要求从六支部队中各选出六名不同军衔的军官,如上校、中校、少校、上尉、中尉、少尉各一人,然后将这 36 名军官排成一个 6 行 6 列的方阵,要求每行和每列都有各部队中各种军衔的军官。但是,无论怎样尝试都无法编排出这样的方阵,腓特烈二世只好向年近古稀的老朋友欧拉求助。

欧拉首先将这个问题化成一个组合数学中的排列问题:用大写字母 $A, B,$ C, D, E, F 分别表示 6 个不同的部队,小写字母 a, b, c, d, e, f 分别表示 6 种不同的军衔,其中一个大写字母和一个小写字母组合起来就表示一名某部队某军衔的军官。例如,Ac 就代表 A 部队中的军衔为 c 的军官。再把一个正方形等分成 36 个小格,使得每行和每列都有 6 个小正方形。于是,腓特烈二世提出的问题就相当于如何把这些不同的 36 对大小写字母依次放在这 36 个小正方形里,要求每个小正方形中只有一个大写字母和一个小写字母,而且每行和每列中的大小写字母各出现一次。为了纪念欧拉,这样的 6×6 方阵被称为 6 阶欧拉方阵,也称为 6 阶正交拉丁方。其他阶的欧拉方阵可类似地定义。

显然不存在 2 阶的欧拉方阵,因为与 Aa 同行及同列的只能是 Bb,方阵中同行列出现了字母重复。另外,欧拉很容易地作出了 3, 4 阶方阵,通过稍微复杂一些的分析,也能画出 5, 7, 8, 9 阶方阵,并且排列的方式还有很多种。例如,下面就是两种不同类型的 5 阶欧拉方阵:

Aa	Be	Cd	Dc	Eb
Ec	Ab	Ba	Ce	Dd
De	Ed	Ac	Bb	Ca
Cb	Da	Ee	Ad	Bc
Bd	Cc	Db	Ea	Ae

Aa	Bb	Cc	Dd	Ee
Be	Cd	Ea	Ac	Db
Cb	Ec	De	Ba	Ad
Dc	Ae	Bd	Eb	Ca
Ed	Da	Ab	Ce	Bc

一般地,欧拉证明了只要 n 除以 4 的余数不是 2,则 n 阶欧拉方阵都存在。然而,唯独对原先那个 6×6 方阵,欧拉绞尽脑汁也无法排出,真可谓"六六不顺"。经过长时间的深入思考,欧拉逐渐感到这个问题可能没有解,也就是说这个 36 名军官的方阵可能根本就排不出来。于是,欧拉在 1782 年提出了一个猜想:每个形如 $n=4k+2$ 阶的如此方阵都不存在。例如,当 $k=0$ 时,$n=2$,显然不存在 2 阶欧拉方阵。而当 $k=1$ 时 $n=6$,即为上述 36 名军官问题。直到 1901 年,法国数学家塔利终于证明相应的排列方式并不存在。

所有的谜底直到 1959 年才全部揭晓:印度数学家玻斯和他的学生施里克汉德使用群论和有限几何的方法否定了欧拉猜想的其他情形,即他们证明除了 $n=2$ 和 6 以外,其他阶的欧拉方阵都存在。这真是一个令人意想不到的结果。

 ## 031 柯克曼的女生问题

某学校有 15 名女生,她们每天三人一行共排成五行散步。问如何安排才能使得每个女生同其他每一个女生在同一行中散步,并且恰好每周一次?

这是英国数学家柯克曼在 1850 年提出的一个非常著名的问题,现被称为柯克曼女生问题。这个问题属于组合设计范畴,它的解决绝非易事。

到目前为止,关于柯克曼女生问题已经发表了许多解法,其中以美国数学家 B. 皮尔斯于 1860 年前后发表的解法最为巧妙和简洁,并且得到了当时英国大数学家西尔维斯特的高度赞赏。下面详细介绍皮尔斯关于柯克曼女生问题的解答,请读者悉心体会其中的美妙之处。

皮尔斯的解法巧妙地运用了同余理论。因为在柯克曼女生问题中所要求的仅仅是每名女生与其他每名女生每周恰好有一次在同一行中散步,所以,在具体安排散步方案时,同一行中女生的位置以及不同行之间的顺序均可随意调整。因此,皮尔斯在这 15 名女生中预先固定一名女生,记为 *,通过适当的调整,不妨假定该女生在每天散步的队列中(每行三人,排成五行)总处于第四行的中间位置。再把剩下的 14 名女生分成两个组,每组七人,分别以 $0,1,\cdots,6$ 这 7 个数字进行编号。为方便起见,就用各组的编号等同于各组内相应的女学

生。假设星期日的散步队列为

$$
\begin{array}{ccc}
a & e & A \\
b & f & B \\
c & g & C \\
d & * & D \\
E & F & G
\end{array}
$$

其中小写字母 $a, b, \cdots, g$ 和大写字母 $A, B, \cdots, G$ 均为 $0, 1, \cdots, 6$ 这 7 个数字的一个排列,它们分别对应着第一组和第二组的女生。皮尔斯的想法是:在不改变每组女生的上述分布位置时,通过把女生在各自组内进行适当的调整,设法安排出所需的一周散步方案。因为一周有七天,以 0 表示星期日,1 表示星期一,以此类推。皮尔斯希望星期 r(其中 r 取值为 $0, 1, \cdots, 6$)的散步队列能按以下规律得到

$$
\begin{array}{ccc}
a+r & e+r & A+r \\
b+r & f+r & B+r \\
c+r & g+r & C+r \\
d+r & * & D+r \\
E+r & F+r & G+r
\end{array}
$$

其中,每个数如 $B+r$,如果不小于 7,就取除以 7 后的余数。不难看出,$a+r$,$b+r, \cdots, g+r$ 这七个数除以 7 后所得的余数仍然是两两不同,故这七个余数为 $0, 1, \cdots, 6$ 这七个数字的一个排列,对 $A+r, B+r, \cdots, G+r$ 这七个数字也有类似的结论。既然编号 $0, 1, \cdots, 6$ 对应着两组学生,于是皮尔斯就对这 15 名女生设计出了一周内各天的一个散步方案。但问题是,这个散步安排是否符合柯克曼女生问题中的要求呢? 如果不符合的话,又该做怎样的调整呢?

先考虑预定的女生 $*$,在星期 r 和她同行的女生编号为 $d+r$ 和 $D+r$。显然,无论 d 和 D 取 $0, 1, \cdots, 6$ 之中的任何数,当 r 依次取从 $0 \sim 6$ 的七个数时,$d+r$(或 $D+r$)除以 7 的余数恰为 $0, 1, \cdots, 6$ 的一个排列。这就意味着和女生 $*$ 在同一行的第一组女生(或第二组女生)在一周内的七天散步中并不重复。因此,这个预定的女生 $*$ 符合柯克曼的要求。剩下的问题是,怎样保证每个其他的女生也能符合柯克曼的要求呢? 这就涉及如何安排好星期日的队列,以保证按上述规律给出的一周内各天的散步队列恰好就是柯克曼女生问题的一个解答。

通过仔细的分析,皮尔斯发现,只要星期日队形中的各数满足以下三个条

件,那么按上述规律给出的星期 r 的散步队列即为柯克曼女生问题的一种解答:

(1) $e-a,f-b,g-c$ 除以 7 的余数分别为 $1,2,3$;

(2) $F-E,G-F,G-E$ 除以 7 的余数也分别为 $1,2,3$;

(3) $A-a,A-e,B-b,B-f,C-c,C-g,D-d$ 这七个数分别除以 7 所得的余数恰好是 $0,1,2,3,4,5,6$ 的一个排列。

现证明皮尔斯的上述论断:在星期日队形中的各数满足上述三个条件下,能保证每个女生与其他每个女生一周内恰好在同一行中散步一次。首先考虑第一组内任意两个不同的女学生,其编号分别设为 x 和 y。则从 $x \neq y$ 以及 $0 \leqslant x,y \leqslant 6$ 可知 $x-y$ 不被 7 整除。根据条件(1)可知 $a-e,b-f,c-g$ 除以 7 的余数分别为 $6,5,4$,所以 $x-y$ 必然与下述六个数

$$e-a,a-e,f-b,b-f,g-c,c-g$$

中的一个(也仅有一个)除以 7 后具有相同的余数,不妨设这个数为 $f-b$。为方便起见,用符号 $p \equiv q$ 表示两个数 p,q 除以 7 后的余数相同。此时有 $x-y \equiv f-b$,从而 $x-f \equiv y-b$。再记 r 为 $x-f$ 除以 7 所得的余数,则显然成立 $x \equiv f+r$ 和 $y \equiv b+r$。这意味着 x 和 y 恰好出现在星期 r 的散步队列中的第二行,由此表明第一组编号为 x 的女生和该组内每个其他的女生在一周内恰好有一次在同一行中散步。其次,在第二组任取一名女生,其编号设为 X。根据条件(3),$X-x$ 必然与下述七个数字

$$A-a,A-e,B-b,B-f,C-c,C-g,D-d$$

中的一个(也仅有一个)除以 7 后具有相同的余数,不妨设这个数为 $C-g$,至于其他情形可作类似的讨论。现在,从 $X-x \equiv C-g$ 可知 $X-C \equiv x-g$,再设 s 为 $X-C$ 除以 7 所得的余数,则显然有 $X \equiv C+s$ 以及 $x \equiv g+s$。这就意味着 X 和 x 恰好出现在星期 s 的散步队列中的第三行中,而且也证明了第一组内的一名女生 x 和第二组内的一名女生 X 在一周内的散步中恰好有一次在同一行。再次,考虑第二组两名不同的女生 X 和 Y。根据条件(2)可知 $E-F,F-G,E-G$ 除以 7 的余数分别为 $6,5,4$,所以 $X-Y$ 必然与下述六个数

$$F-E,E-F,G-F,F-G,G-E,E-G$$

中的一个(也仅有一个)除以 7 后具有相同的余数,不妨设这个数为 $G-F$,即 $X-Y \equiv G-F$,其余的情形仍可作类似的讨论。此时有 $X-G \equiv Y-F$,若记 $X-G$ 除以 7 的余数为 t,则显然有 $X \equiv G+t$ 和 $Y \equiv F+t$。它意味着 X 和 Y 恰好出现在星期 t 的散步队列中的最后一行,而且也证明了第二组内的每一名

女生与该组内其他每一名女生在一周内的散步中恰好有一次在同一行中。最后,再结合前述关于预定女生 * 符合柯克曼要求的讨论,即可得知条件(1)、条件(2)和条件(3)确能保证每名女生和其他的每名女生在一周的散步中恰好有一次在同一行,换句话说,这三个条件能够保证皮尔斯的散步安排恰好符合柯克曼的要求,从而给出了柯克曼女生问题的一个解答。

下面根据皮尔斯的三个条件来构造星期日的一个散步队列。简单起见,我们令 $a=A=0$ 以及 $b=2$。此时,根据条件(1)可知 $e=1$ 及 $f=4$。因为 a, $b,\cdots,g$ 是 $0,1,\cdots,6$ 这 7 个数字的一个排列,这将迫使 $c=3,g=6$ 以及 $d=5$。再取 $B=5$,同样根据条件(2)和条件(3)不难得出

$$C=1, \quad D=2, \quad E=3, \quad F=4, \quad G=6。$$

需要指出的是 $a,b,\cdots,g$ 和 $A,B,\cdots,G$ 可以有许多不同的取值,但必须满足皮尔斯的三个条件。另外,为了更好地区别这两组女生,我们不妨用 $a_0,a_1,\cdots,a_6$ 和 $b_0,b_1,\cdots,b_6$ 分别表示第一组和第二组内的各七名女生,其中一名女生 a_i (或 b_j)的编号就是其相应的下标 i(或 j)。于是,根据上述计算结果,关于星期日的一个队形排列即为

$$
\begin{matrix}
a_0 & a_1 & b_0 \\
a_2 & a_4 & b_5 \\
a_3 & a_6 & b_1 \\
a_5 & * & b_2 \\
b_3 & b_4 & b_6
\end{matrix}
$$

根据皮尔斯的设计方案,在上述星期日队列中把诸 a_i 和 b_j 的下标全部加上 r $(r=1,2,\cdots,6)$ 后,再把大于 7 的下标替换为除以 7 所得的余数,即可得到星期 r 的散步队列。因此,从星期一到星期六的散步队列依次为

$$
\begin{matrix}
a_1 & a_2 & b_1 & \quad & a_2 & a_3 & b_2 & \quad & a_3 & a_4 & b_3 \\
a_3 & a_5 & b_6 & \quad & a_4 & a_6 & b_0 & \quad & a_5 & a_0 & b_1 \\
a_4 & a_0 & b_2 & \quad & a_5 & a_1 & b_3 & \quad & a_6 & a_2 & b_4 \\
a_6 & * & b_3 & \quad & a_0 & * & b_4 & \quad & a_1 & * & b_5 \\
b_4 & b_5 & b_0, & \quad & b_5 & b_6 & b_1, & \quad & b_6 & b_0 & b_2,
\end{matrix}
$$

$$a_4 \quad a_5 \quad b_4 \qquad a_5 \quad a_6 \quad b_5 \qquad a_6 \quad a_0 \quad b_6$$
$$a_6 \quad a_1 \quad b_2 \qquad a_0 \quad a_2 \quad b_3 \qquad a_1 \quad a_3 \quad b_4$$
$$a_0 \quad a_3 \quad b_5 \qquad a_1 \quad a_4 \quad b_6 \qquad a_2 \quad a_5 \quad b_0$$
$$a_2 \quad * \quad b_6 \qquad a_3 \quad * \quad b_0 \qquad a_4 \quad * \quad b_1$$
$$b_0 \quad b_1 \quad b_3, \qquad b_1 \quad b_2 \quad b_4, \qquad b_2 \quad b_3 \quad b_5 \text{。}$$

最后需要说明的是,柯克曼女生问题有多种解答方法,一周内各天散步队形的安排方案也不唯一,但以上介绍的皮尔斯设计的方案也许是其中最有规律的一个。

 哈密尔顿四元数

寻找比复数系更大的超复数系。

在 1830 年前后人们普遍接受了复数,并且意识到平面上的向量用复数表示时是非常方便的。虽然每个复数皆可表为 $a+bi$ 的形式,其中 a,b 为实数而 $i=\sqrt{-1}$,但就当时人们对数的认识而言,很难想象一个负数会开平方,所以许多人都把这个 i 看成是一个虚拟的数或者是一个符号,从而把复数看作是一种人为构造的数,仅仅是出于技术上的需要而引进的。本着这种自由创造的精神,人们又开始热情地寻找能表示三维空间向量的三维复数,或一般地构造所谓的超复数,自然还期望这种超复数也能满足通常实数所具有的那些基本性质。

例如,一个三维复数应该具有 $a+bi+cj$ 的形式,其中 a,b,c 为实数而 i,j 为待定的符号。问题是 i,j 满足什么条件时能够使得这些三维复数具有通常复数的性质呢?即期望这些三维复数不仅对加减乘除四则运算封闭,而且也应该成立类似的结合律、交换律以及分配律等基本的运算规则。奇怪的是,无论人们怎样尝试着规定 i 和 j 的运算法则,结果总未能使得相应的三维复数满足所需要的基本性质,这一切似乎暗示着三维复数并不存在。

爱尔兰数学家哈密尔顿沿此方向首先取得了突破。经过多年的不懈努力,哈密尔顿虽然没能发现三维复数,但却在 1843 年 10 月 16 日找到了所谓的四维复数,他称之为四元数。据传,在他和夫人于当天散步路过一座桥时,多年的苦思冥想终于使得灵感一刹那降临到哈密尔顿的脑海,他立刻领悟到自己所寻找的四元数的运算秘密。对 i,j,k 三个符号,只需规定以下运算法则:

$$i^2=j^2=k^2=-1,$$
$$ij=k, \quad jk=i, \quad ki=j,$$
$$ji=-k, \quad kj=-i, \quad ik=-j。$$

则称形如 $a+bi+cj+dk$ 的数为四元数,其中 a,b,c,d 为任意实数。不难验证任意两个四元数的相加、相减、相乘、相除(分母不为零)仍为四元数,并且数的结合律和分配律也完全成立。所不同的是两个四元数相乘未必交换,例如 $ij \neq ji$,这也是哈密尔顿所不得不接受的限制。

哈密尔顿四元数除了不满足交换律外,的确具有许多类似于复数的性质。例如,对任意一个四元数

$$\alpha=a+bi+cj+dk,$$

类似于共轭复数的定义,记为

$$\bar{\alpha}=a-bi-cj-dk,$$

称为 α 的共轭,直接计算可得

$$\alpha\bar{\alpha}=a^2+b^2+c^2+d^2。$$

如果进一步定义四元数的范数或绝对值为

$$|\alpha|=\sqrt{a^2+b^2+c^2+d^2},$$

则有 $|\alpha|^2=\alpha\bar{\alpha}$。

令人惊奇的是,哈密尔顿四元数看起来仅仅是一种纯粹的形式构造,但很快在物理学中找到了深刻的应用。例如,关于连续向量函数的梯度、散度和旋度等概念借助于四元数来表示是非常方便的。哈密尔顿本人对他的四元数也充满了无限的热情,他甚至认为自己的这个创造同微积分一样的重要,将成为数学物理中的关键工具。哈密尔顿毕生致力于四元数的研究和应用,于 1853 年出版了巨著《四元数讲义》,而在他去世后的第二年又出版了两卷《四元数基础》。

同样不可思议的是,德国数学家弗罗比纽斯于 1878 年以及美国数学家 C.皮尔斯于 1881 年分别独立地证明了实数域上的有限维超复数可除代数(即对加减乘除四则运算封闭且满足结合律及分配律)只有复数和四元数。在此意义上说,四元数是唯一的超复数系。这真令人感慨不已,因为在数学的许多领域真理往往只有一个,而哈密尔顿的伟大之处在于首先发现了它!

033　华罗庚定理

除环的半自同构或者是自同构，或者是反自同构。

华罗庚是享誉中外的数学大师，1910 年 11 月 12 日生于江苏省金坛县，1985 年 6 月 12 日在日本东京大学讲学时因心脏病突发逝世。华罗庚一生颇具传奇色彩。他初中毕业后曾考入上海中华职业学校，但因家境贫寒，不到一年即辍学回家。虽然遭此逆境，但他对数学的渴求和热爱却从未间断，凭借顽强的意志和刻苦自学，掌握了大量的数学知识。终于在 1930 年，他发表了一篇关于代数方程求解的文章，得到了当时清华大学算学系主任熊庆来的赏识，1931 年被邀请至清华大学工作。1936 年，华罗庚以访问学者的身份去英国剑桥大学工作，在短短两年时间内，他发表了十多篇高质量的数学论文，从此奠定了他作为世界一流数学家的地位。1946 年，华罗庚先后应邀访问了苏联和美国，并在美国的普林斯顿大学任教。从 1948 年开始，华罗庚被伊利诺伊大学聘为教授。新中国成立后，他于 1950 年回国，为新中国的数学发展和人才培养作出了巨大的贡献。

华罗庚知识渊博，思想深刻，兴趣十分广泛。他的研究领域遍及解析数论、矩阵几何、典型群、自守函数、多复变函数、偏微分方程、高维数值积分等诸多学科，并在这些领域都作出了卓越的贡献。

华罗庚的研究风格除了系统性和深刻性外，还有一个显著的特点，即他特别擅长用简单且直接的方法解决历史上的数学难题。他这种独特的思维方式被国外数学家誉为"华氏直接法"，充分显示了华罗庚深刻的洞察力。作为"华氏直接法"的一个范例，下面介绍华罗庚于 20 世纪 40 年代在美国访问期间，关于除环方面的一个杰出成果，供读者赏析。

20 世纪 40 年代正是抽象代数学和代数拓扑学蓬勃发展的时期，这两门学科向其他数学领域的不断渗透极大地改变了整个现代数学的风貌。又因为抽象代数学和代数拓扑学这两门新兴的学科是如此的令人着迷，人们常常把它们分别称誉为"魔鬼"和"天使"。当然，这样的称谓也许还缘于代数拓扑学罕见的优美和谐以及抽象代数学惊人的二重性：一方面是高度的公理化和形式化；但另一方面却具有不可思议的技术力量。华罗庚在美国期间也对抽象代数学进行了系统的研究，并在除环理论方面证明了几个惊人的定理，这些以他名字命名的定理至今仍然是抽象代数学教材中必然要提及的重要内容。为了更好欣赏华罗庚在除环方面的美妙成果，我们先介绍一些相关的代数概念作为预备知识。

在给出"环"的定义之前，先考察一些"环"的例子。考虑整数集合 $\mathbb{Z}$ 和实系数多项式集合 $\mathbb{R}[x]$，这两个集合中的元素（整数和多项式）可以做加法、减法和乘法三种运算，运算后的结果还在该集合中。并且整数（或多项式）之间的加法和乘法满足通常的运算法则，如结合律、交换律和分配律。类似地，还有全体 n 阶有理数矩阵集合 $M_n(\mathbb{Q})$、实数矩阵集合 $M_n(\mathbb{R})$ 等，它们的加法和乘法运算也满足通常的运算法则。事实上，还有许多其他的数学对象也能够像整数那样定义加法和乘法。所以，为了统一地研究这些集合上的运算规律，人们把它们的共同点抽象出来，称它们具有环结构，或者把它们称为环。例如，$\mathbb{Z}$ 称为全体整数环，$\mathbb{R}[x]$ 称为实系数多项式环，$M_n(\mathbb{R})$ 称为 n 阶实数矩阵环等。简而言之，环是一个非空集合，在其中定义了加法和乘法两种运算（这里把减法看成是加法的逆运算），并且满足通常的运算法则，如结合律、分配律等，但乘法一般不满足交换律。它的严格定义如下：

设 R 是一个非空集合，假设在 R 的元素之间定义了加法运算"+"和乘法运算"·"，即对 R 中的任意两个元素 a,b，$a+b$ 和 $a·b$ 都是 R 中的元素，分别称为 a 与 b 的"和"与"积"。通常把乘法运算"·"省略，直接记 $a·b$ 为 ab。如果这两种运算满足下述五条性质，则称 R 为一个环。

（1）结合律：$(a+b)+c=a+(b+c)$，$(ab)c=a(bc)$；

（2）单位律：存在零元素，记为 0，使得 $a+0=0+a=a$ 对每个 $a \in R$ 均成立；存在乘法单位元，记为 1，使得 $1·a=a·1=a$ 对每个 $a \in R$ 都成立；

（3）逆元律：对每个 $a \in R$，存在一个元素 $a' \in R$，满足 $a+a'=a'+a=0$，此时称 a' 为 a 的负元，记为 $-a$；

（4）交换律：即 $a+b=b+a$ 普遍成立；

（5）分配律：$a(b+c)=ab+ac$ 和 $(b+c)a=ba+ca$ 均成立。

不难看出，环的确是一种常见的基本数学结构，它概括了许多具体的数学对象。另外，如果在环的定义中，再添加一条乘法交换律，即 $ab=ba$ 总成立，则称这样的环为交换环。同样，如果在上述逆元律中添加性质：对每个非零的 $a \in R$，均存在 $b \in R$ 使得 $ab=ba=1$，则称 a 是可逆的元，称 b 为 a 的逆元，记为 a^{-1}，这样的环称之为除环。如果一个环既是交换环又是除环，则称其为域。

虽然这些都是较为特殊的环,但它们在数学中却很重要。例如,读者不难验证所有有理数的集合 $\mathbb{Q}$ 关于数的加法运算和乘法运算就构成一个域,称为有理数域。类似地,还有实数域 $\mathbb{R}$、复数域 $\mathbb{C}$ 等。

假设 R 和 S 是两个环,如果存在一个双射(又称为一一对应)$\varphi: R \rightarrow S$,使得对任意 $a, b \in R$ 均有

$$\varphi(a+b) = \varphi(a) + \varphi(b), \quad \varphi(ab) = \varphi(a)\varphi(b), \quad \varphi(1) = 1,$$

则称 φ 为 R 到 S 的一个同构,此时也称环 R 和环 S 同构。同构的环具有相同的环论性质,它们的差别仅仅是元素的不同,因此在环论中常常把同构的环看成是等同的数学结构。环论的中心内容是研究各类环的一般性质以及它们的同构分类。

如果在上述环同构的定义中,把 $\varphi(ab) = \varphi(a)\varphi(b)$ 替换为 $\varphi(ab) = \varphi(b)\varphi(a)$,其他条件不变,则称 φ 为环 R 到环 S 的一个反同构。显然,当 S 为交换环时,从任意一个环 R 到 S 的同构与反同构相一致。另外,当 $R = S$ 时,则分别称 R 到其自身的同构和反同构为 R 的自同构和反自同构。

有了以上准备,现在来讨论除环。简单地说,除环就是这样一个集合,其中任意两个元素可以做加减乘除四则运算(在做除法时要求分母不能为零元素)。另外,$a^{-1}b$ 和 ba^{-1} 也不一定相等,因为在除环中乘法交换律一般不成立。除环的典型例子为哈密尔顿在 19 世纪发现的四元数(问题 032)集合

$$\mathbb{H} = \{a + bi + cj + dk \mid a, b, c, d \in \mathbb{R}\}.$$

这当然是一种特殊的除环,它在实数域上的维数是 4。事实上,自从哈密尔顿发现四元数以来,人们对除环的一般理论做了大量深刻的研究,取得了丰硕的成果,但仍然遗留下许多难解的问题。其中,研究除环的半自同构便是其中最为有名的一个难题。详言之,除环 D 上的一个双射 $\varphi: D \rightarrow D$,如果对任意 $a, b \in D$ 均有

$$\varphi(a+b) = \varphi(a) + \varphi(b), \quad \varphi(aba) = \varphi(a)\varphi(b)\varphi(a), \quad \varphi(1) = 1.$$

则称 φ 为 D 的一个半自同构。显然,除环的自同构和反自同构均是半自同构的特例。由于长期以来没有发现除环的其他半自同构,就催生了一个著名的问题:是否每个除环的半自同构均为自同构或者反自同构? 此外,这个问题之所以特别出名,还因为它能推出历史上久悬未决的除环上一维射影几何的基本定理。

这个关于除环半自同构的著名问题在 1949 年前仍然没有获得彻底解决,当时,在这方面领先的成果属于美国代数学家卡普朗斯基,但他使用了有限维

代数复杂的结构理论，而且附加了某些限制条件，证明过程也颇为烦琐。有一天，卡普朗斯基对华罗庚说："你能否把我这个漂亮定理的证明加以简化呢？"据说这句话引起了华罗庚的不快。华罗庚心想：我何必简化你的证明，而不自己直接去解决这个问题呢？经过深入研究，华罗庚以其独特的"华氏直接法"非常彻底地解决了这个问题，即在 1949 年证明了除环的半自同构除了自同构和反自同构以外再没有其他的了。事实上，华罗庚不仅完美地解决了这个著名难题，而且所用的方法竟然是如此的初等和简明，受到了有"代数学之父"美誉的奥地利数学家阿廷的高度赞赏。他把华罗庚证明的结果称之为"美丽的华氏定理"，并写进其著作之中。

下面给出华罗庚定理的证明过程，即对除环 D 的任意半自同构 φ，华罗庚证明了 φ 或者是 D 的自同构，或者是 D 的反自同构。为此，先从半自同构的定义出发，推导出半自同构的一个基本性质。因为 $\varphi(aba)=\varphi(a)\varphi(b)\varphi(a)$ 且 $\varphi(1)=1$，所以取 $b=1$ 即得 $\varphi(a^2)=\varphi(a)^2$。于是

$$\varphi((a+c)b(a+c))=\varphi(a+c)\varphi(b)\varphi(a+c)$$
$$=(\varphi(a)+\varphi(c))\varphi(b)(\varphi(a)+\varphi(c))$$
$$=\varphi(aba)+\varphi(a)\varphi(b)\varphi(c)+\varphi(c)\varphi(b)\varphi(a)+\varphi(cbc),$$

但另一方面，从 $(a+c)b(a+c)=aba+(abc+cba)+cbc$ 可知

$$\varphi((a+c)b(a+c))=\varphi(aba)+\varphi(abc+cba)+\varphi(cbc),$$

比较上述两个公式的右边，消去相同的项后即得

$$\varphi(abc+cba)=\varphi(a)\varphi(b)\varphi(c)+\varphi(c)\varphi(b)\varphi(a)。 \tag{1}$$

接着，根据半自同构的定义及公式(1)，又有

$$[\varphi(ab)-\varphi(a)\varphi(b)]\cdot[\varphi(ab)-\varphi(b)\varphi(a)]$$
$$=\varphi(ab)^2-\varphi(ab)\varphi(b)\varphi(a)+\varphi(a)\varphi(b)\varphi(ab)+\varphi(a)\varphi(b)^2\varphi(a)$$
$$=\varphi[(ab)^2]-\varphi[(ab)ba+ab(ab)]+\varphi(ab^2a)$$
$$=\varphi[(ab)^2-ab^2a-(ab)^2+ab^2a]=\varphi(0)=0。$$

因为除环中两个非零元的乘积也非零，故有 $\varphi(ab)-\varphi(a)\varphi(b)=0$ 或者 $\varphi(ab)-\varphi(b)\varphi(a)=0$。换句话说，对 D 中任意给定的两个元素 a 和 b，证明了下述结论：

$$\varphi(ab)=\varphi(a)\varphi(b)，\quad 或者 \varphi(ab)=\varphi(b)\varphi(a)。 \tag{2}$$

需要注意的是，从公式(2)并不能推出 φ 一定是自同构或反自同构，这是因为当 $\varphi(ab)=\varphi(a)\varphi(b)$ 时，可能还存在 D 中另外两个元素，如 c 和 d，使得 $\varphi(cd)=\varphi(d)\varphi(c)$。

现在用反证法证明华罗庚定理,假设 φ 既不是除环 D 的自同构也不是反自同构。根据反自同构的定义,存在 $a,b\in D$ 使得 $\varphi(ab)\neq\varphi(b)\varphi(a)$,但从公式(2)可推出 $\varphi(ab)=\varphi(a)\varphi(b)$。同理,从 φ 不是自同构以及公式(2)可知,也存在 $a',b'\in D$ 使得 $\varphi(a'b')\neq\varphi(a')\varphi(b')$ 但 $\varphi(a'b')=\varphi(b')\varphi(a')$。总之,证明了存在四个特殊的元素 $a,b,a',b'\in D$ 满足

$$\varphi(ab)=\varphi(a)\varphi(b)\neq\varphi(b)\varphi(a),\tag{3}$$

$$\varphi(a'b')=\varphi(b')\varphi(a')\neq\varphi(a')\varphi(b')。\tag{4}$$

从公式(3)和公式(4)出发,以下分两步来得到一个矛盾。

(1) 对每个 $x\in D$,验证下述四个公式均成立:

$$\varphi(ax)=\varphi(a)\varphi(x),\tag{5}$$

$$\varphi(xb)=\varphi(x)\varphi(b),\tag{6}$$

$$\varphi(a'x)=\varphi(x)\varphi(a'),\tag{7}$$

$$\varphi(xb')=\varphi(b')\varphi(x)。\tag{8}$$

事实上,假如公式(5)不成立,则存在某个 $x\in D$ 满足 $\varphi(ax)\neq\varphi(a)\varphi(x)$。此时,从公式(2)可知必然成立 $\varphi(ax)=\varphi(x)\varphi(a)$。再根据公式(3),有

$$\varphi(x)\varphi(a)+\varphi(a)\varphi(b)=\varphi(ax+ab)=\varphi(a(x+b))。$$

再由公式(2)知 $\varphi(a(x+b))=\varphi(a)\varphi(x+b)$ 或 $\varphi(x+b)\varphi(a)$,故下述两个公式之一成立:

$$\varphi(x)\varphi(a)+\varphi(a)\varphi(b)=\varphi(a)\varphi(x+b)=\varphi(a)\varphi(x)+\varphi(a)\varphi(b),$$

$$\varphi(x)\varphi(a)+\varphi(a)\varphi(b)=\varphi(x+b)\varphi(a)=\varphi(x)\varphi(a)+\varphi(b)\varphi(a)。$$

由此推出 $\varphi(x)\varphi(a)=\varphi(a)\varphi(x)$ 或 $\varphi(a)\varphi(b)=\varphi(b)\varphi(a)$,但这两种情形都导致矛盾。所以公式(5)成立,同理可证其余三个公式也成立。

(2) 导出所需的矛盾。

在公式(6)中令 $x=a'$,得 $\varphi(a'b)=\varphi(a')\varphi(b)$,接着在公式(7)中取 $x=b$,又得到 $\varphi(a'b)=\varphi(b)\varphi(a')$。同理,在公式(5)中令 $x=b'$ 得到 $\varphi(ab')=\varphi(a)\varphi(b')$,再在公式(8)中令 $x=a$ 又得到 $\varphi(ab')=\varphi(b')\varphi(a)$。总之,有

$$\varphi(a'b)=\varphi(a')\varphi(b)=\varphi(b)\varphi(a'),\tag{9}$$

$$\varphi(ab')=\varphi(a)\varphi(b')=\varphi(b')\varphi(a)。\tag{10}$$

现在,计算 φ 在 $(a+a')(b+b')$ 的值。一方面,

$$\varphi[(a+a')(b+b')]=\varphi(ab)+\varphi(ab')+\varphi(a'b)+\varphi(a'b'),\tag{11}$$

另一方面,根据公式(2)可知 $\varphi[(a+a')(b+b')]=\varphi(a+a')\varphi(b+b')$ 或者 $\varphi(b+b')\varphi(a+a')$,按分配律展开又分别等于

$$\varphi(a)\varphi(b)+\varphi(a)\varphi(b')+\varphi(a')\varphi(b)+\varphi(a')\varphi(b'), \qquad (12)$$

或者

$$\varphi(b)\varphi(a)+\varphi(b)\varphi(a')+\varphi(b')\varphi(a)+\varphi(b')\varphi(a')。 \qquad (13)$$

比较公式(11)中等式的右边和公式(12),应用公式(3)、公式(9)和公式(10),得到 $\varphi(a'b')=\varphi(a')\varphi(b')$,但这与公式(4)产生矛盾。同理,再通过比较公式(11)中等式的右边和公式(13),应用公式(4)、公式(9)和公式(10),又得到 $\varphi(ab)=\varphi(b)\varphi(a)$,但它又与公式(3)相矛盾。总之,这些矛盾表明半自同构 φ 或者是自同构,或者是反自同构。至此,就完成了华罗庚定理的证明。

034 华罗庚恒等式

除环中任意两个不交换的元素所满足的一个等式。

作为"华氏直接法"的又一个典范,下面来介绍著名的嘉当-布劳尔-华定理,这是关于除环的又一个深刻的成果,也是华罗庚在 1949 年研究除环理论时相继证明的几个惊人定理之一。

假设 D 为一个除环,K 为 D 的一个非空子集。如果 K 在 D 的加法运算、减法运算、乘法运算以及除法运算下封闭,即对任意 $a,b\in K$,均有 $a+b,a-b,ab\in K$,且当 b 不为零时还有 $ab^{-1}\in K$,则称 K 为 D 的一个子除环。这时,不难看出 K 本身关于 D 中的加法运算和乘法运算即构成一个除环。一个基本的问题是:如何确定一个除环的所有子除环呢? 例如,D 也是其自身的一个子除环;另外一个子除环由单位元 1 生成,即 D 的所有子除环的交,不难验证这是 D 的一个子除环,而且还是 D 的最小子除环。最小子除环的结构十分简单,在给出它的描述之前,需要引入除环的特征定义。

如果存在一个正整数 n,使得 n 与除环 D 的单位元 1 的乘积 $n\cdot 1=0$,则把具有如此性质的最小正整数 n 称为除环 D 的特征;如果这样的正整数 n 不存在,则称除环 D 的特征为 0。除环的特征要么是零,要么是一个素数。因为当除环 D 的特征是一个正整数 n 时,假如 n 可分解为 $n=n_1 n_2$,则 $(n_1\cdot 1)(n_2\cdot 1)=(n_1 n_2)\cdot 1=n\cdot 1=0$。注意到在除环中非零元的乘积也非零,故有

$n_1 \cdot 1 = 0$ 或者 $n_2 \cdot 1 = 0$。但 n 是满足 $n \cdot 1 = 0$ 的最小正整数，由此推出 $n = n_1$ 或 n_2，这就证明了 n 只能是素数。

现在考查除环 D 的最小子除环的结构。如果除环 D 的特征为素数 p，则 D 中单位元 1 的所有整数倍 $n \cdot 1$ 构成的集合实际上只有 p 个不同的元素，即 $\{1 \cdot 1, 2 \cdot 1, \cdots, p \cdot 1 = 0\}$。不难看出该集合在除环 D 的加法运算和乘法运算下构成一个环，并且映射 $m \mapsto m \cdot 1$ 给出了从整数模 p 剩余类环 $\mathbb{Z}_p$ 到该集合的一个环同构。因为 p 为素数，故 $\mathbb{Z}_p$ 为一个域。所以 $\{1 \cdot 1, 2 \cdot 1, \cdots, p \cdot 1 = 0\}$ 也是 D 的一个交换的子除环，简称为 D 的子域。至此证明了当除环的特征为素数 p 时，它的最小子除环恰好由单位元的所有整数倍组成，因此它不仅同构于 $\mathbb{Z}_p$，而且与除环 D 中的每个元素均可交换。同理，当除环 D 的特征为 0 时，可以建立从有理数域 $\mathbb{Q}$ 到 D 的一个单射 $m/n \mapsto (m \cdot 1)(n \cdot 1)^{-1}$，因此，如果记

$$D_0 = \{(m \cdot 1)(n \cdot 1)^{-1} \mid m, n \in \mathbb{Z}, n \neq 0\}$$

则不难验证 D_0 在 D 的加法运算和乘法运算下也构成一个环，并且上述从 $\mathbb{Q}$ 到 D_0 的映射是一个环同构。所以 D_0 也是一个域，是 D 的最小子域，且 D_0 中的元素与 D 中的每个元素均可交换。我们把那些和 D 中每个元素都交换的元素称为 D 的中心元，所有中心元的集合记为 $Z(D)$，亦即

$$Z(D) = \{a \in D \mid ax = xa, \forall x \in D\},$$

称为 D 的中心。不难验证除环的中心也是一个交换的子除环，即为该除环的一个子域。除环的中心在除环理论中特别重要，一方面是因为它衡量了除环的非交换性程度，另一方面还因为域的理论较为丰富和完善，相对于除环容易处理些。总之，证明了除环的最小子除环在特征为素数 p 时同构于 $\mathbb{Z}_p$，在特征为 0 时同构于有理数域 $\mathbb{Q}$，而且除环的中心是一个子域，自动包含最小子除环。

因为域是一个交换的除环，即域是除环的特殊情形，所以直观上子除环未必交换。可是，当人们仔细考察除环的各种子除环时，发现有一类所谓的"正规子除环"特别重要。它的定义为：假设 K 是除环 D 的一个子除环，如果对 D 中每个非零的元素 d，均有 $dKd^{-1} = \{dxd^{-1} \mid x \in K\} \subseteq K$，则称 K 为 D 的一个正规子除环。例如，除环 D 本身，D 的中心 $Z(D)$，以及 D 的最小子除环等均为 D 的正规子除环。

关于正规子除环最重要的问题是：设 D 为除环，是否每个不等于 D 的正规子除环都含于该除环的中心内？

这个问题特别有名。首先是法国数学家嘉当对一类称为"可除代数"的特

殊除环给出了肯定的证明，接着由华罗庚和德国数学家布劳尔独立地得到了一般情形的证明，所以这个定理现在被称为嘉当-布劳尔-华定理。但是，华罗庚的证明惊人的简洁，写出来只有短短的几行，只依赖于他发现的一个恒等式，其构思之巧妙，令人叹为观止。

下面先介绍华罗庚恒等式，然后利用它证明上述嘉当-布劳尔-华定理。

设 D 为除环，$a,b \in D$。如果 $ab \neq ba$，即 a,b 不可交换，则

$$a[a^{-1}ba - (a-1)^{-1}b(a-1)] = b - (a-1)^{-1}b(a-1) \neq 0。 \tag{1}$$

这就是华罗庚发现的恒等式，它被证明是一个非常有用的公式。虽然其证明很简单，但能想到它绝非易事。事实上，从条件 $ab \neq ba$ 可知 $a-1 \neq 0$，故 $a-1$ 在除环 D 中可逆，即 $(a-1)^{-1}$ 存在。直接计算即得

$$a[a^{-1}ba - (a-1)^{-1}b(a-1)] = ba - a(a-1)^{-1}b(a-1)$$
$$= ba - ((a-1)+1)(a-1)^{-1}b(a-1)$$
$$= b - (a-1)^{-1}b(a-1)。$$

另外，如果 $b - (a-1)^{-1}b(a-1) = 0$，则 $(a-1)b = b(a-1)$，由此推出 $ab = ba$，矛盾于所给的条件。因此 $b - (a-1)^{-1}b(a-1) \neq 0$，这就完成了华罗庚恒等式的证明。

最后，用华罗庚恒等式证明：除环 D 的每个正规子除环 K 要么等于 D，要么含于 D 的中心 $Z(D)$ 内。

假设 $K \neq D$，要证明 $K \subseteq Z(D)$。任取 D 中一个不属于 K 的元素 a 以及 $b \in K$，显然 a 不等于 0 和 1，故 a^{-1} 和 $(a-1)^{-1}$ 都存在。又因 K 为正规子除环，所以 $a^{-1}ba$ 和 $(a-1)^{-1}b(a-1)$ 都在 K 中。因此，如果 a 和 b 不交换，根据公式(1)可知

$$a = [b - (a-1)^{-1}b(a-1)][a^{-1}ba - (a-1)^{-1}b(a-1)]^{-1} \in K，$$

此矛盾表明 a 和 b 可交换，亦即 D 中每个不属于 K 的元素和 K 中的每个元素均两两可交换。现在取 K 中的任意一个非零元 x，因为上述 a 不在 K 中，故 ax 也不属于 K，从而 ax 和 b 可交换。但 $x = a^{-1} \cdot (ax)$，表明 x 和 b 也可交换。这就证明了 K 中任意非零元素 x 和 D 中的每个元素均可交换，即 $x \in Z(D)$。显然 $0 \in Z(D)$，所以 $K \subseteq Z(D)$。这就完成了嘉当-布劳尔-华定理的证明。

035 算术几何不等式

n 个正数的算术平均数不小于它们的几何平均数。

设 $a_1, a_2, \cdots, a_n$ 为任意正实数,则称 $(a_1 + a_2 + \cdots + a_n)/n$ 为它们的算术平均数,而称 $\sqrt[n]{a_1 a_2 \cdots a_n}$ 为它们的几何平均数。上述问题是说:n 个正实数的算术平均数大于或等于它们的几何平均数,亦即有不等式

$$\frac{a_1 + a_2 + \cdots + a_n}{n} \geqslant \sqrt[n]{a_1 a_2 \cdots a_n},$$

而且还可证明,当且仅当 $a_1 = a_2 = \cdots = a_n$ 上述等号成立。因为该不等式首先出现在法国大数学家柯西 1821 年的著作中,所以也称为柯西不等式或者算术几何不等式。

算术几何不等式是整个数学中最为基本和重要的不等式之一,它反映了两个基本的平均数之间必然存在的大小关系,有着极为广泛的用途,尤其出现在各种数量的估值问题以及极值问题的求解中。例如,当 x 取正实数时,我们想求函数 $f(x) = x + \dfrac{1}{x^3}$ 的最小值,虽然使用函数的求导数可以得到解答,但最为简捷的方法是直接应用上述不等式得到

$$x + \frac{1}{x^3} = \frac{x}{3} + \frac{x}{3} + \frac{x}{3} + \frac{1}{x^3} \geqslant 4\sqrt[4]{\frac{x}{3} \cdot \frac{x}{3} \cdot \frac{x}{3} \cdot \frac{1}{x^3}} = 4\sqrt[4]{\frac{1}{3^3}} = \frac{4\sqrt[4]{3}}{3},$$

这表明 $f(x)$ 在 $x > 0$ 时的最小值为 $\dfrac{4\sqrt[4]{3}}{3}$,并且当且仅当 $\dfrac{x}{3} = \dfrac{1}{x^3}$,亦即 $x = \sqrt[4]{3}$ 时,函数 $f(x)$ 才取到它的最小值。

下面介绍柯西对算术几何不等式的一个巧妙证明,它的特点是对 n 先向下递推,然后再使用数学归纳法向上递推。

事实上,假设对 n 个任意的正数 $a_1, a_2, \cdots, a_n$ 总成立算术几何不等式,则对正整数 $m < n$,若令

$$a_{m+1} = a_{m+2} = \cdots = a_n = \sqrt[m]{a_1 a_2 \cdots a_m},$$

则这 n 个正数的几何平均数变为

$$\sqrt[n]{a_1 a_2 \cdots a_n} = \sqrt[n]{a_1 a_2 \cdots a_m (\sqrt[m]{a_1 a_2 \cdots a_m})^{n-m}}$$

$$= (a_1 a_2 \cdots a_m)^{\frac{1}{n}} (a_1 a_2 \cdots a_m)^{\frac{n-m}{nm}}$$

$$= (a_1 a_2 \cdots a_m)^{\frac{1}{m}}$$

$$= \sqrt[m]{a_1 a_2 \cdots a_m} 。$$

而相应的算术平均数也变为

$$\frac{a_1 + \cdots + a_m + (n-m)\sqrt[m]{a_1 a_2 \cdots a_m}}{n},$$

再从

$$a_1 + \cdots + a_n \geqslant n \sqrt[n]{a_1 \cdots a_n}$$

即得

$$a_1 + \cdots + a_m \geqslant m \sqrt[m]{a_1 \cdots a_m} 。$$

这就证明了当 n 个任意正数都满足算术几何不等式时，则少于 n 个的任意正数也满足算术几何不等式。因此，为了对任意的 n 证明算术几何不等式，只需证明存在充分大的正整数 n 成立该不等式。

现在对 k 使用数学归纳法来证明 $n=2^k$ 时总成立相应的算术几何不等式。当 $k=1$ 时，显然有 $a_1 + a_2 \geqslant 2\sqrt{a_1 a_2}$。假设对 $n=2^k$ 时算术几何不等式成立，来看 $n=2^{k+1}$ 时的情形。反复使用归纳假设，有

$$a_1 + a_2 + \cdots + a_n = (a_1 + \cdots + a_{2^k}) + (a_{2^k+1} + \cdots + a_{2^{k+1}})$$

$$\geqslant 2^k \sqrt[2^k]{a_1 \cdots a_{2^k}} + 2^k \sqrt[2^k]{a_{2^k+1} \cdots a_{2^{k+1}}}$$

$$\geqslant 2^k \cdot 2\sqrt{\sqrt[2^k]{a_1 \cdots a_{2^k}} \cdot \sqrt[2^k]{a_{2^k+1} \cdots a_{2^{k+1}}}}$$

$$= 2^{k+1} \sqrt[2^{k+1}]{a_1 \cdots a_{2^{k+1}}} 。$$

根据数学归纳法，即证对每个 $n=2^k$ 相应的算术几何不等式均成立。

综合上述两部分的论证，至此就完成了对算术几何平均不等式的证明，并且等式成立当且仅当诸正实数皆相同。

另外，算术几何不等式目前已有形形色色的加强和推广，这里仅仅提及其中一个有趣的加强而略去它的证明。设 $a_1, a_2, \cdots, a_n$ 为任意 n 个正实数，对每个固定的 $1 \leqslant k \leqslant n$，从这 n 个数中取出 k 个不同的数，共有 $\binom{n}{k} = \dfrac{n!}{(n-k)!k!}$ 种不同的取法，把所有 k 个正数的乘积加起来，记为 $\displaystyle\sum_{i_1 < \cdots < i_k} a_{i_1} \cdots a_{i_k}$。则经典的算

术几何不等式可以加强为以下不等式序列：

$$\frac{\sum_i a_i}{\binom{n}{1}} \geqslant \left(\frac{\sum_{i<j} a_i a_j}{\binom{n}{2}}\right)^{\frac{1}{2}} \geqslant \cdots \geqslant (a_1 \cdots a_n)^{\frac{1}{n}}。$$

036　平均问题

如何一般的定义 n 个正实数的平均数？

给定 n 个正实数 $a_1, a_2, \cdots, a_n$，在问题 035 中定义了它们的算术平均数和几何平均数分别为

$$A = (a_1 + a_2 + \cdots + a_n)/n, \quad G = \sqrt[n]{a_1 a_2 \cdots a_n},$$

并证明了著名的算术几何平均不等式 $A \geqslant G$。但在各种数学问题中，出于不同的需要，人们设计了许多求平均数的方法，下面介绍一些常见的平均数定义。

首先，有一个比几何平均数更小的平均方法，即所谓的调和平均数。它定义为

$$H = \frac{n}{\frac{1}{a_1} + \frac{1}{a_2} + \cdots + \frac{1}{a_n}},$$

不难证明这三个平均数满足下述不等式

$$H \leqslant G \leqslant A,$$

并且每一个等式成立当且仅当诸正实数 $a_1, a_2, \cdots, a_n$ 皆相等。

其次，作为算术平均的推广以及各种几何范数的一般化，人们又定义了所谓的幂平均。假设 $\gamma \neq 0$，令

$$M_\gamma = \left(\frac{a_1^\gamma + a_2^\gamma + \cdots + a_n^\gamma}{n}\right)^{\frac{1}{\gamma}},$$

称为 n 个正实数 $a_1, a_2, \cdots, a_n$ 的 γ 次幂平均。它有两个非常基本的性质，其一为 M_γ 是关于 γ 的增函数，亦即当 $\alpha < \beta$ 时总有 $M_\alpha \leqslant M_\beta$，且等式成立当且仅当诸正实数 a_i 两两相等；其二是当 γ 趋于 0 时，γ 次幂平均以几何平均为极限：

$$\lim_{\gamma \to 0} M_\gamma = \sqrt[n]{a_1 a_2 \cdots a_n} = G。$$

由此可定义 $M_0 = G$,从而把算术几何平均不等式统一归入幂平均的增函数性质里。另外,如果取 $\gamma = -1$,即可看出调和平均也是幂平均的特例,即 $H = M_{-1}$。所以,幂平均是更为一般的平均概念,它包含了前述的算术平均、几何平均以及调和平均。

再次,还有所谓的加权平均概念。设 $p_1 + p_2 + \cdots + p_n = 1$ 且 p_i 为正实数,则称

$$p_1 a_1 + p_2 a_2 + \cdots + p_n a_n$$

为 $a_1, a_2, \cdots, a_n$ 的加权平均,其中 p_i 称为加权系数。显然,取 $p_1 = p_2 = \cdots = p_n = 1/n$ 时即可把加权平均化为算术平均,由此表明加权平均不过是算术平均的又一种推广方式。

最后,更为一般的平均概念是加权幂平均,它把上述幂平均和加权平均统一起来,定义为

$$(p_1 a_1^\gamma + p_2 a_2^\gamma + \cdots + p_n a_n^\gamma)^{\frac{1}{\gamma}}。$$

虽然多了一些加权系数,但这个加权幂平均还是保持了前述幂平均所有的性质,特别是它在近代分析数学中有大量深刻的应用。

 037 整值多项式

如何判别一个多项式总取整数值?

在初等数论中,人们常常需要研究整数与多项式之间的各种关系,这里蕴含了"数"与"型"相互作用的观念。例如,费马小定理断言:如果 p 为素数,则对每个整数 x,均有 p 整除 $x^p - x$。换一种提法,记 $f(x) = (x^p - x)/p$,则费马小定理相当于说:当 x 取所有的整数时多项式 $f(x)$ 的值总是整数。另外,在中学数学里通过使用数学归纳法能够证明

$$1^2 + 2^2 + \cdots + n^2 = \frac{n(n+1)(2n+1)}{6},$$

由此表明多项式 $g(x)=\dfrac{x(x+1)(2x+1)}{6}$，当 x 取所有的正整数时都是整数值。事实上，即使 x 取遍所有的整数，该多项式也都是整数值，这一点从以下叙证的结果（Ⅰ）即可得出。

一般地，给定一个多项式 $f(x)$，如果当自变量 x 取遍所有的整数时，多项式 $f(x)$ 的值总是取整数，则称 $f(x)$ 为整值多项式。现在的问题是：一个整值多项式应该是什么样子的，以及如何判别和描述整值多项式。

在研究整值多项式时，引入差分多项式的概念是非常方便的。设 $f(x)$ 为任意多项式，记 $\Delta f(x)=f(x)-f(x-1)$，称之为 $f(x)$ 的差分多项式。显然，如果 $f(x)$ 的次数为 n，则其差分多项式 $\Delta f(x)$ 的次数至多为 $n-1$，通过对多项式的次数作归纳法，可以提供一种论证技术。例如，下面将使用差分多项式来证明整值多项式的第一个基本结论。

（Ⅰ）设 $f(x)$ 为 n 次多项式，如果 $f(x)$ 在 $n+1$ 个连续的整数上都取整数值，则 $f(x)$ 必为整值多项式。

对多项式的次数 n 作数学归纳法来证明该结论。当 $n=1$ 时，可令 $f(x)=ax+b$，假设 $f(x)$ 在两个连续的整数 k 和 $k+1$ 上均取整数值，即 $ak+b$ 和 $a(k+1)+b$ 都是整数，则它们的差 a 也是整数，从而 b 也只能是整数，此时 $f(x)$ 为整系数多项式，更是整值多项式。今假设该结论对次数小于 n 的多项式均成立，下面来考察 n 次多项式的情形。假定 n 次多项式 $f(x)$ 在连续的 $n+1$ 个整数 $k,k+1,\cdots,k+n$ 上均取整数值，则其差分多项式 $\Delta f(x)=f(x)-f(x-1)$ 在连续的 n 个整数 $k+1,k+2,\cdots,k+n$ 上也都取整数值，根据归纳假设可知 $\Delta f(x)$ 必为整值多项式。现在，固定任意一个正整数 m，则从 $f(x)-f(x-1)$ 为整值多项式可知 $f(x-1)-f(x-2),\cdots,f(x-m+1)-f(x-m)$ 也都是整值多项式，把这 m 个整值多项式相加即得到整值多项式 $f(x)-f(x-m)$。再把 x 换成 $x+m$ 代入该多项式又得到整值多项式 $f(x+m)-f(x)$，从而其负多项式 $f(x)-f(x+m)$ 也是整值多项式。由此表明，无论 m 取正整数还是负整数甚至是零，均有 $f(x)-f(x-m)$ 为整值多项式。特别地，取 $x=k$ 即知 $f(k)-f(k-m)$ 总为整数，但 $f(k)$ 已经假定为整数，所以 $f(k-m)$ 也总是整数。当把 m 看作自变量时，便有 $f(k-m)$ 是关于 m 的整值多项式。显然当 m 取遍所有的整数时 $k-m$ 亦如此，故可断言 $f(m)$ 也是整值多项式。最后把自变量换成 x，即证得 $f(x)$ 确为整值多项式。

在所有的整值多项式中，有一类多项式起着关键的作用。回忆一下在高中学过的组合数概念,从 n 个不同物体中每次取出 k 个不同物体的取法共有 $\binom{n}{k} =$ $n \cdot (n-1) \cdots (n-k+1)/k!$ 种不同的取法,其中 $k!$ 为 k 的阶乘,定义为前 k 个正整数的乘积,即 $k!=1 \cdot 2 \cdots \cdot k$。所以,对每个正整数 k,如果记

$$\binom{x}{k}=x \cdot (x-1) \cdots \cdot (x-k+1)/k!,$$

则 $\binom{x}{k}$ 为 k 次多项式,并且当 x 取遍所有大于 k 的整数时,该多项式均为整数值,根据结论(Ⅰ)可知 $\binom{x}{k}$ 为整值多项式。称为关于 x 的 k 次组合多项式。

k 次组合多项式不仅是整值多项式,而且它的差分多项式非常简单,正好是 $k-1$ 次组合多项式:直接计算可知 $\Delta \binom{x}{k}=\binom{x}{k-1}$。事实上,组合多项式的这两个性质就足以刻画任意的整值多项式了。

现在设 $f(x)$ 为任意一个 k 次多项式,其最高次项为 $a_k x^k$,则多项式 $f(x)-k!a_k \binom{x}{k}$ 的次数至多为 $k-1$。换句话说,通过减去一个适当的组合多项式的倍数,可以消去 $f(x)$ 的最高次项。接着,再假设 $f(x)-k!a_k \binom{x}{k}$ 的最高次项为 $a_r x^r$,则 $f(x)-k!a_k \binom{x}{k}-r!a_r \binom{x}{r}$ 的次数又被降低了,至多为 $r-1$。不断地重复该步骤,最终可把每个多项式 $f(x)$ 唯一地表示成组合多项式的线性组合,即存在唯一的数 $a_0,a_1,\cdots,a_k$ 使得

$$f(x)=a_k \binom{x}{k}+a_{k-1} \binom{x}{k-1}+\cdots+a_1 \binom{x}{1}+a_0。$$

方便起见,称上式中的 $a_0,a_1,\cdots,a_k$ 为多项式 $f(x)$ 的组合系数。

使用上述多项式组合系数的概念,即可叙述和证明关于整值多项式的中心结果,由此回答了一开始所提出的问题。

(Ⅱ)设 $f(x)$ 为任意一个多项式,则 $f(x)$ 为整值多项式的充要条件是它的组合系数皆为整数。

显然,如果该多项式的组合系数 $a_0,a_1,\cdots,a_k$ 均为整数,由于组合多项式皆为整值多项式,此时的 $f(x)$ 恰为整值多项式的整系数线性组合,故 $f(x)$ 本身也是整值多项式。反之,假设 $f(x)$ 为整值多项式,下面要证明的是它的每个

组合系数均为整数。为此,先把 $f(x)$ 表示为组合多项式的上述线性组合,不难看出 $a_0 = f(0)$ 为整数。再根据组合多项式的差分公式,可求出 $f(x)$ 的差分多项式为

$$\Delta f(x) = a_k \binom{x}{k-1} + a_{k-1} \binom{x}{k-2} + \cdots + a_2 \binom{x}{1} + a_1,$$

从而 a_1 等于 $\Delta f(x)$ 在 $x=0$ 时的值,记为 $a_1 = \Delta f(0)$。因为整值多项式的差分多项式还是整值多项式,故 a_1 也是整数。同理,对 $\Delta f(x)$ 再求出差分多项式,记为 $\Delta^2 f(x) = \Delta(\Delta f(x))$,可知 $a_2 = \Delta^2 f(0)$ 也是整数。一般地,$f(x)$ 的组合系数 a_i 恰好是其求 i 次差分后的多项式 $\Delta^i f(x)$ 在 $x=0$ 时的值,故总为整数。至此就完成了结论(Ⅱ)的证明。

作为整值多项式的一个应用,反过来给出费马小定理的一个证明。正如一开始提到的,为了证明素数 p 总是整除形如 $x^p - x$ 的整数,只需证明 $f(x) = (x^p - x)/p$ 为整值多项式。根据结论(Ⅱ),只需验证 $f(x)$ 的组合系数皆为整数,注意到 $a \cdot f(x)$ 的组合系数恰好等于 $f(x)$ 的组合系数乘以 a,故相当于验证 $g(x) = x^p - x$ 的组合系数均被 p 整除。

假设 $g(x)$ 的组合系数依次为 $a_0, a_1, \cdots, a_p$,从结论(Ⅱ)的证明过程可知 a_i 即为连续对 $g(x)$ 求 i 次差分后所得到的多项式在 $x=0$ 处的值,亦即 $a_i = \Delta^i g(0)$。显然 $a_0 = g(0) = 0$ 为整数。当 p 为奇素数时,把 $(x-1)^p$ 按二项式定理展开,常数项恰为 -1。此时 $g(x)$ 的差分多项式为

$$\Delta g(x) = (x^p - x) - [(x-1)^p - (x-1)] = \sum_{i=1}^{p-1} (-1)^i \binom{p}{i} x^{p-i},$$

因为当 $i < p$ 时 $\binom{p}{i}$ 总是 p 的倍数,故 $\Delta g(x)$ 不仅是一个整系数多项式,而且每项系数均被素数 p 整除。由此即知当 $i \geqslant 1$ 时 $\Delta^i g(x)$ 的系数也都是 p 的倍数,从而相应的组合系数 a_i 也都被 p 整除,由此证明了费马小定理对 p 为奇素数时成立。另外,当 $p=2$ 并且 x 取整数时,$x^2 - x = x(x-1)$ 为两个连续的整数乘积,必为偶数,故 2 总整除 $x^2 - x$ 的值。综合两种情形,就证明了费马小定理对每个素数 p 都成立。

在本问题结束之前,再介绍两个有用的概念,见参考文献[11]。从结论(Ⅱ)可知一个整值多项式必然为有理系数的多项式,当把各个系数的分母通分后即可变为 $f(x) = f_0(x)/m$,其中 $f_0(x)$ 为整系数多项式而 m 为正整数。因此,研究 $f(x)$ 是否为整值多项式的问题就转化为研究整系数多项式 $f_0(x)$ 在

x 取遍所有的整数时其值是否都能被 m 整除的问题。一般地，如果一个整系数多项式 $g(x)$ 当 x 取所有的整数时相应的值均被某个正整数 m 整除，则称 m 恒整除多项式 $g(x)$，也称 m 为多项式 $g(x)$ 的一个恒因子。例如，费马小定理可以说每个素数 p 都恒整除多项式 $x^p - x$，或者等价于说素数 p 总是多项式 $x^p - x$ 的一个恒因子。一个有趣的问题是：如何求一个整系数多项式 $g(x)$ 的所有恒因子或者最大恒因子呢？

使用结论（Ⅱ）的证明方法，类似地可以证明：一个整系数多项式的恒因子就是其所有的组合系数的公因子，而其最大恒因子恰好是所有组合系数的最大公因子。但美中不足的是，一般说来计算一个整系数多项式的组合系数较为复杂，这就使得上述结论在应用时不太方便。那么，是否存在一种简易的算法使得我们能从该多项式的系数出发直接求出其恒因子呢？这是一个十分基本的问题，有兴趣的读者可参考文献[11]在这方面所做的一些探索。

 038 高斯本原多项式

两个有理系数多项式的乘积何时是一个整系数多项式。

这是代数学中的一个基本问题，它有几个等价的提法。例如，当一个整系数多项式能分解成两个有理系数多项式的乘积时，是否这两个因式本质上就是整系数多项式。该问题的意义在于探讨一个整系数多项式在整数环 $\mathbb{Z}$ 上的可约性（即何时能分解成两个整系数多项式的乘积）与其在有理数域 $\mathbb{Q}$ 上的可约性（即何时能分解成两个有理系数多项式的乘积）是否等同，高斯通过引入本原多项式的概念证明了这两种不可约性的确是等价的，并且完整而清晰地回答了本节所提出的问题。

下面先介绍本原多项式的定义。设
$$f(x) = a_n x^n + a_{n-1} x^{n-1} + \cdots + a_1 x + a_0$$
为整系数多项式且 $a_n \neq 0$，如果诸系数 $a_n, a_{n-1}, \cdots, a_0$ 的最大公因子为 1，则称 $f(x)$ 为本原多项式。一般地，如果 $f(x)$ 的全部系数的最大公因子为 c，则可令
$$f(x) = c f_1(x),$$

其中 $f_1(x)$ 的所有系数的最大公因子显然为 1，即 $f_1(x)$ 为本原多项式，高斯称 c 为 $f(x)$ 的容度，常记为 $c(f)$。因此，每个整系数多项式均可写为某个本原多项式的倍数。

关于本原多项式的核心结论是著名的高斯引理，即高斯证明了任意两个本原多项式的乘积仍为本原多项式，下面给出该结果的证明。假设 $f(x)$ 为上述本原多项式，而

$$g(x)=b_mx^m+b_{m-1}x^{m-1}+\cdots+b_1x+b_0$$

为另外一个本原多项式。如果 $f(x)g(x)$ 不是本原多项式，则该乘积多项式的所有系数不互素，故存在一个素数 p 整除 $f(x)g(x)$ 的每一项系数。因为 $f(x)$ 和 $g(x)$ 全部系数的最大公因子分别等于 1，所以存在非负整数 i 和 j，使得 p 整除 $a_0,\cdots,a_{i-1}$ 但不整除 a_i，以及 p 整除 $b_0,\cdots,b_{j-1}$ 但不整除 b_j。注意到 $f(x)g(x)$ 的第 $i+j$ 次项的系数恰为

$$\sum_{k=0}^{i+j}a_kb_{i+j-k}=a_0b_{i+j}+a_1b_{i+j-1}+\cdots+a_{i+j}b_0,$$

能被 p 整除，而在上述等式右边除了 a_ib_j 以外的每一项都能被 p 整除，所以 a_ib_j 也被 p 整除，此矛盾即证明了两个本原多项式的乘积仍为本原多项式。

利用高斯关于本原多项式的引理即可回答本节所提出的问题。设 $u(x)$ 和 $v(x)$ 为任意两个有理系数多项式，使得它们的乘积 $u(x)v(x)$ 恰为整系数多项式。此时把 $u(x)$ 的各项有理系数通分后即可令

$$u(x)=m/n\cdot f(x),$$

其中 m,n 为非零的整数，并且 $f(x)$ 为本原多项式。同理，对 $v(x)$ 的所有系数进行通分，亦可令

$$v(x)=k/l\cdot g(x),$$

其中 k,l 也是非零的整数，且 $g(x)$ 为本原多项式。所以

$$u(x)v(x)=mk/nl\cdot f(x)g(x)$$

为整系数多项式，但高斯引理断言 $f(x)g(x)$ 仍为本原多项式，说明 mk/nl 必为整数，亦即整系数多项式 $u(x)v(x)$ 的容度。注意到有理数 m/n 由多项式 $u(x)$ 唯一确定，最多相差一个正负号，方便起见也称 m/n 为 $u(x)$ 的容度，记为 $c(u)$，则每个有理系数多项式可写成它的容度与一个本原多项式的乘积。于是，使用容度的概念，把上述所证总结为：两个有理系数多项式 $u(x)$ 和 $v(x)$ 的乘积 $u(x)v(x)$ 为整系数多项式当且仅当它们的容度乘积 $c(u)c(v)$ 恰好等于整数。

不仅如此，如果一个整系数多项式 $f(x)$ 在有理数域 $\mathbb{Q}$ 上可约，亦即 $f(x)$

可写成两个有理系数多项式 $g(x)$ 和 $h(x)$ 的乘积,我们令
$$g(x)=c(g)g_1(x), \quad h(x)=c(h)h_1(x),$$
其中 $g_1(x)$ 和 $h_1(x)$ 均为本原多项式,则 $c(g)c(h)$ 必为整数。此时
$$f(x)=[c(g)c(h)g_1(x)] \cdot h_1(x)$$
恰为两个整系数多项式的乘积,表明 $f(x)$ 在整数环 $\mathbb{Z}$ 上亦可约。反之,一个整系数多项式在整数环 $\mathbb{Z}$ 上可约时显然在有理数域 $\mathbb{Q}$ 上也可约。总之,证明了整系数多项式的这两种可约性是等价的。

最后指出,本原多项式现在是代数学中的一个基本概念,特别是在研究多项式环的唯一因子分解性质时扮演着重要角色。

 039 **各阶导数只有整数根的多项式**

如何描述各阶导数只有整数根的多项式。

一个整系数多项式什么时候只有整数根? 这是一个貌似简单实则不易的基本问题。假设
$$f(x)=a_nx^n+a_{n-1}x^{n-1}+\cdots+a_1x+a_0$$
为 n 次多项式,即要求 $a_n \neq 0$。它的 n 个根 $\alpha_1,\alpha_2,\cdots,\alpha_n$ 均为整数,有
$$f(x)=a_n(x-\alpha_1)(x-\alpha_2)\cdots(x-\alpha_n)$$
把右边乘开后比较等式两边的系数即知每项 a_i/a_n 均为整数,由此表明 $f(x)$ 可以写成一个首 1 整系数多项式的倍数。所以,为了研究只有整数根的多项式,只需研究首项系数为 1 的整系数多项式。目前人们感兴趣的是如何刻画和描述这类只有整数根的多项式,该问题看起来十分困难,至今尚未解决。

施米德在 1986 年提出了一个条件更强的问题:如何描述各阶导数都只有整数根的多项式呢? 有迹象表明这似乎是一个老问题了。从初等微积分求导规则可知上述多项式 $f(x)$ 的导数为
$$f'(x)=a_nnx^{n-1}+a_{n-1}(n-1)x^{n-2}+\cdots+a_1.$$
因为一个多项式和它的导数多项式之间的关系非常密切。例如,多项式是否有重根等价于该多项式与其导数多项式是否有公因式,在多项式任意两个根之间总有其导数多项式的一个根存在,等等。所以,如果再要求一个只有整数根的

多项式的各阶导数也都只有整数根,则对这类多项式就会有很强的限制,迫使它们的数量大为减少,从而有可能把它们描述清楚。

方便起见,人们称这些各阶导数都只有整数根的多项式为施米德多项式。现在的问题是:如何描述和判别一个给定的多项式是否为施米德多项式,以及如何找出全部的施米德多项式。

显然,对每个正整数 n,最简单的 n 次施米德多项式为 $f(x)=(x-a)^n$,其中 a 为任意整数。如果要求有两个不同的根,克劳克、皮曹、卡罗尔以及其他人都发现

$$g_n(x)=x^{n-1}(x-n), \quad h_n(x)=x^{n-1}(x+mn)$$

都是这样的 n 次施米德多项式,其中 m 取任意整数。例如,对 $g_n(x)$ 直接求导数可知

$$g'_n(x)=nx^{n-2}(x-n+1)=ng_{n-1}(x),$$

因为 $g_n(x)$ 的根只有 0 和 n,故 $g'_n(x)$ 的根也只有 0 和 $n-1$ 这些重根。接着,再对 $g'_n(x)$ 求导,则类似地可推出 $g_n(x)$ 的各阶导数也都只有整数根。

遗憾的是,尽管施米德多项式看起来并不太多,但它们仍然难以得到确切的描述和全部求出。目前只是找到了所有的 1 次和 2 次施米德多项式,勃如格曼和古什在 1980 年研究了 3 次施米德多项式,卡罗尔在 1989 年对 4 次施米德多项式做了一些探讨。特别是卡罗尔提出了一个关于 4 次施米德多项式的猜想,即每个形如 x^4+ax^2+bx+c 的施米德多项式,如果至少有三个不同的根,则一定等于

$$(x-193m)(x-141m)(x+167m)^2,$$

其中 m 是非零的整数。卡罗尔指出该猜想蕴含着寻找所有更高次施米德多项式的一种有效的途径,有关的技术细节不再赘述。

040 克罗内克多项式

求所有根均在单位圆内的首项系数为 1 的整系数多项式。

二项方程 $x^n-1=0$ 的所有根,即为全部的 n 次单位根,它们恰好在复平面

的单位圆周上。在 19 世纪,德国数学家克罗内克首先研究了更为一般性的问题:设 $f(x)=x^n+a_{n-1}x^{n-1}+\cdots+a_0$ 为整系数首 1 多项式,在什么条件下 $f(x)$ 的所有根都在单位圆内呢? 方便起见,我们把这样的多项式简称为克罗内克多项式。现在的问题是,一个克罗内克多项式应该是什么样子的,如何求出所有的克罗内克多项式呢? 下面介绍达米亚诺于 2001 年发表的关于该问题的一个漂亮解答。

克罗内克本人证明了沿此方向的第一个基本结论:对每个正整数 n,次数为 n 的克罗内克多项式只有有限多个,并且每个克罗内克多项式的根或为零或在单位圆周上(即模为 1)。下面给出克罗内克定理的证明过程,因为它只用到关于多项式方程的根与系数之间关系的韦达定理,以及关于算术几何不等式的柯西定理。

设 $f(x)=x^n+a_{n-1}x^{n-1}+\cdots+a_0$ 为任意一个 n 次克罗内克多项式,即 $f(x)$ 是一个根均在单位圆内的整系数首 1 多项式。假设 $f(x)$ 的所有根为 z_1,$z_2,\cdots,z_n$,则每个 $|z_i|\leqslant 1$。根据韦达定理,则有

$$|a_{n-1}|=|z_1+z_2+\cdots+z_n|\leqslant n=\binom{n}{1},$$

$$|a_{n-2}|=\left|\sum_{i,j}z_iz_j\right|\leqslant\binom{n}{2},$$

$$|a_{n-3}|=\left|\sum_{i,j,k}z_iz_jz_k\right|\leqslant\binom{n}{3}$$

$$\vdots$$

$$|a_0|=|z_1z_2\cdots z_n|\leqslant 1=\binom{n}{n}。$$

因为每个系数 a_i 只能取整数,所以对固定的次数 n,诸 a_i 的取值只有有限多个,由此表明 n 次克罗内克多项式也只能有有限多个。另外,如果 $x=0$ 是 $f(x)$ 的 k 重根,不妨设 $z_1=z_2=\cdots=z_k=0$。此时的系数 a_k 与根的关系式变为 $(-1)^{n-k}a_k=z_{k+1}\cdots z_n$。则有

$$1\leqslant|a_k|=|z_{k+1}\cdots z_n|\leqslant 1,$$

表明 $|z_{k+1}\cdots z_n|=1$。又因为 $|z_{k+1}|+\cdots+|z_n|\leqslant n-k$,从而下述几何算术不等式中的等号成立:

$$\frac{|z_{k+1}|+\cdots+|z_n|}{n-k}\geqslant\sqrt[n-k]{|z_{k+1}|\cdots|z_n|}。$$

根据柯西定理(见问题 035)即知

$$|z_{k+1}|=\cdots=|z_n|=1。$$

现在,记 $k(n)$ 为 n 次克罗内克多项式的个数,根据上述定理可知 $k(n)$ 是依赖于 n 的一个正整数,如何有效地计算 $k(n)$ 则是一个有趣的问题。例如,不难算出 $k(1)=3,k(2)=9$ 而 $k(3)=17$。一般地,随着 n 的不断增大,$k(n)$ 将会有惊人的增长速度。例如,达米亚诺曾计算出 $k(10)=1415$,以及 $k(20)=96143$,等等。当然,达米亚诺得到了计算 $k(n)$ 的一些方法和技巧。

最后,为了得到克罗内克多项式的一个描述,需要引进分圆多项式的概念。回忆一下,所有的 n 次单位根可写为 $e^{2\pi ik/n}$,其中 $0\leqslant k<n$。把与 n 互素的 k 对应的单位根 $e^{2\pi ik/n}$ 称为 n 次本原单位根,显然共有 $\phi(n)$ 个 n 次本原单位根,这里的 $\phi(n)$ 为欧拉函数,表示小于 n 且与 n 互素的正整数的个数(见问题 016)。设 $\varepsilon_1,\varepsilon_2,\cdots,\varepsilon_{\phi(n)}$ 为所有的 n 次本原单位根,则称

$$\phi_n(x)=(x-\varepsilon_1)(x-\varepsilon_2)\cdots(x-\varepsilon_{\phi(n)})$$

为 n 阶分圆多项式。要注意的是 n 阶分圆多项式的次数并不是 n,而是 $\phi(n)$。另外,n 阶分圆多项式是一个在有理数域上不可约的首项次数为 1 的整系数多项式,从而是不可约的克罗内克多项式。达米亚诺的漂亮结果是:每个克罗内克多项式本质上即为若干分圆多项式的乘积。详言之,如果 $f(x)$ 为克罗内克多项式,则 $f(x)$ 必然形如

$$f(x)=x^k\prod_j\phi_j(x),$$

其中 $k\geqslant 0$ 为整数,而 $\phi_j(x)$ 为适当选取的分圆多项式。反之,如此形式的多项式显然也是克罗内克多项式。

达米亚诺定理的证明并不难,只是要用到一些代数学中的基本结论。例如,首项系数为 1 的整系数多项式的模为 1 的根只能是单位根。根据该结论,前述克罗内克定理可以加强为:每个克罗内克多项式的根或为零或为单位根。现在假设 $f(x)$ 是一个克罗内克多项式,则可令 $f(x)=x^kg(x)$,其中 $g(x)$ 也是克罗内克多项式但没有零根。既然 $g(x)$ 的根皆为单位根,故存在一个充分大的正整数 n 使得 $g(x)$ 的根均为 n 次单位根,亦即 $g(x)$ 的根均为 x^n-1 的根。所以 $g(x)$ 整除 x^n-1,或者等价于说 $g(x)$ 为 x^n-1 的一个因式。再根据代数学中有关分圆多项式的性质可知

$$x^n-1=\prod_{d\mid n}\varphi_d(x),$$

即 x^n-1 的不可约因式均为分圆多项式,从而 $g(x)$ 也是若干分圆多项式的乘

积。至此就证明了 $f(x)$ 具有所要求的形式,亦即每个克罗内克多项式可以写成 x 的某个方幂与若干分圆多项式的乘积。

041 代数基本定理

一元 n 次复系数多项式至少有一个复根。

3000 多年以前,古巴比伦人实际上已经知道二次方程根的公式。直到 19 世纪 30 年代,求解一般的多项式方程始终是代数学的核心问题。虽然意大利数学家塔尔塔利亚和费拉里先后给出了三次和四次方程的求根公式,但对五次及五次以上的一般方程

$$a_n x^n + a_{n-1} x^{n-1} + \cdots + a_1 x + a_0 = 0$$

仍然难以求解,这个问题直到 19 世纪初期才由天才数学家阿贝尔和伽罗瓦彻底解决,并从此改变了整个学科的风貌。

另外,随着 17 世纪以来数学的巨大发展,特别是人们对有理函数的深入研究,在许多问题中迫切需要分解一个多项式,即把一个多项式写成若干一次或二次多项式的乘积。例如,在微积分学中求一个有理真分式的积分,就要求对真分式分母的多项式做这样的分解。从理论上讲,多项式的分解问题依赖于一个更为基本的问题,亦即根的存在性问题:任意一个 n 次多项式方程

$$a_n x^n + a_{n-1} x^{n-1} + \cdots + a_1 x + a_0 = 0$$

至少有一个实数根或复数根吗?

虽然这个问题的答案对现在的中学生来说已属基本常识,但在历史上,人们对它的正确认识却经历了一个漫长的过程。意大利的卡尔达诺已经知道一个三次方程有三个根,一个四次方程有四个根等基本事实。目前公认的第一个明确叙述代数基本定理内容(即每个 n 次多项式有 n 个根)的数学家是法国的吉拉尔,自从他在 1629 年提出代数基本定理以后,许多大数学家如笛卡儿、牛顿、莱布尼茨、欧拉、拉格朗日等都企图证明它却未获成功。特别是莱布尼茨,后来对这个定理的正确性产生了怀疑,例如,莱布尼茨就不相信每个实系数多项式能分解为若干实系数的一次因式和二次因式的乘积。欧拉对直到六次的

实系数多项式仔细地做了分解,他坚信一般的实系数多项式均有上述的分解形式,但他的好朋友哥德巴赫,就是提出著名的哥德巴赫猜想的那位德国数学家,也拒绝承认这个一般性的结果,毕竟欧拉并不能给出严格的证明。莱布尼茨和哥德巴赫等数学家之所以有这样的错误认识,根源在于他们不相信每个多项式至少会有一个复数根。

不难看出,假如能够证明每个复系数多项式

$$f(x)=a_nx^n+a_{n-1}x^{n-1}+\cdots+a_1x+a_0$$

至少有一个复根,比如说 α 为其一个根,则通过多项式的除法可以把 $f(x)$ 分解成 $f(x)=(x-\alpha)g(x)$,其中的 $g(x)$ 是一个 $n-1$ 次多项式。对 $g(x)$ 重复 $f(x)$ 的论证,设 β 为 $g(x)$ 的一个根,则有分解式 $g(x)=(x-\beta)h(x)$,其中 $h(x)$ 为 $n-2$ 次多项式。对 $h(x)$ 再做相同的分解,若干步后,即可把 $f(x)$ 分解成 n 个一次因式的乘积:

$$f(x)=a(x-\alpha)(x-\beta)\cdots(x-\gamma)。$$

这样就得到了 $f(x)$ 的全部根 $\alpha,\beta,\cdots,\gamma$,共有 n 个,尽管有些根可能相等,但在计算根的个数时把重复的根计算在内。所以,复系数的 n 次多项式至少有一个复根的断言等价于说该多项式共有 n 个根。另一方面,如果给定的 n 次多项式 $f(x)$ 的系数皆为实数,则它的虚根必然成对出现,相应的两个一次因式相乘后恰为一个实二次多项式,这就证明了每个实系数多项式均能写成实系数的一次因式和二次因式的乘积。因此,欧拉关于实系数多项式分解的断言无疑是正确的。

整个 18 世纪,代数学的中心目标就是要证明每个复系数的多项式至少有一个复根。由于这个结果非常基本,许多有关多项式的性质和结论都要依赖于它,故此有了代数基本定理的美称。1746 年法国数学家达朗贝尔首先发表了代数基本定理的第一个证明,但他的证明并不完全。随后,欧拉也给出了一个证明,但欧拉的证明也有不少的漏洞。到了 1772 年,拉格朗日在一篇很长的论文中对欧拉的证明做了修正和补充,可惜他的证明过程仍然是不完全的。代数基本定理的第一个严格的证明是由 22 岁的高斯在 1799 年的博士论文中作出的,令人称道的是,高斯一生中数次返回来重新研究这个基本定理,一共给出了四个不同的证明,其中有几何的证明,函数方法的证明,以及积分的证明。这既体现了高斯的研究风格,他总是喜欢对一个数学问题反复思考,精雕细琢,不断地从多个角度给出解答,又彰显了代数基本定理在高斯心目中的重要地位。此外,高斯之后的其他数学家,如柯西、魏尔斯特拉斯、克罗内克等也都给出了代数基本定理的一些别的证明。

值得注意的是，高斯的方法并不是去计算或构造出多项式的一个根，而是去证明根的存在性，这就开创了整个数学中关于研究存在性问题的新纪元。因为在此以前，人们对存在性命题的认识还局限在可构造性的范畴中。例如，一个三次方程存在三个根，该命题的证明则要求把三个根通过方程的系数具体地表示出来。在问题 050 中，将看到高于四次的方程没有求根公式，而且，这种解也不一定能用某种其他的公式表示出来。因此，为了数学发展的完整性，人们也逐渐接受了这种纯粹存在性或称抽象存在性的论证方式。

这里不拟介绍高斯等关于代数基本定理的证明过程，但高斯的学生、德国大数学家克罗内克，对于代数基本定理所作的深刻研究和推广，无疑是 19 世纪数学领域的又一伟大成就，值得大加赞赏。原来，代数基本定理是建立在复数域 $\mathbb{C}$ 上的，尽管知道一个 n 次复系数方程恰有 n 个根，但对于这些根的一般性求解问题仍然是束手无策、一筹莫展。既然方程的根是如此的难以计算和构造，就势必大大阻碍了多项式理论的进一步发展和应用。如果不能有效地解决这个问题，整个代数学就会受其束缚和羁绊，难以大踏步前进。

克罗内克提出的革命性思想是这样的：首先，代替复数域 $\mathbb{C}$，他更为一般地研究系数在任意一个域 F 中的多项式 $f(x)$；其次，为了求解多项式的全部根，他构造出一个更大的域 $E \supseteq F$，使得 $f(x)$ 在 E 中能分解成一次因式的乘积，亦即在 E 中能够求出该多项式的所有根。换句话说，高斯虽然证明了多项式根的抽象存在性，但克罗内克却能把每个多项式的所有根都抽象地构造出来，而且多项式的系数可以取自任何一个域。这是一个了不起的成果，因为它使人们不仅绕开了方程具体求根的复杂性甚至是不可能性，而且能够使人们直接研究这些抽象根与方程系数的种种函数关系。时至今日，克罗内克的这个结果仍然是抽象代数学中最为基本的定理之一。

为了具体叙述克罗内克定理，先给出有关域的定义。在数学中，域 F 是一个非空集合，在其中定义了加法和乘法两种运算，使得对任意 $a,b \in F$，均有 $a+b, ab \in F$，并且满足下述性质：

(1) 结合律：$(a+b)+c = a+(b+c)$，$(ab)c = a(bc)$。

(2) 交换律：$a+b = b+a$，$ab = ba$。

(3) 分配律：$a(b+c) = ab+ac$。

(4) 单位律：存在 $0, 1 \in F$，对每个 $a \in F$ 均有 $a+0 = a$ 及 $1a = a$。

(5) 逆元律：每个 $a \in F$ 存在负元 $-a$ 满足 $a+(-a) = 0$，如果 $a \neq 0$，则 a

也存在逆元 a^{-1} 使得 $aa^{-1}=1$。

　　读者不难看出,所谓的一个域 F,无非是把我们通常关于数的加减乘除四则运算连同一些最为基本的运算法则搬迁到集合 F 上来。例如,所有的有理数集合 $\mathbb{Q}$、所有的实数集合 $\mathbb{R}$,以及所有的复数集合 $\mathbb{C}$ 关于通常数的加法与乘法运算构成域,分别称为有理数域、实数域和复数域。另外,所有形如 $a+b\sqrt{-5}$ 的复数集合,其中 a,b 取遍有理数,也构成一个域。事实上,域是数学中一种基本的代数结构,现已发展成为内容丰富、应用广泛的代数学分支。

　　克罗内克定理指出:如果 $f(x)$ 是系数在域 F 中的一个不可约多项式(亦即 $f(x)$ 不能分解成两个系数也在域 F 中但次数较低的多项式的乘积),则存在一个包含 F 的域 E,使得 $f(x)$ 在 E 中至少有一个根。值得注意的是,该定理的证明是构造性的,即域 E 可以抽象地构造出来,而且在一定的条件下具有某种唯一性。当然,$f(x)$ 在 E 中的根也是抽象地构造出来的,这是一种全新的观念和手法。因为域 F 上的每个多项式均可唯一地表为不可约因式的乘积,重复使用克罗内克定理即可证明类似于代数基本定理的结论:设 $f(x)$ 为域 F 上的任意一个非零多项式,则存在某个包含 F 的域 E,使得 $f(x)$ 在 E 中能完全分解为一次因式的乘积,亦即 $f(x)$ 在 E 中能找到自己全部的根。

　　总之,通过代数基本定理的历史发展和演变,我们可以窥见其中所含的数学思想和数学证明方法,以及在观念上产生的根本性的变革,特别是人们对抽象存在性以及抽象构造性的认同,这对 20 世纪抽象代数学的形成和发展无疑起了巨大的推动作用。

042　笛卡儿符号法则

如何计算一个实系数多项式正根的个数。

　　给定一个实系数多项式 $f(x)$,在不求解的情形下,如何根据其系数来判别它有多少个正根或负根,无论在理论还是应用方面,都是一个非常重要的问题。法国大数学家笛卡儿在 1637 年给出了这一问题的漂亮解答,发明了著名的笛卡儿符号法则,它是历史上第一个深刻的代数学定理。

先介绍多项式的变号数概念。假设

$$f(x)=a_nx^n+a_{n-1}x^{n-1}+\cdots+a_1x+a_0, \quad a_n \neq 0$$

为一个实系数多项式,按 x 的方幂从高到低依次写出 $f(x)$ 的全部系数

$$a_n, a_{n-1}, \cdots, a_1, a_0。$$

去掉所有等于零的系数后,在剩下的非零系数中,如果有两个相邻的系数符号相反,就称为一个变号,而所有变号的个数称为 $f(x)$ 的变号数。例如,当 $f(x)=x^8+5x^7-x^4-3x^2+x-16$ 时,其系数序列为 $1,5,-1,-3,1,-16$,总共有 3 个变号,故 $f(x)$ 的变号数为 3。

笛卡儿符号法则为:如果实系数多项式 $f(x)$ 的所有根都是实数,则它的正根个数(重根按重数计算)恰好等于它的变号数;如果 $f(x)$ 有复数根,则它的正根个数或者等于其变号数,或者比其变号数小某个偶数。

笛卡儿符号法则的第一个论断特别重要,因为在许多实际问题中容易知道所给代数方程的一切根都是实数,因此从其系数能精确地判别出正根的个数。显然方程有几个根为零极易看出,即为其最低项次数,所以,从正根的个数也就能算出其负根的个数。下面将证明这第一个论断。

作为预备,需要用到微积分中的罗尔定理:如果一个函数 $f(x)$ 在闭区间 $[a,b]$ 上连续,在开区间 (a,b) 上可微,并且在两个端点处 $f(a)=f(b)=0$,则存在 $\xi \in (a,b)$ 使得 $f'(\xi)=0$。作为推论不难看出,在多项式 $f(x)$ 的任意两个根之间一定存在导数多项式 $f'(x)$ 的一个根。特别地,如果 $f(x)$ 恰有 m 个正根,则 $f'(x)$ 的正根个数等于 m 或 $m-1$。

现在通过对多项式的次数做数学归纳法来证明笛卡儿符号法则中的第一论断。设 $f(x)$ 为 n 次实系数多项式,且所有的根均为实数,不妨假定首项系数 $a_n>0$。如果 $n=1$,则 $f(x)=a_1x+a_0$,其根为 $x=-a_0/a_1$。显然 $f(x)$ 的变号数为 1 当且仅当 $a_0 \neq 0$ 且 a_0 和 a_1 的符号相反,这恰好等价于说 $-a_0/a_1$ 为正实数。所以笛卡儿符号法则对一次多项式成立。

以下假设笛卡儿符号法则对所有次数小于 n 的多项式都成立,我们来看 n 次多项式 $f(x)$。分两种情形讨论:如果常数项 $a_0=0$,令

$$f_1(x)=a_nx^{n-1}+a_{n-1}x^{n-2}+\cdots+a_1,$$

此时 $f(x)=xf_1(x)$,显然 $f(x)$ 和 $f_1(x)$ 具有相同的变号数及正根个数,但 $f_1(x)$ 的次数小于 n,根据归纳假设,笛卡儿符号法则对 $f_1(x)$ 成立,因而对 $f(x)$ 也成立。下面考虑 $f(x)$ 的常数项 a_0 不为零的情形。此时,来考虑其导数多项式

$$f'(x)=na_nx^{n-1}+(n-1)a_{n-1}x^{n-2}+\cdots+a_1,$$

假设 $a_n,a_{n-1},\cdots,a_1$ 中最后一个不为零的是 a_k,则不难看出当 a_0 和 a_k 的符号相同时 $f(x)$ 和 $f'(x)$ 的变号数相等,而当 a_0 和 a_k 的符号相反时 $f(x)$ 的变号数比 $f'(x)$ 的变号数多 1。另外,再设 $f(x)$ 和 $f'(x)$ 的正根个数分别为 m 和 m',按前述罗尔定理的推论,我们有 $m=m'$ 或者 $m=m'+1$。因为方程所有非零根的乘积与其最后一个非零系数仅仅相差一个正负号,由此不难推出

$$(-1)^ma_0>0, \quad (-1)^{m'}a_k>0。$$

所以,当 a_0 和 a_k 的符号相同时,不仅说明 $f(x)$ 和 $f'(x)$ 有相同的变号数,而且从上述两个不等式可知 m 和 m' 有相同的奇偶性,这只有 $m=m'$,亦即 $f(x)$ 和 $f'(x)$ 正根的个数相等。此时根据归纳假设,$f'(x)$ 的正根个数等于其变号数,相当于说 $f(x)$ 的正根个数也等于其变号数。剩下的是当 a_0 和 a_k 的符号相反时的情形,此时 $f(x)$ 的变号数比 $f'(x)$ 的变号数多 1,仍从上述两个不等式可知 m 和 m' 奇偶性相反,这只有 $m=m'+1$。同样从归纳假设可知 $f'(x)$ 的变号数等于其正根的个数,现在 $f(x)$ 的变号数和正根个数分别比 $f'(x)$ 的多 1,从而 $f(x)$ 的变号数也等于其正根的个数。至此就完成了所需的证明。

043 多项式的实根个数

求实系数多项式 $f(x)$ 在给定区间 $[a,b]$ 上的实根个数。

设 $f(x)=a_nx^n+a_{n-1}x^{n-1}+\cdots+a_1x+a_0$ 为实系数多项式,根据高斯证明的代数基本定理,知道多项式 $f(x)$ 恰有 n 个复根。虽然在一般情形下人们尚未找到求根的有效方法,但无论是理论还是应用,都要求知道在 $f(x)$ 的所有复根中究竟有多少个实根以及这些实根又是如何分布的。与此相关的具体问题是:如何计算一个实系数多项式 $f(x)$ 在给定区间 $[a,b]$ 中的实根个数。这一问题乍看起来难以下手,而且有许多大数学家(包括笛卡儿和牛顿)为此付出了艰辛的劳动,大多无功而返。但出人意料的是,法国 26 岁的年轻数学家斯图姆在 1829 年却用非常初等而简单的方法完美地解决了这个难题,堪称数学史上用简单方法攻克超级难题的又一光辉典范。无怪乎法国著名数学家刘维尔

对斯图姆的这一成果做了高度的评价:"由于这一巨大的发现,斯图姆立即简化并完善了代数的原理,并用新的解法充实了它们。"

下面就仔细欣赏斯图姆关于实系数多项式在给定区间内实根个数的问题所设计出来的优美判别方法,共分三步完成:

第一步,把 $f(x)$ 化为没有重根的情形。

如果 $f(x)$ 有重根,比如说 α 为其 m 重根,则可令
$$f(x)=(x-\alpha)^{m}g(x)$$
其中 α 不是 $g(x)$ 的根。根据初等微积分中的求导数运算,有
$$f'(x)=m(x-\alpha)^{m-1}g(x)+(x-\alpha)^{m}g'(x),$$
由此可知 α 恰为 $f'(x)$ 的 $m-1$ 重根,特别是 $(x-\alpha)^{m-1}$ 是 $f'(x)$ 的一个因式。所以,当用多项式的辗转相除法求出 $f(x)$ 与其导数 $f'(x)$ 的最大公因式 $d(x)$ 时,若令 $f(x)=d(x)f_0(x)$,则立刻看出 $f_0(x)$ 就不会再有重根了。事实上,$f_0(x)$ 的所有根不仅两两不同,而且是 $f(x)$ 的全部不同根。显然,为了考察 $f(x)$ 在给定区间 $[a,b]$ 中不同的实根个数,可以先计算出 $f_0(x)$ 在该区间内的实根个数。如果想进一步知道 $f(x)$ 在该区间的重根情况,则继续讨论 $d(x)$ 在区间 $[a,b]$ 内根的个数,所用的方法与 $f(x)$ 的完全相同。所以,不失一般性,只需考虑 $f(x)$ 没有重根的情形。

第二步,构造斯图姆序列。

既然假设了 $f(x)$ 没有重根,则 $f(x)$ 和 $f'(x)$ 的最大公因式为 1。通过做以下的辗转相除法来得到一个多项式序列:方便起见,我们记 $f_0(x)=f(x)$ 以及 $f_1(x)=f'(x)$,并把 $f(x)$ 除以 $f'(x)$ 所得的余式记为 $-f_2(x)$,把 $f_1(x)$(即 $f'(x)$)除以 $f_2(x)$ 所得的余式记为 $-f_3(x)$,再把 $f_2(x)$ 除以 $f_3(x)$ 所得的余式记为 $-f_4(x)$,等等。因为 $f(x)$ 和 $f'(x)$ 的最大公因式为 1,所以在以上不断求余式的过程中,有限步后必然会出现某个余式 $-f_s(x)$ 为非零的常数,至此结束求余式的过程,得到的多项式序列
$$f_0(x),f_1(x),f_2(x),\cdots,f_s(x)$$
就称为斯图姆序列。通过简单观察,不难看出斯图姆序列有以下三个基本性质:

(1) 相邻的两个多项式 $f_i(x)$ 和 $f_{i+1}(x)$ 不会有相同的根。

(2) 如果 $f_i(\alpha)=0$,则 $f_{i-1}(\alpha)$ 和 $f_{i+1}(\alpha)$ 异号。

(3) 如果 $f_0(\alpha)=0$,则在 α 充分小的邻域内 $f_1(x)$ 总是大于零或者总是小于零。

第三步,考察斯图姆序列的变号情况。

对任意实数 r,在相应的斯图姆序列

$$f_0(r),f_1(r),f_2(r),\cdots,f_s(r)$$

中,去掉可能的零值后得到一个非零实数序列,其中可能有正实数也可能有负实数,如果相邻的两个实数异号,则称该斯图姆序列在 r 处有一个变号(指多项式的取值在正负上有一个改变),记 $s(r)$ 为该斯图姆序列在 r 处产生的变号个数。仔细考察当 x 在数轴上从左向右变动时,变号函数 $s(x)$ 在取值上所作的相应改变,令人惊奇的是,其中竟蕴藏着有关实根个数的所有秘密。

例如,考虑多项式 $f(x)=x^5-3x-1$,易知 $f'(x)=5x^4-3$ 和 $f(x)$ 互素,表明 $f(x)$ 没有重根。通过多项式的辗转相除法得到相应的斯图姆序列为

$$f_0(x)=x^5-3x-1,\quad f_1(x)=5x^4-3,\quad f_2(x)=12x+5,\quad f_3(x)=1。$$

在 $x=-1$ 时,直接计算知 $f_0(-1)>0,f_1(-1)>0,f_2(-1)<0,f_3(-1)>0$,因为相邻的 $f_1(-1)$ 和 $f_2(-1)$ 异号,相邻的 $f_2(-1)$ 和 $f_3(-1)$ 也异号,表明该斯图姆序列在 $x=-1$ 处共有两个变号,所以 $s(-1)=2$。同理,当 $x=1$ 时,可计算出 $f_0(1)<0,f_1(1)>0,f_2(1)>0,f_3(1)>0$,只有一个变号,即 $s(1)=1$。而当 $x=2$ 时,因为每个 $f_i(2)>0$,说明该斯图姆序列在 $x=2$ 处没有变号,从而 $s(2)=0$。

为了仔细地考察当 x 在数轴上从左向右变动时,变号函数 $s(x)$ 所作的相应改变,斯图姆把整个实数轴依次划分成许多充分小的闭区间,使得每个这样的小区间要么不包含斯图姆序列中每个多项式的根,要么只包含斯图姆序列中一个多项式的一个根。当 x 在一个小区间内从左到右变动时,考虑变号函数 $s(x)$ 在该小区间的两个端点上取值的变化。仍然分两种情形讨论:

(1) 如果该区间内没有斯图姆序列中每一个多项式 $f_i(x)$ 的根时,则每个多项式 $f_i(x)$ 在小区间内的取值并不会改变正负号,此时的变号函数 $s(x)$ 在该小区间上当然也没有变化,即 $s(x)$ 在该区间上取常值。

(2) 当该区间上仅含某个 $f_i(x)$ 的一个根 α 时,又得区分两种情况:如果 $i>0$,根据斯图姆序列的第二个性质,$f_{i-1}(\alpha)$ 和 $f_{i+1}(\alpha)$ 必然异号,比如说 $f_{i-1}(\alpha)>0$ 而 $f_{i+1}(\alpha)<0$。根据对小区间的划分可知 $f_{i-1}(x)$ 和 $f_{i+1}(x)$ 在该区间上均没有根,从而 $f_{i-1}(x)$ 在该区间上总取正值,而 $f_{i-1}(x)$ 在该区间上总取负值。所以,无论 $f_i(x)$ 在该小区间内其他点处取正值还是负值,总会使得 $f_{i-1}(x),f_i(x),f_{i+1}(x)$ 三个实数之间有且仅有一个变号,此时的变号函数 $s(x)$ 在该区间上的取值还是没有改变,仍为常数。如果 $i=0$,即该小区间上恰

好有 $f_0(x)=f(x)$ 的一个根时，则 $f'(x)=f_1(x)$ 在该区间上的取值或者总是正实数，或者总是负实数。当 $f'(x)$ 在该区间上取正数时，$f(x)$ 在该区间上为增函数，此时 $f(x)$ 在该区间上的取值是从负数到零再到正数，相应的斯图姆序列恰好减少了一个变号，从而变号函数 $s(x)$ 在该区间两个端点上的取值减少了 1。同理，当 $f'(x)$ 在该区间上取负数时，$f(x)$ 在该区间上为减函数，此时 $f(x)$ 在该区间上的取值是从正数到零再到负数，相应的斯图姆序列也恰好减少了一个变号，变号函数 $s(x)$ 在该区间端点上的取值同样减少了 1。

总之，证明了当 x 在数轴上从左向右变动时，当且仅当 x 每经过 $f(x)$ 的一个根时，变号函数 $s(x)$ 的取值就相应减少 1，从而变号函数在取值上的减少就反映了 $f(x)$ 实根的个数。具体地讲，即完整证明了下述斯图姆定理：

设实系数多项式 $f(x)$ 在闭区间 $[a,b]$ 上没有重根，且 $f(a)$ 和 $f(b)$ 均不为零，即该区间的两个端点 a 和 b 都不是 $f(x)$ 的根，则 $f(x)$ 在该区间内的实根个数恰好等于相应的斯图姆序列在 a 和 b 的变号数之差，即 $s(a)-s(b)$。

现在回到前面所举的例子，因为 $s(-1)-s(1)=2-1=1$，根据上述斯图姆定理，可知 $f(x)=x^5-3x-1$ 在区间 $[-1,1]$ 恰好有一个根。同样，由 $s(1)-s(2)=1-0=1$ 可知 $f(x)$ 在区间 $[1,2]$ 内也恰好有一个根。虽然我们并不能计算出这两个根，但至少能大致确定它们的存在范围。

应用上述斯图姆定理，不仅能够知道多项式在给定区间内的实根个数，还能确定该多项式在整个实数轴上所有的实根个数。特别值得称道的是，斯图姆所设计的这个判别方法仅涉及多项式之间的简单除法和求值，在应用上既实用又方便。通过对它的详细介绍，相信读者一定会领略到数学中所蕴含的"简单即美"与"美即和谐"的意味。

044 多项式在平面区域内根的个数

如何计算多项式在给定平面区域内的根的个数。

我们已经知道了如何计算多项式正根个数的笛卡儿符号法则，以及如何计算多项式在给定区间内实根个数的斯图姆序列法，但是，多项式方程的根一般情形下大多为复数,那么怎样才能获得这些复数根在平面上的分布信息呢? 具体地讲,在平面上给定一个区域 D,如何计算一个多项式方程在该区域 D 内的根的个数? 这显然是一个更为重要的问题。下面介绍这方面的一个优美结果,即所谓的辐角原理。

方便起见,将假设多项式 $f(z)$ 在区域 D 的边界上没有根。显然当自变量 z 取复数时,相应的多项式值 $f(z)$ 也是复数,从而多项式 $f(z)$ 可以看成是从一个复平面到另一个复平面的映射。此时,当自变量 z 沿着 D 的边界线逆时针走完一圈时,$f(z)$ 就描述出一条封闭的曲线。因为已假设 $f(z)$ 在区域 D 的边界上没有根,所以这条封闭的曲线并不过坐标原点。

下面的定理称为辐角原理,它彻底解答了多项式在给定区域内根的个数的计算问题。

多项式 $f(z)$ 在由一条封闭曲线 C 所围住的区域内的根的个数等于当 z 沿 C 逆时针走完一圈时 $f(z)$ 围绕坐标原点的圈数。

辐角原理的证明非常简洁。事实上,设 $z_1,z_2,\cdots,z_n$ 为多项式 $f(z)$ 的全部根,则有
$$f(z)=a(z-z_1)(z-z_2)\cdots(z-z_n),$$
其中 a 是 $f(z)$ 的首项系数。记复数 z 的辐角为 $\arg z$,因为若干复数乘积的辐角等于其所有因子的辐角之和,所以
$$\arg f(z)=\arg a+\arg(z-z_1)+\arg(z-z_2)+\cdots+\arg(z-z_n)。$$
当 z 围绕闭曲线 C 逆时针走完一圈时,$f(z)$ 的辐角的改变量(即增量)记为 $\Delta\arg f(z)$。显然
$$\Delta\arg f(z)=\Delta\arg a+\Delta\arg(z-z_1)+\cdots+\Delta\arg(z-z_n)。$$
因为 a 为常数,故其辐角并不改变,所以 $\Delta\arg a=0$。注意到 $z-z_i$ 可表示为从点 z_i 到点 z 的向量,从几何上不难看出,当 z_i 在区域内部时,向量 $z-z_i$ 随着 z 走完 C 而绕原点一圈,此时辐角的改变量为 2π,即 $\Delta\arg(z-z_i)=2\pi$。当 z_i 在区域外部时,向量 $z-z_i$ 随着 z 走完 C 并没有改变辐角,因此 $\Delta\arg(z-z_i)=0$。由此表明上述等式右边等于 2π 的一个倍数,而这个倍数恰好就是区域内多项式 $f(z)$ 的根的个数。另一方面,当 z 绕 C 一圈时,$f(z)$ 辐角的改变量即为其绕坐标原点圈数的 2π 倍,由此即得所证。

045 多项式的有理根问题

如何求一个多项式的有理数根？

这是代数学中的一个基本问题。设

$$f(x)=a_n x^n+a_{n-1}x^{n-1}+\cdots+a_1 x+a_0, \quad a_n\neq 0$$

为一个整系数多项式，如何判别它存在一个有理数根，以及当它有有理数根时又该如何求之。

先看后一个问题。假设 $f(x)$ 有一个有理根 p/q，其中 p,q 为互素的整数且 $q\neq 0$。则 $f(p/q)=0$，两边同乘 q^n 即为

$$a_n p^n+a_{n-1}qp^{n-1}+\cdots+a_1 q^{n-1}p+a_0 q^n=0。$$

由此推出 q 整除 $a_n p^n$，但已经假设 q 和 p 互素，从而 q 整除 a_n。同理，从 p 整除 $a_0 q^n$ 可知其整除 a_0。所以，作为必要条件，就证明了如果多项式方程 $f(x)=0$ 存在有理根，则这个有理根的分子为常数项 a_0 的因子，而其分母又恰好是首项系数 a_n 的因子。这就彻底解决了有理根的求法问题，详言之，为了求出 $f(x)=0$ 的全部有理根，先把其首项系数和常数项的所有因子（包含负数）写出来，然后以首项系数的因子为分母，以常数项的因子为分子，两两组合成有理数，最后再一一代入 $f(x)=0$ 验证。由此即可求出全部的有理根。

例如，令 $f(x)=2x^5-3x^4-10x+15$，为了求出 $f(x)$ 的全部有理根，先写出首项系数 2 的所有因子为 $\pm 1,\pm 2$，再写出常数项 15 的所有因子为 $\pm 1,\pm 3$，$\pm 5,\pm 15$，然后组合成所有可能的有理数为 $\pm 1,\pm 3,\pm 5,\pm 15,\pm 1/2,\pm 3/2$，$\pm 5/2,\pm 15/2$，最后把这些有理数代入 $f(x)$ 验证是否为零。结果只有 $f(3/2)=0$，即该多项式方程仅有一个有理根 3/2。

当然，这种逐一地试根的方法在应用时颇为复杂，但它毕竟从理论上给出了求所有有理根的有效步骤。在实际应用中结合掌握的有关根的分布定理，如前面讲到的斯图姆序列方法和笛卡儿符号法则等，就能对根的存在范围给予限制，从而使计算量大为减少。

其次，研究有理根的存在问题。一方面，可用上述试根法来判定多项式方程是否有有理根；另一方面，可用多项式的不可约性来判定。为此，先介绍不可约多项式的概念。如果一个有理系数多项式 $f(x)$ 能分解成两个次数较低的有

理系数多项式的乘积,即存在

$$f(x)=g(x)h(x),$$

其中 $g(x)$ 和 $h(x)$ 均为有理系数多项式且它们的次数都小于 $f(x)$ 的次数,则称 $f(x)$ 为可约多项式。如果 $f(x)$ 不存在这样的分解,则称其为不可约多项式。当然,在此谈论的可约性限于有理数域 $\mathbb{Q}$。不难看出如果一个整系数多项式 $f(x)$ 有一个有理根 a,则 $x-a$ 必为 $f(x)$ 的一个因式,从而 $f(x)$ 可约。因此,如果一个有理系数多项式不可约,则它必然没有有理根。总之,利用多项式的不可约性,给出了该多项式没有有理根的一个充分条件。另外,根据高斯的本原多项式定理(见问题 038),一个整系数多项式能分解成两个有理系数多项式的乘积等价于它可分解成两个整系数多项式的乘积。所以,当一个整系数多项式不可约时,亦可指它不能分解成两个次数较低的整系数多项式的乘积。

现在的问题是:如何判别一个整系数多项式是否可约,这反而是一个更重要且更困难的问题,目前尚未发现一般而有效的判别方法。现在常用的不可约判定仅有一个,即高斯的得意学生,德国数学家爱森斯坦发现的一个美妙的判别法则:仍设

$$f(x)=a_nx^n+a_{n-1}x^{n-1}+\cdots+a_1x+a_0,\quad a_n\neq0$$

为整系数多项式,如果存在一个素数 p,使得 p 不整除 a_n,但整除所有其他的系数 $a_i(0\leqslant i<n)$,并且 p^2 也不整除 a_0,则 $f(x)$ 为不可约多项式。

例如,设 $f(x)=x^7+12x^5-6x^2+3$,素数 3 即满足爱森斯坦法则中的条件,从而 $f(x)$ 不可约。因此,它也没有有理根。

如何寻找多项式更为有效的不可约判别方法,是人们特别关注和感兴趣的问题。

 046 一个来自群论中的数论问题

如果 p,q 为不同的素数,则两个整数 $(p^q-1)/(p-1)$ 不整除 $(q^p-1)/(q-1)$。

群的概念产生于 19 世纪法国天才数学家伽罗瓦关于代数方程根式解的深刻研究中。目前,群已发展成数学中最为基本的一种结构,群论是描述对称性

最为有效的数学理论。作为预备知识，下面对群的概念做一简单介绍。

所谓群，指的是定义了一种抽象运算的非空集合 G，该运算满足下面三个最基本性质：

(1) 对任意 $a,b,c \in G$，均有 $(ab)c = a(bc)$。

(2) 存在一个元 $e \in G$，使得 $ae = ea = a$ 对每个 $a \in G$ 成立。

(3) 对任意 $a \in G$，存在 $a' \in G$，使得 $aa' = a'a = e$。

其中(1)为结合律；(2)中的元 e 是唯一的，称为群 G 的单位元；(3)中每个元 a 对应的那个元 a' 也由 a 唯一确定，称为 a 的逆元，常记为 a^{-1}。总之，一个运算只要满足上述三个性质，就称为群运算，而具有群运算的非空集合就称为群。群显然可以分成两类单独研究：一类是有限集合构成的群，称为有限群；另一类是由无限集合构成的群，称为无限群。当然，这两类群在本质上有巨大差异，所采用的研究方法也大相径庭。

读者可能觉得群的概念过于抽象了，但这就是数学的特点，越是抽象就越能概括更多的数学模型和数学问题。所谓群论，就是研究群的结构和性质，最终把它们一一弄清并加以整理和分类。

伽罗瓦在研究代数方程根式解的过程中首次提出了可解群的概念，这是一大类较易处理的群，有着极好的性质。英国群论大师伯恩赛德在他的专著《有限阶群论》中提出了一个著名的猜想：只有奇数个元素的有限群必然是可解群。这是一个非常重要的猜想，在群论中有着举足轻重的地位，直到 1963 年才由美国数学家汤普森和他的老师费特合作一起给出了肯定性的证明。汤普森也因此在 1970 年荣获菲尔茨奖。但是，费特和汤普森对伯恩赛德猜想的证明竟然长达 250 多页，占满了整整一期《太平洋数学杂志》，也就是说这个猜想的证明足足写成了一本书！这在数学界是极不寻常的。所以，许多数学家都尝试着对该证明进行简化。但到目前为止，最短的证明也有 200 页多一点，仍然很长。

汤普森本人在 1973 年发现了一个重大简化的途径，但依赖于一个数论猜想：设 p,q 为不同的素数，则 $(p^q-1)/(p-1)$ 不整除 $(q^p-1)/(q-1)$。一旦这个数论猜想得以证明，那么费特和汤普森的超长证明就会缩短很多。当然，这个产生于群论问题的数论猜想也许更难攻克，但它至少提供了一种转化问题的思路和途径，尤其是它的叙述简明且清晰。

047 对称多项式

如何描述和刻画多项式的对称性？

在数学中,有关对称性的研究与群理论密不可分。下面讨论一种代数对称性,亦即多项式的对称性,它在整个数学中有着基本的重要性。

设 $f(x_1, x_2, \cdots, x_n)$ 为 n 个变元的多项式,如果互换其中的任意两个变元 x_i 和 x_j,并不改变 $f(x_1, x_2, \cdots, x_n)$,即对任意的 $1 \leqslant i < j \leqslant n$,总有

$$f(x_1, \cdots, x_i, \cdots, x_j, \cdots, x_n) = f(x_1, \cdots, x_j, \cdots, x_i, \cdots, x_n),$$

则称 $f(x_1, x_2, \cdots, x_n)$ 为 n 个变元的对称多项式。

例如,下述 n 元多项式均为对称多项式:

$$\sigma_1 = \sum_{1 \leqslant i \leqslant n} x_i = x_1 + x_2 + \cdots + x_n,$$

$$\sigma_2 = \sum_{1 \leqslant i < j \leqslant n} x_i x_j,$$

$$\vdots$$

$$\sigma_n = x_1 x_2 \cdots x_n。$$

这些称为 n 元基本对称多项式,一共有 n 个。

关于对称多项式最为基本的定理是:任意一个 n 元多项式为对称多项式当且仅当它能用 n 元基本对称多项式表出,即一个 n 元多项式 $f(x_1, x_2, \cdots, x_n)$ 为对称多项式的充要条件是存在某个 n 元多项式 $g(x_1, x_2, \cdots, x_n)$,使得

$$f(x_1, x_2, \cdots, x_n) = g(\sigma_1, \sigma_2, \cdots, \sigma_n)。$$

这个定理的证明极其简单,只需对多项式的次数作数学归纳法。

上述定理具有非常重要的意义,因为它把关于对称多项式的研究归结为十分简单的基本对称多项式,而基本对称多项式与韦达定理密切相关。事实上,有

$$(x - x_1)(x - x_2) \cdots (x - x_n) = x^n - \sigma_1 x^{n-1} + \sigma_2 x^{n-2} + \cdots + (-1)^n \sigma_n。$$

这一性质使得对称多项式在数学的许多领域中特别有用。作为典型例子,将利用该定理证明代数数论中的两个基本结果。

回忆一下,一个复数 α 如果是某个有理系数多项式的根,则称为代数数,否则就称为超越数。特别地,当 α 恰好是一个首项系数为 1 的整系数多项式的根

时,则称 α 为代数整数。显然,代数整数的概念是通常整数的推广。

一个基本问题是:两个代数数或代数整数的和与差是否还是代数数或代数整数? 这一点从定义上看并不明显。然而,使用上述对称多项式的基本定理,能够简洁地证明任何两个代数数的和、差、积、商均为代数数,同样的,任何两个代数整数的和、差、积也是代数整数。

假设 α 和 β 均为代数数。按定义,令 α 和 β 分别是有理系数多项式 $f(x)$ 和 $g(x)$ 的根。记 $f(x)$ 的全部根为

$$\alpha = \alpha_1, \alpha_2, \cdots, \alpha_n。$$

同理,记 $g(x)$ 的全部根为

$$\beta = \beta_1, \beta_2, \cdots, \beta_m。$$

现在,利用这些根 α_i 和 β_j 构造一个多项式

$$h(x) = \prod_{i=1}^{n} \prod_{j=1}^{m} [x - (\alpha_i + \beta_j)]。$$

一方面,$h(x)$ 可视为关于 α_i 和 β_j 对称的多项式,根据对称多项式的基本定理,$h(x)$ 可以用 α_i 和 β_j 分别对应的基本对称多项式依次表出,但这两类基本对称多项式的取值均为有理数,从而 $h(x)$ 为有理系数多项式。另外,$\alpha + \beta$ 显然是 $h(x)$ 的一个根,由此表明 $\alpha + \beta$ 也是代数数。同理可证 $\alpha - \beta, \alpha\beta, \alpha/\beta (\beta \neq 0)$ 也都是代数数,有关代数整数的结论亦可类似的证明。

 048 一般三次方程的求根公式

一般的三次方程 $ax^3 + bx^2 + cx + d = 0$ 有求根公式吗? 其中 a, b, c, d 均为常数,且 $a \neq 0$。

19 世纪以前,解方程一直是代数学的中心问题之一。早在 3000 多年以前,古巴比伦人就掌握了使用配方法求解一元二次方程 $ax^2 + bx + c = 0$。但由于当时还没有系统地把符号引进代数学中,以及人们还不知道零、负数和复数等概念,所以并没有出现所谓的求根公式

$$x = \frac{-b \pm \sqrt{b^2 - 4ac}}{2a}。$$

接下来,人们自然要研究如何求解一般的一元三次方程 $ax^3+bx^2+cx+d=0$,但直到 1500 年,除个别情形外,数学家对之仍束手无策,有人甚至宣称一般的三次方程是不可能求解的。

意大利数学家首先在该问题上取得了突破。在 1500 年前后,意大利伯伦亚大学的数学家费罗把所有的三次方程简化成下述三种类型:

$$x^3+px=q, \quad x^3=px+q, \quad x^3+q=px,$$

其中 p,q 均为正数。这里需要说明的是,由于当时负数的概念没有被广泛接受,人们把上述三个方程看成是三个不同类型方程分别加以研究。事实上,费罗解出了所有形如 $x^3+px=q$ 的三次方程,但没有发表他的解法。而是在 1510 年前后秘密地传给了他的学生费奥尔等少数人。这是因为在 16 世纪和 17 世纪,人们经常把自己的数学发现秘而不宣,借此向对手们发出挑战。1530 年,意大利北部布里西亚的塔尔塔利亚重新发现了费罗的方法,并宣称他已解决了 $x^3+px^2=q$(其中 p,q 均为正数)这种类型的三次方程。塔尔塔利亚出身贫寒,靠自学掌握了许多数学知识。他在意大利的许多城市经常讲授科学知识,并以此谋生。实际上,他的真名是丰坦纳(N. Fontana),塔尔塔利亚只是他的一个绰号,意思是"口吃者"。这是因为他小时候被一个法国士兵用刀砍伤了脸部而引起了口吃,大家长期叫他的绰号,反而忘了他的真实姓名。当然,他本人也很洒脱,干脆就把"塔尔塔利亚"当成了自己的名字,还以塔尔塔利亚为名发表论文和出版书籍。

1535 年,当费奥尔听说塔尔塔利亚能解出三次方程的事情后,立即向他提出了挑战,并要求进行公开竞赛。比赛时双方各出了 30 个求解三次方程的题目,但塔尔塔利亚解出了费奥尔的全部问题,而费奥尔对塔尔塔利亚提出的许多形如 $x^3+px^2=q$ 方程,却一筹莫展,根本无法解出。结果塔尔塔利亚不仅大获全胜,而且从此名声大噪。

意大利帕维亚的卡当是一位业余数学家,对代数方程的求解也有着浓厚的兴趣,曾多次恳求塔尔塔利亚告诉他解三次方程的方法,并发誓为此保密。1539 年,塔尔塔利亚终于禁不住卡当的再三请求,把他的方法写成一首晦涩难懂的诗告诉了卡当。不料卡当违背了自己的诺言,在 1545 年出版的一本代数名著《大法》中,公布了三次方程的求解公式。虽然卡当也作出了自己的贡献,他把塔尔塔利亚的方法加以推广,得出了三次方程的一般解法,并补充了若干几何证明。但塔尔塔利亚为此十分愤怒,强烈抗议卡当的背信弃义,并和卡当的学生费拉里公开发生了激烈的争吵,双方甚至相互肆意谩骂。有趣的是,卡当本人对此始终保持沉默，并未参与其中。然而，由于《大法》一书在当时影响深远，被视为 16 世纪最重要的数学著作之一，所以三次方程的解法至今仍以"卡当公式"而著称于世。到了 1732 年，大数学家欧拉对卡当的三次方程解法做了完整的论述，强调了三次方程总有三个根，并具体给出了根的求法。

按照欧拉的整理，下面对卡当公式加以简化。

为了求解一般的三次方程 $ax^3+bx^2+cx+d=0$，其中 $a\neq0$，首先通过一个代换 $x=y-b/3a$ 可消去二次项，得到一个关于 y 的三次方程：

$$y^3+\frac{3ac-b^2}{3a^2}y+\frac{2b^3-9abc+27a^2d}{27a^3}=0。$$

因此，一般三次方程的求解问题可归结为下述不含二次项的特殊三次方程：

$$x^3+px+q=0。 \tag{1}$$

为了求解方程(1)，可令 $x=z-p/3z$，则方程(1)化为

$$z^3-\frac{p^3}{27z^3}+q=0。$$

两边同乘 z^3，得到一个关于 z 的六次方程

$$z^6+qz^3-\frac{p^3}{27}=0。 \tag{2}$$

把方程(2)看成 z^3 的二次方程，根据一元二次方程的求根公式解出

$$z^3=-\frac{q}{2}\pm\sqrt{\frac{q^2}{4}+\frac{p^3}{27}}。 \tag{3}$$

现在设 $\omega=\frac{-1+\sqrt{3}\,i}{2}$ 为三次本原单位根，即 $1,\omega,\omega^2$ 为方程 $x^3=1$ 的全部根。再令

$$\alpha=\sqrt[3]{-\frac{q}{2}+\sqrt{\frac{q^2}{4}+\frac{p^3}{27}}}，\quad \beta=\sqrt[3]{-\frac{q}{2}-\sqrt{\frac{q^2}{4}+\frac{p^3}{27}}}。$$

这里要注意的是，由于复数开立方取值不确定，每个非零复数都有三个不同的立方根，故上述 α 和 β 均表示任取一个立方根即可。另外，为了简化计算，再做一个约定：因为 α^3 和 β^3 恰为方程(2)关于 z^3 的一元二次方程的两个根，由一元二次方程根与系数的关系(即韦达定理)可知 $\alpha^3\beta^3=-p^3/27$，故可进一步假设 α 和 β 满足 $\alpha\beta=-p/3$。于是，从方程(3)中 z^3 的两个值可分别解出 $z=\alpha$，$\alpha\omega,\alpha\omega^2$ 以及 $z=\beta,\beta\omega,\beta\omega^2$ 两组共 6 个 z 的值。

最后，根据代换 $x=z-p/3z$ 求出 x。事实上，按照上述对 α 和 β 满足 $\alpha\beta=$

$-p/3$ 的约定,当 $z=\alpha,\alpha\omega,\alpha\omega^2$ 时,可分别求出 x 的三个值为

$$x_1=\alpha-\frac{p}{3\alpha}=\alpha+\beta,$$

$$x_2=\alpha\omega-\frac{p}{3\alpha\omega}=\alpha\omega+\beta\omega^2,$$

$$x_3=\alpha\omega^2-\frac{p}{3\alpha\omega^2}=\alpha\omega^2+\beta\omega。$$

同理,当 $z=\beta,\beta\omega,\beta\omega^2$ 时,仍通过代换 $x=z-p/3z$ 分别求出 x 的三个解,显然与上述三个解相同。由此表明,上述 z 的 6 个取值只能给出 x 的三个值 x_1, x_2,x_3,它们即为三次方程(1)的全部根。进而,如果把 α 和 β 的上述根式表示代入 x_1,x_2,x_3 中,则可得到三次方程 $x^3+px+q=0$ 的求根公式。据此可知,一元三次方程也有求根公式,通常称为卡当公式。

虽然上述给出了求解一般三次方程的方法,但关于三次方程的内容还有很多。例如,类似一元二次方程,可对三次方程(1)定义其判别式为

$$\Delta=\frac{p^3}{27}+\frac{q^2}{4}。$$

假定在方程(1)中的 p,q 均为实数,则从判别式 Δ 出发,可直接得到根的一些基本性质:

（Ⅰ）如果 $\Delta>0$,则方程(1)仅有一个实根和两个互为共轭的复数根;

（Ⅱ）如果 $\Delta=0$,则方程(1)的三个根都是实根,但有两个根相等;

（Ⅲ）如果 $\Delta<0$,则方程(1)的三个根都是实根,并且两两不等。

篇幅所限,这里略去它们的证明过程。值得一提的是性质（Ⅲ）,当 $\Delta<0$ 时,从公式(3)可知 α^3 和 β^3 都成了虚数,然而最后得到的三个根 x_1,x_2,x_3 却都是实数。这说明实系数方程在求解实根的过程中,竟然要借助于负数的开平方运算才能得到实根。因为 16 世纪的数学家还没有虚数的概念,这个现象对他们来说是难以理解和接受的。为此,卡当和他同时代的许多数学家都试图除掉公式中的虚数,期望在求实根的过程中能够避免使用虚数。但结果是徒劳的,他们白白浪费了许多宝贵的精力和时间,因为直到 19 世纪初出现的伽罗瓦理论才证明了在性质（Ⅲ）中不存在只包含实数根式的求解公式;换句话说,卡当公式中的虚数情形是不可避免的。

049 一般四次方程的求根公式

一般的四次方程 $ax^4+bx^3+cx^2+dx+e=0$ 有求根公式吗?其中 a,b,c,d,e 均为常数,且 $a\neq0$。

在历史上,三次方程的成功解出立即为求解一般四次方程铺平了道路,这一伟大的业绩是由卡当的仆人和学生费拉里完成的。他通过配方法成功地把一般四次方程的解法归结成两个二次方程和一个三次方程的求解,其解法发表在卡当的《大法》一书中,通常称为费拉里方法,下面做一个简单介绍。

通过除去首项系数 a,可设一般四次方程为

$$x^4+bx^3+cx^2+dx+e=0, \tag{1}$$

用配方法把方程(1)改写成以下形式

$$\left(x^2+\frac{b}{2}x\right)^2=\left(\frac{b^2}{4}-c\right)x^2-dx-e,$$

接着,两边同时加上 $\left(x^2+\frac{b}{2}x\right)y+\frac{1}{4}y^2$,得到

$$\left(x^2+\frac{b}{2}x+\frac{y}{2}\right)^2=\left(\frac{b^2}{4}-c+y\right)x^2+\left(\frac{b}{2}y-d\right)x+\frac{1}{4}y^2-e。 \tag{2}$$

费拉里的巧妙想法是,通过精心选择 y 的值,设法使方程(2)的右边和左边一样也是一个完全平方,这就能把方程(2)关于 x 的四次方程分解成关于 x 的两个二次方程,从而根据一元二次方程的求根公式得到 x 的四个根。为此,只需令右边关于 x 的二次方程的判别式等于零,即

$$\left(\frac{b}{2}y-d\right)^2-4\left(\frac{b^2}{4}-c+y\right)\left(\frac{1}{4}y^2-e\right)=0,$$

接着,将其整理为一个关于 y 的三次方程

$$y^3-cy^2+(bd-4e)y+(4ce-b^2e-d^2)=0。 \tag{3}$$

根据一元三次方程的卡当公式,可求出方程(3)的三个根。设 α 为任意一个根,则把 $y=\alpha$ 代入方程(2)即可得到

$$\left(x^2+\frac{b}{2}x+\frac{\alpha}{2}\right)^2=\left(\sqrt{\frac{b^2}{4}-c+\alpha}\,x+\sqrt{\frac{\alpha^2}{4}-e}\right)^2。 \tag{4}$$

于是,通过开平方,方程(4)又可化为 x 的两个二次方程

$$x^2 + \frac{b}{2}x + \frac{\alpha}{2} = \pm \left(\sqrt{\frac{b^2}{4} - c + \alpha} \, x + \sqrt{\frac{\alpha^2}{4} - e} \right),$$

再按等式右边的正负号，依次整理为 x 的一个二次方程

$$x^2 + \left(\frac{b}{2} + \sqrt{\frac{b^2}{4} - c + \alpha} \right)x + \left(\frac{\alpha}{2} + \sqrt{\frac{\alpha^2}{4} - e} \right) = 0 \qquad (5)$$

和 x 的另一个二次方程

$$x^2 + \left(\frac{b}{2} - \sqrt{\frac{b^2}{4} - c + \alpha} \right)x + \left(\frac{\alpha}{2} - \sqrt{\frac{\alpha^2}{4} - e} \right) = 0。 \qquad (6)$$

最后，根据一元二次方程的求根公式，从方程(5)中解出 x 的两个根，记为 x_1 和 x_2；再从方程(6)中解出 x 的两个根，记为 x_3 和 x_4。另外，假如让 α 取方程(3) 中的三次方程其他的两个根，则不难验证相应的方程(5)和方程(6)仍将产生相同 的四个根 x_1, x_2, x_3, x_4，只不过下标要做一些相应的改变。总之，x 的这四个取 值 x_1, x_2, x_3, x_4 即为方程(1)的全部根，由此表明一般的一元四次方程也有求根 公式。但鉴于计算的复杂性，在此就不给出四次方程具体的求根公式了。

050 高次方程的求根公式

高于四次的一般代数方程没有求根公式。

如前所述，关于三次和四次方程的求根公式早在 16 世纪中叶都已经得到 了解决，下一个问题自然就是继续寻求五次或更高次数方程的求根公式。在此 后的 200 多年里，虽然有许多大数学家如欧拉和拉格朗日等都曾为此付出了巨 大努力，但无一例外地都失败了。然而，就在这许多次失败的尝试当中，拉格朗 日终于发现了问题的奥秘所在，并迈出了关键的第一步。

拉格朗日在 1770 年发表了一篇长达 200 多页的论文《关于代数方程解法 的思考》。他首先给自己提出了一个明确的任务：仔细分析以前人们发现的解 三次方程和四次方程的各种解法，看看为什么这些方法能够把方程解出来，以 及这些方法对求解更高次的方程能够提供些什么线索。

通过深入地分析和研究，拉格朗日在三次和四次方程众多巧妙的解法中总

结出了一个统一的方法,并正确地指出根的置换(或排列)理论是解代数方程的关键,或借用他自己的话来说是"整个问题的真正哲学"。

以二次方程为例说明拉格朗日是如何利用根的置换思想来统一求解方程的。设二次方程

$$x^2 + ax + b = 0$$

的两个根为 x_1, x_2。因为二次单位根为 $1, -1$,故它们和根有两种组合方式:$x_1 - x_2$ 和 $-x_1 + x_2$。把它们乘起来得到一个根函数:

$$\phi(x_1, x_2) = (x_1 - x_2)(-x_1 + x_2) = -(x_1 - x_2)^2 .$$

显然这个根函数 $\phi(x_1, x_2)$ 互换 x_1 和 x_2 的位置后并不改变,也就是说 ϕ 在根的任意一个排列下都不变,从而 ϕ 为二元对称多项式。根据对称多项式的基本性质(见问题 047),ϕ 可用基本对称多项式 $x_1 + x_2$ 和 $x_1 x_2$ 表示出。由韦达定理可知

$$x_1 + x_2 = -a , \quad x_1 x_2 = b ,$$

所以 ϕ 可用方程的系数表示出来。为

$$\phi(x_1, x_2) = -(x_1 + x_2)^2 + 4x_1 x_2 = -a^2 + 4b .$$

由此解出

$$x_1 - x_2 = \pm\sqrt{a^2 - 4b} .$$

最后结合 $x_1 + x_2 = -a$,即可求出二次方程的求根公式为

$$x_1, x_2 = \frac{1}{2}(-a \pm \sqrt{a^2 - 4b}) .$$

对三次和四次方程也可类似地求解. 例如,考虑三次方程

$$x^3 + ax^2 + bx + c = 0,$$

三个根设为 x_1, x_2, x_3。令三次单位根(即 $x^3 = 1$ 的全部根)为 $1, \omega, \omega^2$,其中 $\omega = (-1 + \sqrt{-3})/2$。仍然考虑这些三次单位根与方程三个根之间所有形如

$$\phi(x_1, x_2, x_3) = x_1 + \omega x_2 + \omega^2 x_3$$

的组合。因为 x_1, x_2, x_3 的排列共有 $3! = 6$ 个,对每一个根的排列都对应一个函数 ϕ,把所得到的根函数分别记为 $\phi_1, \phi_2, \cdots, \phi_6$。同样根据韦达定理和对称多项式的基本定理,可以把方程的三个根仅用两个根函数(例如 ϕ_1, ϕ_2)表示出来,从而把根的求解问题归结成求这两个根函数,而后者的确能够求解。有关的细节较为复杂,就不再叙述了。

总之,拉格朗日发明的根的置换理论确实为三次和四次方程提供了统一的解法,但是,当他用该方法试图去解一般五次方程时却遭遇了失败。他被迫得

出结论说,用代数方法求解一般的高次方程看来是不可能的。

挪威天才数学家阿贝尔早在中学时就开始潜心研读高斯和拉格朗日等关于代数方程求根的著作,终于在 1824 年第一次严格地证明了高于四次的代数方程没有求根公式,这是古典代数学里程碑式的成就,而且阿贝尔的思想和观念对现代数学产生了深远的影响。

虽然阿贝尔证明了高次一般代数方程没有求根公式,但仍有许多特殊方程可用根式求解,即它们的根能从方程的系数出发,通过加减乘除四则运算以及乘方和开方表示出来。换句话说,根式解指的是解能用一些根号表示。例如,二项方程 $x^n = a$ 的根就能用根式表示。另外,在正十七边形作图问题中(见问题 065),也说明了高斯如何把一个 17 次分圆多项式方程的根(即 17 次本原单位根)用若干平方根表示的过程。

总之,在阿贝尔的工作之后,代数方程的核心问题转变为如何判别一个具体的方程是否有根式解,即寻求多项式方程可根式解的充要条件。由于阿贝尔英年早逝,这个代数学难题只能留待他人,最终被法国天才数学家伽罗瓦彻底解决了。事实上,伽罗瓦对每个多项式 $f(x)$ 都构造了一个群 G_f(群的概念见问题 046),现在称之为伽罗瓦群。他证明了一个多项式 $f(x)$ 根式可解当且仅当相应的伽罗瓦群 G_f 是可解群,从而把一个多项式方程能否根式求解的问题等价地转化为它的伽罗瓦群是否为可解群的判别问题。

什么是可解群呢? 先从群的定义谈起。因为伽罗瓦的工作建立在拉格朗日关于根的置换理论基础之上,所以他所引入的群并不是我们在问题 046 中介绍的抽象群,而是由若干置换组成的一个"具体的"群。所谓的一个 n 阶置换 σ,指的是一个具有 n 个元素的集合 $X = \{x_1, x_2, \cdots, x_n\}$ 到自身的一一对应。假设 $\sigma(x_k) = x_{i_k}$,则可把 σ 的具体作用形象地记为

$$\sigma = \begin{pmatrix} x_1 & x_2 & x_3 & \cdots & x_n \\ x_{i_1} & x_{i_2} & x_{i_3} & \cdots & x_{i_n} \end{pmatrix},$$

或者直接简记为

$$\sigma = \begin{pmatrix} 1 & 2 & 3 & \cdots & n \\ i_1 & i_2 & i_3 & \cdots & i_n \end{pmatrix}.$$

不难看出,两个置换相乘(指映射的合成)仍为一个置换,恒等置换即为集合 X 上的恒等映射,置换的逆为相应的逆映射。因此,按照问题 046 中的抽象群之定义,全体 n 阶置换就构成一个群。这个群称为 n 阶全对称群,记为 S_n,显然 S_n 的元素个数为 n 的阶乘 $n! = 1 \cdot 2 \cdot 3 \cdots \cdots n$。一般地,由一部分置换构成

的集合 G,如果满足这样的性质,不仅 G 中的任意两个置换相乘的结果仍然在 G 中,而且 G 中每个置换的逆置换也在 G 中,则称 G 为一个置换群。因为映射的合成自动满足结合律,读者不难验证这里给出的置换群概念是符合问题 046 中抽象群定义的。在历史上,群的一般定义正是从置换群抽象而来的。

假设 G 是一个置换群,N 是 G 的一个子集,如果 N 中任意两个元素的乘积以及每个元素的逆也都在 N 中,亦即 N 本身也构成一个群,则称 N 是 G 的一个子群。进而,如果对任意 $g \in G$ 和 $n \in N$ 均有 $g^{-1} n g \in N$,则称 N 为 G 的一个正规子群,这也是伽罗瓦引入的一个重要的群论概念。

有了以上的准备,就可以给出可解群的定义了。仍设 G 为一个置换群(亦可换成任意群),如果存在一个子群序列

$$G = G_0 \supset G_1 \supset G_2 \supset \cdots \supset G_s = \{1\},$$

使得每个 G_i 都是前一个 G_{i-1} 的正规子群,并且这两个群的元素个数之比 $|G_{i-1}|/|G_i|$ 均为素数,则称 G 为可解群。当然,如果不存在这样的子群序列,就称 G 不是可解群。

现在来说明伽罗瓦的工作是如何包含了阿贝尔定理的,即为什么高于四次的一般方程没有求根公式。事实上,假设

$$f(x) = a_n x^n + a_{n-1} x^{n-1} + \cdots + a_1 x + a_0$$

为一般 n 次方程,则根据伽罗瓦理论可以算出 $f(x)$ 的伽罗瓦群恰为 n 次全对称群,即上述那个 S_n。因此,多项式 $f(x)$ 是否有求根公式就看这个 S_n 是否为可解群了。当 $n>4$ 时,可以证明 S_n 只有一个子群序列

$$S_n \supset A_n \supset \{1\}$$

满足正规性条件,即后一个群总是前一个相邻群的正规子群。这里的 A_n 称为 n 阶交错群,共有 $n!/2$ 个元素。因为 S_n 和 A_n 的元素个数之比为素数 2,所以,S_n 是否为可解群就看 $n!/2$ 是否也为素数了。然而,当 $n>4$ 时,$n!/2$ 的确不是素数,即 S_n 在 $n>4$ 时不是可解群。根据伽罗瓦理论,多项式 $f(x)$ 也就相应地没有求根公式了。

伽罗瓦的工作给整个数学带来了一场革命。它不仅结束了古典代数学整整的一章,而且开创了代数学全新的时代,也标志着现代数学的真正开始。时至今日,伽罗瓦为研究多项式方程设计出来的许多新概念,如群、正规子群、可解群、域、分裂域、正规扩域等,其价值远远超越了求方程根式解这一具体的数学问题,业已成为现代数学中最为基本的结构和语言。但是,在 19 世纪初,由于伽罗瓦的工作中充满了太多的新观念和新思想,以至于当时的数学家(包括

高斯和柯西等)都感到"完全不能理解"。即使到了今日,伽罗瓦的理论虽然经过了近 200 年的简化过程,仍然难以向低年级大学生完全讲述清楚。令人无限惋惜的是,伽罗瓦一生坎坷,热衷于政治活动,曾两次入狱,最后死于一场无谓的决斗,年仅 21 岁。但他在短促的一生中却给数学留下了巨大的思想财富,不仅改变了人们对数学的看法,也变革了整个数学学科的面貌。结合 19 世纪初的数学发展背景以及法国动荡不安的社会环境,人们不禁要问:他的天才从何而来? 这恐怕是数学史上的又一个难解之谜。

 051 方程的根式解问题

什么样的方程可以用根式解出?

在问题 050 中已经谈到,虽然挪威数学家阿贝尔 1826 年在其 22 岁时就证明了次数大于 4 的一般方程没有求根公式,但还有许多高次方程的解可以用根式来表示,这就导致了古典代数学的最后一个难题:如何判别一个给定的多项式方程能否用根式解出? 这个问题最终被法国天才数学家伽罗瓦在 1830 年在其不满 20 岁时彻底解决了。伽罗瓦给出了一个多项式方程的所有根均可根式求解的充要条件,即一个多项式方程 $f(x)=0$ 的所有根都能用根式表示,当且仅当它的伽罗瓦群 G_f 为可解群。遗憾的是,在此无法介绍阿贝尔和伽罗瓦所给出的复杂而深奥的证明过程,因而难以具体的体会和欣赏其中的美妙之处。同时,在实际计算一个具体的多项式的伽罗瓦群时往往是困难的,这就使得伽罗瓦的判别方法有时显得并不简洁。作为替代方案,在此将详细介绍德国数学家克罗内克在方程根式解问题上所作的一个漂亮结果及其证明过程。尽管克罗内克的定理吸收了阿贝尔的许多思想,但其证明却十分初等巧妙,并没有涉及过多的抽象概念。用初等而直接的方法攻克超级数学难题,这是很难得的,故值得向读者推荐。

简单起见,只考虑有理系数多项式的根式解问题。给出一个有理系数多项式 $f(x)$,如果它能写成另外两个有理系数多项式的乘积,即存在 $f(x)=g(x)h(x)$,则 $f(x)$ 的根显然由 $g(x)$ 和 $h(x)$ 的根组成。因此,在研究方程

$f(x)=0$ 的根时，不妨要求 $f(x)$ 不能再分解成两个次数较低的多项式的乘积，亦即 $f(x)$ 是一个不可约多项式。

什么样的不可约多项式具有根式解呢？克罗内克给出了一个简洁的必要条件：假设 $f(x)$ 为一个不可约的有理系数多项式，并且次数为一个奇素数，如果 $f(x)$ 的一个根能用根式表示，则 $f(x)$ 的所有根要么全为实数，要么仅有一个实数。

这就是即将证明的克罗内克定理，它把方程的根式解问题归结为计算方程实根个数的问题，而一个多项式的实根个数根据著名的斯图姆法则（见问题043）是很容易计算出来的，这就使得克罗内克定理在实际应用时非常方便。另外，在克罗内克定理的证明过程中，将看到若 $f(x)$ 的一个根能用根式表示时，它的全部根也都能用根式表示。

为了说明克罗内克定理的重要性，我们先看一个例子。令

$$f(x)=x^5+3x+1,$$

则不难验证 $f(x)$ 是不可约的有理系数多项式。根据斯图姆法则可判别出 $f(x)=0$ 只有 3 个实根和 2 个复根。因为 $f(x)$ 的次数为奇素数 5，故从克罗内克定理可知 $f(x)$ 的每一个根都不能用根式表示。另外，由此也可推出高于 4 次的一般多项式方程没有求根公式。否则，假定 $n>4$ 次多项式方程有求根公式，则每个 n 次方程的所有根都能用根式表示出来。然而

$$g(x)=x^{n-5}f(x)=x^n+3x^{n-4}+x^{n-5}=0$$

就有 5 个根（即 $f(x)=0$ 的 5 个根）不能用根式表示。这个例子表明克罗内克定理不仅比阿贝尔定理强得多，而且在应用时还绕开了计算伽罗瓦群这一复杂问题。

在证明克罗内克定理之前，先做以下准备工作，这些内容目前在现代代数中已经属于基础知识。

1. 数域的概念

设 F 是由一些复数组成的集合，并且包含了全部的有理数，如果 F 中任意两个复数 α 和 β 满足 $\alpha\pm\beta,\alpha\cdot\beta,\alpha/\beta(\beta\neq0)$ 均在 F 中，就称 F 是一个数域。

由此可知，所有的有理数、实数以及复数的集合构成数域，分别称为有理数域、实数域和复数域，依次记为 $\mathbb{Q},\mathbb{R}$ 和 $\mathbb{C}$。当然，数域不过是复数域中对四则运算封闭的特殊集合，种类很多。例如，读者不难验证集合 $\mathbb{Q}(\sqrt{3})=\{a+b\sqrt{3}\,|\,a,b\in\mathbb{Q}\}$ 对加减乘除四则运算封闭，因而也是一个数域。

2. 数域上的不可约多项式

如果一个多项式 $f(x)$ 的所有系数都在数域 F 中,则称 $f(x)$ 为数域 F 上的一个多项式。当 $f(x)$ 不能写成 F 上两个次数较低的多项式的乘积时,则称 $f(x)$ 在数域 F 上不可约。实际上,一个多项式的不可约性是相对于给定的数域而言的。例如,$f(x)=x^2-3$ 在有理数域 $\mathbb{Q}$ 上不可约,但在数域 $\mathbb{Q}(\sqrt{3})$ 上却可以分解为 $f(x)=(x-\sqrt{3})(x+\sqrt{3})$,这表明 $f(x)$ 在数域 $\mathbb{Q}(\sqrt{3})$ 上是可约的。

不可约多项式和素数相比有许多类似的性质,其中最基本的一个性质是:假设 $f(x)$ 是数域 F 上的不可约多项式,$g(x)$ 是数域 F 上的任意一个多项式,由于 $f(x)$ 的因式只有 1 和本身(这里把相差一个非零常数倍的多项式看成一类),所以或者 $f(x)$ 整除 $g(x)$,或者 $f(x)$ 和 $g(x)$ 的最大公因式为 1,此时称 $f(x)$ 和 $g(x)$ 互素。根据辗转相除法可以把 $f(x)$ 和 $g(x)$ 的最大公因式 $d(x)$ 表示为 $d(x)=u(x)f(x)+v(x)g(x)$,其中 $u(x)$ 和 $v(x)$ 也是 F 上的多项式。因此,当不可约多项式 $f(x)$ 不整除 $g(x)$ 时,就存在 F 上的两个多项式 $u(x)$ 和 $v(x)$,使得

$$u(x)f(x)+v(x)g(x)=1。 \tag{1}$$

从公式(1)可推出不可约多项式的许多其他性质,在克罗内克定理的证明中要用到的有:

a. 设 $f(x),g(x),h(x)$ 均为数域 F 上的多项式,如果 $f(x)$ 不可约且整除乘积 $g(x)h(x)$,则或者 $f(x)$ 整除 $g(x)$,或者 $f(x)$ 整除 $h(x)$。

这是因为当 $f(x)$ 不整除 $g(x)$ 时,公式(1)成立,在(1)的等式两边同时乘以 $h(x)$ 即可得出 $f(x)$ 整除 $h(x)$。

b. 如果数域 F 上的不可约多项式 $f(x)$ 和一个多项式 $g(x)$ 有一个公共根,则 $f(x)$ 必整除 $g(x)$。

这是因为当 α 为 $f(x)$ 和 $g(x)$ 的一个公共根时,即 $f(\alpha)=g(\alpha)=0$,此时公式(1)不成立,说明 $f(x)$ 和 $g(x)$ 不能互素,只有 $f(x)$ 整除 $g(x)$。另外,从性质 b 显然可推出以下结论:

c. 如果数域 F 上的不可约多项式 $f(x)$ 和一个多项式 $g(x)$ 有一个公共根,但 $g(x)$ 的次数比 $f(x)$ 的次数小,则 $g(x)$ 的系数全为零,即 $g(x)$ 为零多项式。

d. 如果数域 F 上的两个不可约多项式 $f(x)$ 和 $g(x)$ 有一个公共根,则

$f(x)$ 和 $g(x)$ 相差一个非零常数倍,即存在非零复数 $c \in F$ 使得 $f(x) = c \cdot g(x)$。

e. 数域 F 的每个不可约多项式 $f(x)$ 没有重根,即 $f(x)$ 的全部复根(未必在 F 中)两两不同。

这是因为当 $f(x)$ 有重根 α 时,通过求导数可知 $f(x)$ 与其导数 $f'(x)$ 有公因式 $x-\alpha$,但 $f'(x)$ 也是 F 上的多项式,次数比 $f(x)$ 要低,根据 c. 可知 $f'(x)$ 为零多项式,由此推出 $f(x)$ 为零次多项式,矛盾。

3. 数域的根式扩张

所谓一个方程 $f(x) = 0$ 的根 α 能用根式表示,指的是 α 可以从多项式 $f(x)$ 的全部系数出发,通过有限次的加减乘除四则运算以及开根运算得到。这个过程可以分有限步进行,在每一步或者只进行加减乘除四则运算,或者只做一次开根运算。如果只进行四则运算,所得到的结果将被限制在一个数域中,比如说数域 F;但如果接着再做一次开根运算,即把某个复数 a 的 k 次方根 $\sqrt[k]{a}$ 添加进去,通过和 F 中的数作一切可能的加减乘除四则运算后就会得到一个更大的数域,记为 $F(\sqrt[k]{a})$,称为 F 的一个根式扩张,它的严格定义如下:

设 F 为任意一个数域,α 为一个复数,记
$$F(\alpha) = \{h(\alpha)/g(\alpha) \mid g(x), h(x) \text{ 为 } F \text{ 上的多项式且 } g(\alpha) \neq 0\},$$
不难看出 $F(\alpha)$ 中的元素对加减乘除四则运算封闭,故为一个数域,称为添加 α 到 F 上所得到的数域,也称 $F(\alpha)$ 是 F 的一个单扩张。特别地,如果复数 α 的某个方幂在 F 中,例如,$\alpha^k = a \in F$,亦即 α 是数域 F 中某个元素 a 的一个 k 次方根,则称 $F(\alpha)$ 为 F 的一个根式扩张。

显然,数域 $F(\alpha)$ 不过是把 F 中的所有元素和 α 作一切可能的加减乘除四则运算所得到的复数集合。在根式扩张情形下,它的含义是对 F 中的某个复数做一次开根运算,目的是给出方程的一个根能用根式表示的意义。例如,假设一个有理系数多项式方程 $f(x) = 0$ 的一个根 ω 为
$$\omega = 3\sqrt[5]{10} + \sqrt[7]{2 + \sqrt[5]{10}},$$
那么如何描述它是一个根式解,即 ω 是如何通过 $f(x)$ 的系数作有限步加减乘除四则运算和开根运算来得到呢?首先,从 $f(x)$ 的系数出发作一切可能的四则运算将得到有理数域 $\mathbb{Q}$,它并不包含 ω;其次,把 $\alpha = \sqrt[5]{10}$ 添加到 $\mathbb{Q}$ 上得到一个数域 $\mathbb{Q}(\alpha)$,记为 F,这时 $\omega = 3\alpha + \sqrt[7]{2+\alpha}$,还不是 F 中的数;再次,把 $\beta =$

$\sqrt[7]{2+\alpha}$ 添加到 F 上，又得到一个更大的数域 $E=F(\beta)$，恰好使得 ω 为 E 中的一个元素。注意到 $\mathbb{Q} \subset F \subset E$，后一个数域都是前一个数域的根式扩张，直到最后一个数域包含方程的根 ω 为止。另外，对一个复数 α 先求 m 次方根接着再求 n 次方根等价于对其求 mn 次方根，即 $\sqrt[n]{\sqrt[m]{\alpha}}=\sqrt[mn]{\alpha}$。因此，把求 m 次方根的过程可以分解成对 m 的全部素因子 p 逐一地求素数次方根。

现在给出方程的一个根能用根式表示的精确含义。设 $f(x)$ 为一个有理系数多项式，如果存在一个数域的包含序列

$$\mathbb{Q}=F_0 \subset F_1 \subset F_2 \subset \cdots \subset F_n,$$

使得每一个数域 F_{i+1} 总是通过添加数域 F_i 中某一个元素的素数次方根而得到，并且最后一个数域 F_n 包含了 $f(x)$ 的一个根 ω，则称 ω 可用根式表示，或者说 ω 可根式求解。

下面进一步描述根式扩张 $F(\alpha)$ 中的元素。假设 α 的某个方幂 $\alpha^k=a\in F$，则 α 是 F 上多项式 x^k-a 的一个根。因为 x^k-a 能分解成一些 F 上的不可约多项式乘积，所以 α 必然是 F 上某个不可约多项式 $f(x)$ 的根。如果 $g(x)$ 是 F 上的一个多项式并且 $g(\alpha)\neq 0$，则根据不可约多项式的性质得出 $f(x)$ 不整除 $g(x)$，此时 $f(x)$ 和 $g(x)$ 必然互素，故存在 F 上的两个多项式 $u(x)$ 和 $v(x)$ 使得公式 (1) 成立。将 $x=\alpha$ 代入公式 (1) 即得 $1/g(\alpha)=v(\alpha)$。于是 $F(\alpha)$ 中的任意元素 $h(\alpha)/g(\alpha)=h(\alpha)v(\alpha)$，恰为乘积多项式 $h(x)v(x)$ 在 α 的值。于是，就证明了 $F(\alpha)$ 中的每个元素均可写成关于 α 的一个多项式，即

$$F(\alpha)=\{u(\alpha)\,|\,u(x)\text{为 }F\text{ 上的多项式}\}。$$

事实上，$F(\alpha)$ 中的元素还有更简单的表示。用 $f(x)$ 去除 $u(x)$，假设所得的余式为 $r(x)$，即存在一个 F 上的多项式 $q(x)$ 使得 $u(x)=f(x)q(x)+r(x)$，将 $x=\alpha$ 代入得到 $u(\alpha)=r(\alpha)$。假定 $f(x)$ 的次数为 n，则 $r(x)$ 至多是 $n-1$ 次多项式，若令 $r(x)=a_0+a_1x+\cdots+a_{n-1}x^{n-1}$，其中 a_i 都是数域 F 中的元素。则 $F(\alpha)$ 中的任意元素 $u(\alpha)$ 又等于 $a_0+a_1\alpha+\cdots+a_{n-1}\alpha^{n-1}$。把这种形式的元素称为 $1,\alpha,\cdots,\alpha^{n-1}$ 的一个 F-线性组合。如果有两个这样的 F-线性组合相等，即存在 $\sum a_i\alpha^i=\sum b_i\alpha^i$，则 α 变成了多项式 $t(x)=\sum(a_i-b_i)x^i$ 的根，但 $t(x)$ 的次数小于 n，而 $f(x)$ 在 F 上不可约，根据不可约多项式的性质，只有 $t(x)$ 为零多项式，从而每个 $a_i=b_i$。至此就证明了 $F(\alpha)$ 中的每个元素都能唯一地写成 $a_0+a_1\alpha+\cdots+a_{n-1}\alpha^{n-1}$ 的形式，即 $1,\alpha,\cdots,\alpha^{n-1}$ 的 F-线性组合。总之，只要复数 α 是数域 F 上不可约多项式 $f(x)$ 的一个根，则有

$$F(\alpha)=\{a_0+a_1\alpha+a_2\alpha^2+\cdots+a_{n-1}\alpha^{n-1}\mid a_i\in F\},$$

其中，n 为多项式 $f(x)$ 的次数，并且上述 $F(\alpha)$ 中元素的表示方法是唯一的。

下述阿贝尔引理给出了一类在数域上特殊的不可约多项式，它在构成数域 F 的根式扩张过程中要用到。

4. 阿 贝 尔 引 理

设 a 为数域 F 中的一个元素，p 为素数，如果 a 不是 F 中某个元素的 p 次幂，则多项式 x^p-a 在 F 上不可约。

用反证法证明之。如果 $f(x)$ 在 F 上可约，则存在 F 上两个正次数多项式 $g(x)$ 和 $h(x)$ 使得 $f(x)=g(x)h(x)$。假设 α 为 a 的一个 p 次方根，即 $\alpha^p=a$。令 $\varepsilon=e^{2\pi\sqrt{-1}/p}$ 为 p 次本原单位根，则 $\alpha,\alpha\varepsilon,\cdots,\alpha\varepsilon^{p-1}$ 即为 $x^p-a=0$ 的全部 p 个根。根据韦达定理可知多项式所有根的乘积与其常数项相差的只是一个正负号。所以，如果记 $g(x)$ 和 $h(x)$ 的常数项分别为 b 和 c，则 b 和 c 均是 F 中的元素，并且可写成 $f(x)$ 若干个根的乘积（允许相差一个负号）。令 $b=\alpha^m\varepsilon^i$ 及 $c=\alpha^n\varepsilon^j$，因为 $a\neq1$，故 x^p-a 的根中没有单位根，从而 m 和 n 都不会等于 0，二者均为正整数。显然 $m+n=p$。再从 p 为素数可知 m 和 n 互素，故存在整数 s,t，使得 $sm+tn=1$。于是

$$b^s c^t=(\alpha^m\varepsilon^i)^s(\alpha^n\varepsilon^j)^t=\alpha\varepsilon^{is+jt}.$$

然而 $(b^s c^t)^p=\alpha^p=a$，且 $b^s c^t$ 又是 F 中的元素，这与 a 不是 F 中某个元素 p 次幂的假设相矛盾。

下面叙述的阿贝尔定理及其证明思想在克罗内克定理的证明中将被反复用到，是一个深刻的结果。

5. 阿 贝 尔 定 理

设 $f(x)$ 为数域 F 上的不可约多项式，其次数为素数 p。再设 α 为 F 上另一个不可约多项式 $g(x)$ 的一个根。如果 $f(x)$ 在数域 $F(\alpha)$ 上变成了可约的多项式，则 p 必然整除 $g(x)$ 的次数。

注意到 $F(\alpha)$ 中的元素数均可写成关于 α 的系数在 F 中的多项式，因此，在讨论数域 $F(\alpha)$ 上的多项式 $\varphi(x)$ 时，为了把 α 从 $\varphi(x)$ 的系数中分离出来，把 $\varphi(x)$ 改记为 $\varphi(x,\alpha)$，即把 φ 视为系数在 F 中的关于自变量 x 和 α 的一个二元多项式。

现在，由条件 $f(x)$ 在 $F(\alpha)$ 上可约，故存在 F 上的二元多项式 φ 和 ψ 使

$\varphi(x,\alpha)$ 和 $\psi(x,\alpha)$ 满足

$$f(x)=\varphi(x,\alpha)\psi(x,\alpha)。 \tag{2}$$

因为 $\mathbb{Q}\subseteq F$，故对每个有理数 r，令

$$\widetilde{f}(x)=f(r)-\varphi(r,x)\psi(r,x)，$$

则 $\widetilde{f}(x)$ 显然是 F 上的多项式且 $\widetilde{f}(\alpha)=0$。这表明 $\widetilde{f}(x)$ 和不可约多项式 $g(x)$ 有公共根 α。根据不可约多项式的性质可知 $g(x)$ 整除 $\widetilde{f}(x)$，从而 $g(x)$ 的每个根 $\alpha=\alpha_1,\alpha_2,\cdots,\alpha_n$ 也都是 $\widetilde{f}(x)$ 的根，即 $\widetilde{f}(\alpha_i)=0$。由此可推出多项式 $f(x)-\varphi(x,\alpha_i)\psi(x,\alpha_i)$，当 x 取遍每个有理数 r 时均为零，有无限多个根，这只能是零多项式。于是，我们有下述 n 个恒等式

$$f(x)=\varphi(x,\alpha_i)\psi(x,\alpha_i)，\quad i=1,2,\cdots,n。$$

现在，把上述 n 个恒等式相乘，令

$$\widetilde{\varphi}(x)=\varphi(x,\alpha_1)\varphi(x,\alpha_2)\cdots\varphi(x,\alpha_n)，$$

$$\widetilde{\psi}(x)=\psi(x,\alpha_1)\psi(x,\alpha_2)\cdots\psi(x,\alpha_n)，$$

则 $f(x)^n=\widetilde{\varphi}(x)\widetilde{\psi}(x)$。因为 $\widetilde{\varphi}(x)$ 是 $g(x)$ 的全部根 $\alpha_1,\alpha_2,\cdots,\alpha_n$ 的对称多项式，根据对称多项式的基本性质（见问题 047）可知 $\widetilde{\varphi}(x)$ 可以表为 $g(x)$ 诸系数的多项式，从而 $\widetilde{\varphi}(x)$ 也是 F 上的多项式。同理可证 $\widetilde{\psi}(x)$ 也是 F 上的多项式。又 $f(x)$ 在 F 上不可约，所以 $\widetilde{\varphi}(x)$ 和 $\widetilde{\psi}(x)$ 都是 $f(x)$ 的方幂。令 $\widetilde{\varphi}(x)=f(x)^k$，再设 $\varphi(x,\alpha)$ 关于 x 的次数为 m，比较多项式的次数即知 $mn=pk$。因为 p 为素数且 $m<p$，故有 p 整除 $g(x)$ 的次数 n，至此就完成了阿贝尔定理的证明。

有了上述准备工作，下面开始证明克罗内克定理。

以下假设 $f(x)$ 为一个不可约的有理系数多项式，次数为一个奇素数 p，而且 $f(x)$ 的一个根能用根式表示。方便起见，不妨要求 $f(x)$ 的最高次项的系数为 1。要证明的是 $f(x)$ 的所有根要么全为实数，要么仅有一个实数。

首先，把 p 次本原单位根 $\varepsilon=\mathrm{e}^{2\pi\sqrt{-1}/p}$ 添加到有理数域 $\mathbb{Q}$ 上得到一个更大的数域 $\mathbb{Q}(\varepsilon)$。因为 p 次单位根是分圆多项式 $x^{p-1}+x^{p-2}+\cdots+x+1$ 的根，该多项式在有理数域上不可约。根据阿贝尔定理即知 $f(x)$ 在 $\mathbb{Q}(\varepsilon)$ 也不可约，否则将得出 p 整除 $p-1$ 的矛盾结论。

其次，既然 $f(x)$ 有一个根 ω 能用根式表示，故存在数域

$$\mathbb{Q}=F_0\subset F_1\subset F_2\subset\cdots\subset F_n，$$

使每个数域 F_{i+1} 总是通过添加数域 F_i 中某一个元素的素数次方根而得到,并且最后一个数域 F_n 包含了 ω。因此,尽管 $f(x)$ 在有理数域上不可约,但在数域 F_n 上因为有一次因式 $x-\omega$ 而变成可约的了。克罗内克的高明之处在于,他并不直接去构作上述根式扩张,而是抓住了多项式不可约性在根式扩张下的动态变化这个关键问题,即重点考查 $f(x)$ 不可约性在何时发生了改变。

以下假定已经从有理数出发添加了有限个素数次方根得到了数域 F,使得 $f(x)$ 在 F 上仍不可约,但再添加 F 中元素 a 的一个素数 q 次方根 $\alpha=\sqrt[q]{a}$ 后,使得 $f(x)$ 在 $F(\alpha)$ 上可约。方便起见,可要求 F 包含了 p 次本原单位根 $\varepsilon=e^{2\pi\sqrt{-1}/p}$,因为按以上说明,添加 p 次本原单位根到 F 上并不改变 $f(x)$ 的可约性。这时的 a 不是 F 中某个元素的 q 次幂,根据阿贝尔引理,多项式 x^q-a 在 F 上不可约。再应用一次阿贝尔定理得出素数 p 整除素数 q,从而只有 $q=p$。另外,数域 F 是从有理数域添加了一些方根所得,方便起见,在每次添加一个方根时也同时把该方根的共轭复数添加进来,以保证 F 还满足条件:F 中每个复数的共轭复数也在 F 中。

现在,令 $f(x)$ 在数域 $F(\alpha)$ 上的不可约分解为

$$f(x)=\varphi(x,\alpha)\psi(x,\alpha)\cdots,$$

其中 $\varphi(x,\alpha),\psi(x,\alpha),\cdots$ 均为 $F(\alpha)$ 上关于自变量 x 的不可约多项式。当然,从 $f(x)$ 在 F 上不可约可知,诸因式 $\varphi(x,\alpha),\psi(x,\alpha),\cdots$ 都不是 F 上关于 x 的多项式。显然,数域 F 上不可约多项式 x^p-a 的 p 个根分别为 $\alpha_i=\alpha\varepsilon^i,(i=0,1,\cdots,p-1)$。对于 $f(x)$ 在根式扩张 $F(\alpha)$ 上产生的这些新的不可约因式 $\varphi(x,\alpha)$ 等,我们先证明以下三个基本性质:

a. 在数域 $F(\alpha)$ 上,每个 $\varphi(x,\alpha_i)(i=0,1,\cdots,p-1)$ 均可整除 $f(x)$。

这是因为 $f(x)=\varphi(x,\alpha)\psi(x,\alpha)\cdots$,类似于阿贝尔定理证明中的方法,同样可以得到 $f(x)=\varphi(x,\alpha_i)\psi(x,\alpha_i)\cdots$ 对每个 $i=1,2,\cdots,p-1$ 也成立,从而每个 $\varphi(x,\alpha_i)$ 均可整除 $f(x)$。

b. p 个多项式 $\varphi(x,\alpha_i)$ 在 $F(\alpha)$ 上均不可约。

假如 $\varphi(x,\alpha_i)=u(x,\alpha_i)v(x,\alpha_i)$,类似于阿贝尔定理的证明思路,对有理数 r 构造 F 上多项式 $\tilde{\varphi}(x)=\varphi(r,x)-u(r,x)v(r,x)$。显然 $\tilde{\varphi}(x)$ 和 F 上的不可约多项式 x^p-a 有一个公共根 α_i,因而后者能整除前者,故每个 α_j 都是 $\tilde{\varphi}(x)=0$ 的根。所以,多项式 $\varphi(x,\alpha_j)-u(x,\alpha_j)v(x,\alpha_j)$ 在每个有理数 r 上的取值均为零,故为恒等式。由此即知 $\varphi(x,\alpha_j)=u(x,\alpha_j)v(x,\alpha_j)$ 对每个 $j=0$,

$1,\cdots,p-1$ 均成立。取 $j=0$ 得到 $\varphi(x,\alpha)=u(x,\alpha)v(x,\alpha)$，但它与 $\varphi(x,\alpha)$ 在 $F(\alpha)$ 上不可约的假设相矛盾。

c. p 个多项式 $\varphi(x,\alpha_i)$ 两两不同。

假如存在 $\varphi(x,\alpha_i)=\varphi(x,\alpha_j)$。因为 $\alpha_i=\alpha\varepsilon^i$ 为 F 上不可约多项式 x^p-a 的根，所以在等式 $\varphi(x,\alpha\varepsilon^i)=\varphi(x,\alpha\varepsilon^j)$ 中，类似于阿贝尔定理的证明思想或上述 b. 的证明过程，可以把 α 替换为任意一个 $\alpha_k=\alpha\varepsilon^k$。特别地，取 $k=p-i$ 即得 $\varphi(x,\alpha)=\varphi(x,\alpha\eta)$，这里记 $\eta=\varepsilon^{j-i}$。接着，再把 α 替换成另外一个根 $\alpha\eta$，同理又得到 $\varphi(x,\alpha\eta)=\varphi(x,\alpha\eta^2)$。不断重复下去，就有

$$\varphi(x,\alpha)=\varphi(x,\alpha\eta)=\varphi(x,\alpha\eta^2)=\cdots=\varphi(x,\alpha\eta^{p-1})。$$

如果 $i\neq j$，则素数 p 不整除 $j-i$，此时 η 也是一个 p 次本原单位根。因此 α，$\alpha\eta,\cdots,\alpha\eta^{p-1}$ 恰好给出了 x^p-a 的全部根。由此可以推出 $p\varphi(x,\alpha)=\varphi(x,\alpha)+\varphi(x,\alpha\eta)+\cdots+\varphi(x,\alpha\eta^{p-1})$ 是 x^p-a 全部根的一个对称多项式。同样，根据对称多项式的基本性质，它可用 x^p-a 的系数表出，即 $p\varphi(x,\alpha)$ 关于 x 的系数皆在 F 中，亦即 $\varphi(x,\alpha)$ 也是 F 上的一个关于 x 的多项式，从而可推出 $f(x)$ 在 F 上有一个因式 $\varphi(x,\alpha)$ 而变得可约了。此矛盾表明上述 $i=j$，即诸 $\varphi(x,\alpha_i)$ 两两不同。

根据上述三条性质可知，乘积 $\tilde{\varphi}(x)=\varphi(x,\alpha_0)\cdots\varphi(x,\alpha_{p-1})$ 也能整除 $f(x)$。同样，由于 $\tilde{\varphi}(x)$ 是 x^p-a 的 p 个根 α_i 的对称函数，故 $\tilde{f}(x)$ 也能用 x^p-a 的系数表出，因而是 F 上的多项式。但 $f(x)$ 不可约，只有 $f(x)=\tilde{\varphi}(x)$，因为假设 $f(x)$ 最高次项的系数为 1，故不妨也要求它在 $F(\alpha)$ 上的每个不可约因式 $\varphi(x,\alpha)$ 关于 x 的最高次项的系数也是 1。

于是，诸 $\varphi(x,\alpha_i)$ 只能是一次多项式，令 $\varphi(x,\alpha_i)=x-\omega_i$，则 $\omega=\omega_0$，$\omega_1,\cdots,\omega_{p-1}$ 即为 $f(x)$ 的全部根，并且都在 $F(\alpha)$ 中。当把 $\varphi(x,\alpha)$ 写成关于 x 的多项式时，相应的常数项记为 $c(\alpha)=c_0+c_1\alpha+c_2\alpha^2+\cdots+c_{p-1}\alpha^{p-1}$ 的负数，其中所有的 c_i 皆属于 F，则 $\omega_i=c(\alpha_i)$ 对每个 $i=0,1,\cdots,p-1$ 均成立。

因为实系数多项式的根总是按复数共轭成对出现，今假定 $f(x)$ 的次数为奇素数 p，所以 $f(x)$ 至少有一个实数根，不妨设 ω 即为其实根，以下再分两种情形讨论：

（Ⅰ）$a\in F$ 为实数。

因为已经假定了 F 包含 p 次本原单位根 ε，现在 $\alpha=\sqrt[p]{a}$ 为 a 的一个 p 次方根，必要时乘以一个 p 次单位根，故可假定 α 亦为实数。因为

$$\omega = c(\alpha_0) = c_0 + c_1 \alpha + \cdots + c_{p-1} \alpha^{p-1},$$

其共轭复数为

$$\bar{\omega} = \overline{c_0} + \overline{c_1} \alpha + \cdots + \overline{c_{p-1}} \alpha^{p-1}。$$

从 $\bar{\omega} = \omega$ 以及 $F(\alpha)$ 中元素的唯一表示法可知每个 $\overline{c_i} = c_i$，即每个 c_i 均为实数。此时，从 ε^i 的复共轭为 $\bar{\varepsilon}^i = \varepsilon^{-i} = \varepsilon^{p-i}$ 以及 $\alpha_i = \alpha \varepsilon^i$，可知 $\overline{\alpha_i} = \alpha \varepsilon^{-i} = \alpha_{p-i}$。所以

$$\overline{\omega_i} = c_0 + c_1 \overline{\alpha_i} + \cdots + c_{p-1} \overline{\alpha_i}^{p-1}$$
$$= c_0 + c_1 \alpha_{p-i} + \cdots + c_{p-1} \alpha_{p-i}^{p-1}$$
$$= \omega_{p-i}。$$

注意到不可约多项式没有重根，这说明诸 ω_i 两两不等。又因为 p 为奇素数，从而 $i \neq p-i$，说明 $\overline{\omega_i} \neq \omega_i$，即 ω_i 不是实数。所以 $f(x)$ 仅有一个实根 ω，其余 $p-1$ 个根皆为复根，两两共轭成对。

（Ⅱ）$a \in F$ 不是实数。

因 $\alpha = \sqrt[p]{a}$，再令 $\beta = \sqrt[p]{a\bar{a}}$，则 $\beta = \alpha\bar{\alpha}$。如果把 β 添加到 F 上使得 $f(x)$ 在 $F(\beta)$ 可约，则归结为（Ⅰ）的情形。所以，以下假设 $f(x)$ 在 $F(\beta)$ 上仍然不可约。接着把 α 添加到 $F(\beta)$ 上得到一个更大的数域，记为 $F(\alpha,\beta)$。因为 $F(\alpha) \subset F(\alpha,\beta)$，因此 $f(x)$ 在数域 $F(\alpha,\beta)$ 上也可约。注意到

$$\omega = c_0 + c_1 \alpha + \cdots + c_{p-1} \alpha^{p-1},$$

以及 α 的共轭为 $\bar{\alpha} = \beta/\alpha$，所以

$$\bar{\omega} = \overline{c_0} + \overline{c_1} \bar{\alpha} + \cdots + \overline{c_{p-1}} \bar{\alpha}^{p-1}$$
$$= \overline{c_0} + \overline{c_1}(\beta/\alpha) + \cdots + \overline{c_{p-1}}(\beta/\alpha)^{p-1}。$$

因为 ω 已经被假定为实数，所以 $\omega = \bar{\omega}$，亦即

$$c_0 + c_1 \alpha + \cdots + c_{p-1} \alpha^{p-1} = \overline{c_0} + \overline{c_1}(\beta/\alpha) + \cdots + \overline{c_{p-1}}(\beta/\alpha)^{p-1}。 \qquad (3)$$

既然每个 c_i 及其共轭 $\overline{c_i}$ 都在 F 中，而 β 在 $F(\beta)$ 中，所以在等式（3）中除 α 以外的每个复数皆在数域 $F(\beta)$ 中。如果多项式 $x^p - a$ 在 $F(\beta)$ 上可约，根据阿贝尔引理可知 a 为 $F(\beta)$ 上某个元素 γ 的 p 次幂，即 $a = \gamma^p$，表明 γ 也是 $x^p - a = 0$ 的一个根，故存在 i 使得 $\gamma = \alpha_i = \alpha \varepsilon^i$，从此得出 $\alpha \in F(\beta)$，又推出 $F(\alpha,\beta) = F(\beta)$。因此，$f(x)$ 在 $F(\beta)$ 上可约，与假设矛盾。所以，多项式 $x^p - a$ 在 $F(\beta)$ 上也不可约。把等式（3）整理成 $h(\alpha) = 0$，其中 $h(x)$ 为 $F(\beta)$ 上的一个多项式，则从 $h(x)$ 和 $F(\beta)$ 上的不可约多项式 $x^p - a$ 有公共根 α 可知后者能整除前者，从而 $x^p - a = 0$ 的每个根 α_i 都是 $h(x) = 0$ 的根，由此推出等式（3）对每个 α_i 均成立。注意到

$$\frac{\beta}{\alpha_i}=\frac{\alpha\overline{\alpha}}{\alpha\varepsilon^i}=\overline{\alpha\varepsilon^i}=\overline{\alpha_i},$$

于是在等式(3)中把 α 替换为 α_i 得到

$$c_0+c_1\alpha_i+\cdots+c_{p-1}\alpha_i^{p-1}=\overline{c_0}+\overline{c_1\alpha_i}+\cdots+\overline{c_{p-1}\alpha_i^{p-1}},$$

亦即 $\omega_i=\overline{\omega_i}$，这表明 $f(x)$ 的每个根 ω_i 皆为实数。

总之，结合（Ⅰ）和（Ⅱ）的结论，就证明了 $f(x)$ 要么只有一个实根，要么所有的根都是实根。至此就完成了克罗内克定理的证明。

 # 阿达马矩阵

4n 阶阿达马矩阵总是存在吗？

阿达马是法国著名的数学家，他在 1893 年证明了现在以他名字命名的一个关于矩阵的不等式：假设 $A=(a_{ij})$ 是一个 $n\times m$ 阶复数矩阵，则

$$\det AA^*\leqslant\prod_{i=1}^{n}\sum_{j=1}^{m}|a_{ij}|^2,$$

其中 A^* 表示 A 的共轭转置，当且仅当 A 的行向量两两正交时等式成立。

阿达马不等式是矩阵理论中的一个非常重要的不等式，有着广泛的用途。特别是当 A 为 n 阶方阵时，则上述不等式变为

$$|\det A|\leqslant\prod_{i=1}^{n}\left(\sum_{j=1}^{n}|a_{ij}|^2\right)^{1/2}.$$

它的意义在于使用矩阵的元素给出了该矩阵行列式的一个上界估计。如果 n 阶方阵 A 的每个元素 a_{ij} 均为 1 或 -1，则 $|a_{ij}|=1$，相应的阿达马不等式即为

$$|\det A|\leqslant n^{n/2},$$

且等式成立当且仅当 A 的行向量两两正交。换句话说，如果一个 n 阶方阵 H 的元素均为 1 或 -1，并且任意两个行向量都正交，则称 H 为 n 阶阿达马矩阵，等价于说 H 与其转置矩阵 H' 的乘积 $HH'=nI_n$，其中 I_n 为 n 阶单位矩阵。此时，H 的行列式 $\det A=\pm n^{n/2}$。阿达马矩阵之所以引人注目，除数学内在的魅力外，还因为它在信息论以及统计学等领域都有着广泛的应用。

一阶,二阶和四阶的阿达马矩阵极易得到:

$$H_1=(1), \quad H_2=\begin{pmatrix} 1 & 1 \\ -1 & 1 \end{pmatrix}, \quad H_4=\begin{pmatrix} 1 & 1 & 1 & 1 \\ -1 & 1 & -1 & 1 \\ -1 & 1 & 1 & -1 \\ -1 & -1 & 1 & 1 \end{pmatrix}.$$

事实上,除 $n=1,2$ 外,每个阿达马矩阵 H_n 的阶数 n 都是 4 的倍数。设 $H_n=(a_{ij})$ 且 $n>2$,根据阿达马矩阵的正交性,我们有

$$\sum_{k=1}^{n}(a_{1k}+a_{2k})(a_{1k}+a_{3k})=\sum_{n=1}^{n}a_{1k}^2=n.$$

因为 a_{ij} 的值为 1 或 -1,故 $a_{1k}+a_{2k}$ 和 $a_{1k}+a_{3k}$ 可能的取值为 $0,\pm2$,从而乘积 $(a_{1k}+a_{2k})(a_{1k}+a_{3k})$ 总是 4 的倍数,由此即知 n 也是 4 的倍数。这里就产生了一个关于阿达马矩阵的存在性问题,即是否每个 $4n$ 阶阿达马矩阵都存在?

不难证明 $4n$ 阶阿达马矩阵和 2 阶阿达马矩阵的张量积恰好等于 $8n$ 阶阿达马矩阵。因此,为了证实上述阿达马矩阵的猜想,只需考虑 n 为奇数的情形,即只需证明 $4(2n+1)$ 阶阿达马矩阵存在。

帕雷在 1933 年证明:如果 $2n-1$ 或者 $4n-1$ 为素数幂,则存在 $4n$ 阶阿达马矩阵。接着在 1948 年,维列姆逊改进了帕雷的结果,构作出 $n=43$ 时 $4\times43=172$ 阶阿达马矩阵。很快,116 阶和 156 阶阿达马矩阵也被发现了。值得一提的是,268 阶阿达马矩阵是由日本数学家泽出和江在 1984 年发现的,而数学界为之等待了十年。

目前,尚未证实的阿达马矩阵的最小阶数是 428,即人们不知道是否存在着 428 阶阿达马矩阵。

三、几何与拓扑问题

053 历时半个世纪的一道平面几何难题

对平面上不全共线的 $n \geqslant 3$ 个点，一定存在恰好通过其中两个点的直线。

这是在 1893 年开始流传的一道平面几何难题，看起来似乎并不难解，但历经 40 多年以后才被人证明。从下述证明方法来看，它其实是一道很简单的几何问题，竟然能困惑数学家如此之久，有些不可思议。

证明是出奇的简单而巧妙。对平面上给定的 n 个不共线的点，过其中的任意两点作直线 L。因为，所给的点不全在同一条直线上，所以，L 外必有其他的给定点。记 L 外的点 a 到 L 的距离为 $\rho(a, L)$。由于所给的定点只有 n 个，过其中任意两点也只能作有限条直线，因此仅有有限多个距离 $\rho(a, L)$，从而有通过某两个点的直线 L_0 以及 L_0 外的某个定点 a_0 使得距离 $\rho(a_0, L_0)$ 最小。我们将证明 L_0 就是所求的直线，亦即 L_0 上恰好有两个给定的点。

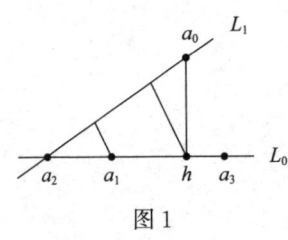

图 1

如若不然，设三个不同的定点 a_1, a_2, a_3 在直线 L_0 上。从 a_0 作 L_0 的垂线，设相应的垂足为点 h（图 1）。此时三个定点 a_1, a_2, a_3 中至少有两个点在垂足 h 的同一侧（包含与 h 重合的情形），不妨设 a_1 和 a_2 在 h 的同侧，且 a_1 位于 h 和 a_2 之间。现在，过 a_0 和 a_2 作直线 L_1。显然，点 a_1 不在直线 L_1 上，并且

$$\rho(a_1, L_1) \leqslant \rho(h, L_1) < \rho(a_0, L),$$

这与 $\rho(a_0, L_0)$ 的最小性相矛盾。由此证明了直线 L_0 恰好通过两个给定的点。

054 拿破仑三角形

在任意一个三角形的三条边上分别向外作出三个等边三角形，则这三个等边三角形的中心也构成一个等边三角形。

拿破仑·波拿巴是法国皇帝,对数学有着强烈的兴趣。他曾说:"数学的进步和完善与国家的强盛密切相关。"事实上,拿破仑非常得意自己在平面几何中的一个发现:给定任意一个三角形,在它的三条边上分别向外再作出三个等边三角形,则这三个等边三角形的中心也构成一个等边三角形。为了纪念拿破仑这一美妙的发现,人们就称上述由三个等边三角形的中心构成的三角形为拿破仑三角形,而把上述结论称为拿破仑定理。当然,也有不少人对拿破仑能否独立发现并证明这个定理表示怀疑。

拿破仑定理的证法有好几个,并不困难,这里略去了它的证明,有兴趣的读者不妨自己动手做一做。下面介绍另外一个拿破仑三角形。

如果在任意一个三角形的三条边上分别向内作出三个等边三角形,那么这三个等边三角形的中心同样也构成一个等边三角形。为了区别这两种情形,人们称现在得到的三角形为内拿破仑三角形,而把之前得到的拿破仑三角形改称为外拿破仑三角形。

这两个拿破仑三角形与原三角形有许多有趣的联系。例如,不难证明原三角形的面积恰好等于它的内外两个拿破仑三角形面积之差,而且内外两个拿破仑三角形有着相同的中心。

费马向托里拆利提出的问题

在已知三角形内确定一个点,使得它到各顶点的距离之和最小。

托里拆利是意大利物理学家,也是伽利略的杰出学生,他发明了气压计。当费马向托里拆利提出这一著名的问题时,立刻就被托里拆利用好几种方法解决了。此后,许多人又给出了其他解法。例如,霍夫曼在 1929 年对 $\triangle ABC$ 为锐角三角形时的情形给出了一个巧妙的解答。另外,瑞士的数学家施泰纳也研究过该问题,并且对托里拆利的解答有十分漂亮的分析。

费马提出的问题是:在已知 $\triangle ABC$ 的内部确定一个点 P,使得和式 $PA + PB + PC$ 最小。这个点 P 被称为费马点。

在托里拆利给出的几个解答中,最简单和最有趣的解法依赖于维维阿尼定理:等边三角形内部的任何一点到各边的垂线之和等于该三角形的高。有趣的是,维维阿尼也是意大利的物理学家,而且还是托里拆利的学生。

维维阿尼定理的证明非常简单。设 P 为正 $\triangle ABC$ 内部的任意一点,记 P 到三条边 BC,CA,AB 的垂线长分别为 a,b,c,再设正 $\triangle ABC$ 的边长为 x,高为 h。因为 $\triangle ABC$ 被 P 点分成三个三角形, $\triangle PBC$, $\triangle PCA$ 和 $\triangle PAB$,它们的面积分别为

$$\frac{1}{2}ax, \quad \frac{1}{2}bx, \quad \frac{1}{2}cx。$$

这三个三角形的面积相加即为原 $\triangle ABC$ 的面积,亦即

$$\frac{1}{2}ax+\frac{1}{2}bx+\frac{1}{2}cx=\frac{1}{2}hx。$$

所以 $a+b+c=h$,此即为维维阿尼定理的结论。

在维维阿尼定理的基础上,已经发现了几个费马问题的解法,有兴趣的读者可以自行深入研究。

 056 欧拉直线

任意三角形的垂心、重心和外接圆的圆心三点共线,并且重心在其他两点之间,使得垂心到重心的距离等于重心到外接圆圆心距离的两倍。

这是欧拉在 1765 年发现并证明的一个平面几何学中的优美定理。在中学的平面几何学里,我们已经知道一个三角形的三条高交于一点,称为该三角形的垂心。同样,一个三角形的三条中线也交于一点,称为该三角形的重心,并且从三角形每个顶点到其重心的距离恰好等于重心到该顶点所对边的中点距离的两倍。欧拉首先发现,对每个三角形而言,其垂心、重心和外接圆的圆心恰好在一条直线上,该直线现在被称为欧拉直线,而且,重心总是在垂心和外接圆的圆心之间,使得从垂心到重心的距离恰好等于从重心到外接圆圆心距离的两倍。

出人意料的是,这个看起来较为复杂的欧拉定理其实有一个非常简单而初等的证明,现介绍如下。

设 A, B, C 为任意一个三角形的三个顶点, M
为边 AB 的中点, S 为该三角形的重心(见图 2)。
则 S 在中线 CM 上, 并且

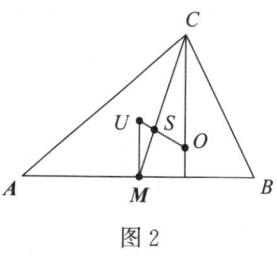

$$SC = 2 \cdot SM。$$

再设 U 为该三角形外接圆的圆心, 因为 $UA = UB$
为外接圆的半径, 故 UM 垂直于 AB。现在, 把线段
US 延长到 SO 使得

图 2

$$SO = 2 \cdot SU,$$

再连接 OC。此时对 $\triangle SCO$ 和 $\triangle SMU$ 而言, 不仅相应的对顶角相等, 而且相应
的边成比例:

$$SC : SM = 2 = SO : SU,$$

所以这两个三角形相似, 从而线段 OC 平行于线段 UM。因为已经证明了 UM
垂直于 AB, 所以 OC 也垂直于 AB, 由此表明点 O 落在了从顶点 C 到对边 AB
所作的高上。注意到点 O 的构作仅仅依赖于三角形的重心 S 和外接圆的圆心
U, 因此同理可证点 O 也在该三角形的其他两条高上, 亦即点 O 恰为该三角形
的垂心。至此完成欧拉定理的证明。

海伦公式

边长为 a, b, c 的三角形的面积等于 $\sqrt{s(s-a)(s-b)(s-c)}$, 其中 s 为该三
角形周长的一半。

海伦公式堪称是平面几何中优美的公式之一。它的最大特点是从三角形
的三个边长可直接计算出该三角形的面积, 而无须借助于三角函数。在古代许
多有关面积的测量问题中, 海伦公式的确发挥了重要作用。需要指出的是, 我
国古代数学家秦九韶也独立地得出了类似的公式, 称为"三斜求积术"。

海伦公式有很多不同的证法, 下面给出一个比较直观的证明。

假设在 $\triangle ABC$ 中, 三个角 A, B, C 对应的三条边长依次为 a, b, c, 从角 A
到对边 BC 做垂线 AD, 设其长度为 h。再令 BD 和 DC 的长度分别为 x 和 y,

则 $a=x+y$。此时,$\triangle ABC$ 划分为两个直角三角形,$\triangle ABD$ 和 $\triangle ADC$,根据直角三角形的勾股定理,可知

$$c^2-x^2=h^2=b^2-y^2,$$

由此得到关于 x 和 y 的两个方程:

$$\begin{cases} x+y=a \\ x^2-y^2=c^2-b^2 \end{cases}$$

注意到 $x-y=(x^2-y^2)/(x+y)=(c^2-b^2)/a$,故可解出

$$x=\frac{a^2-b^2+c^2}{2a}, \quad y=\frac{a^2+b^2-c^2}{2a}。$$

因为 $h=\sqrt{b^2-y^2}$,把 y 的值代入,求出 $\triangle ABC$ 的一条高

$$h=\sqrt{b^2-\frac{(a^2+b^2-c^2)^2}{4a^2}}=\frac{\sqrt{4a^2b^2-(a^2+b^2-c^2)^2}}{2a}。$$

再令 $s=(a+b+c)/2$ 为该三角形的半周长,则所求的面积公式为

$$\begin{aligned} S &=\frac{1}{2}ah \\ &=\frac{1}{2}a\frac{\sqrt{4a^2b^2-(a^2+b^2-c^2)^2}}{2a} \\ &=\frac{\sqrt{4a^2b^2-(a^2+b^2-c^2)^2}}{4} \\ &=\frac{\sqrt{(2ab-a^2-b^2+c^2)(2ab+a^2+b^2-c^2)}}{4} \\ &=\frac{\sqrt{[c^2-(a-b)^2][(a+b)^2-c^2]}}{4} \\ &=\frac{\sqrt{(c+a-b)(c-a+b)(a+b+c)(a+b-c)}}{4} \\ &=\frac{\sqrt{(2s-2b)(2s-2a)2s(2s-2c)}}{4} \\ &=\sqrt{s(s-a)(s-b)(s-c)}。 \end{aligned}$$

至此,完成了海伦公式的证明。

作为海伦公式的一些应用,下面给出两个著名几何问题的解答。

问题 1:周长一定的三角形中,哪种形状的三角形面积最大?

我们用 x,y,z 表示一个三角形的三条边长,用 $2s$ 表示该三角形的周长。

根据海伦公式,该三角形的面积 S 等于

$$S=\sqrt{s(s-x)(s-y)(s-z)},$$

并且 $x+y+z=2s$。于是所求问题转化为:当 $x+y+z=2s$ 为常数时,上述三元函数 $S=S(x,y,z)$ 何时能达到最大值。

在此需要使用在问题 035 中介绍的算术几何不等式,即对任意 n 个正实数 $a_1,a_2,\cdots,a_n$,总成立不等式

$$\frac{a_1+a_2+\cdots+a_n}{n}\geqslant\sqrt[n]{a_1a_2\cdots a_n},$$

并且当且仅当 $a_1=a_2=\cdots=a_n$ 时,等号成立。

现在 $x+y+z=2s$ 为常数,故 $S=\sqrt{s(s-x)(s-y)(s-z)}$ 取最大值等价于三个正实数的乘积 $(s-x)(s-y)(s-z)$ 取最大值。根据上述算术几何不等式,有

$$\sqrt[3]{(s-x)(s-y)(s-z)}\leqslant\frac{(s-x)+(s-y)+(s-z)}{3}=\frac{s}{3},$$

两边求立方得到 $(s-x)(s-y)(s-z)\leqslant\left(\dfrac{s}{3}\right)^3$,并且当且仅当 $s-x=s-y=s-z$ 等号成立,即 $x=y=z$,此时的三角形为等边三角形,相应的面积

$$S=\sqrt{s(s-x)(s-y)(s-z)}=\sqrt{s\left(\frac{s}{3}\right)^3}=\frac{s^2}{3\sqrt{3}}。$$

至此就证明了:在三角形周长给定的条件下,当三角形的三条边全相等(即该三角形为正三角形)时的面积最大。

用同样的方法可以证明:当三角形的周长和一条边确定时,则以这条边为底边的等腰三角形的面积最大。

问题 2:求一个三角形,它的三条边是连续的整数,则面积也是整数。

该问题也被称为海伦问题,相应的三角形也被称为海伦三角形。假设该三角形的三条边长分别为 $x-1,x,x+1$,其中 x 为大于 1 的正整数,则其周长的一半 $s=\dfrac{3x}{2}$。因为

$$s-(x-1)=\frac{x}{2}+1,\quad s-x=\frac{x}{2},\quad s-(x+1)=\frac{x}{2}-1,$$

故从海伦公式得到三角形的面积为

$$S=\sqrt{\frac{3x}{2}\cdot\left(\frac{x}{2}+1\right)\cdot\frac{x}{2}\cdot\left(\frac{x}{2}-1\right)}=x\sqrt{\frac{3}{16}(x^2-4)}。\tag{1}$$

于是海伦问题转化为求正整数 $x>1$，使得上述 S 也是正整数。对等式(1)两边求平方，整理为

$$16S^2=3x^2(x^2-4)。 \tag{2}$$

首先证明 x 一定是偶数。事实上，如果 x 为奇数，则 x^2 和 x^2-4 也都是奇数，从而等式(2)右边为奇数，但左边是偶数，矛盾，故 x 必然是偶数。

令 $x=2y$，代入等式(2)得到

$$S^2=3y^2(y^2-1)，$$

由此不难看出 $3(y^2-1)$ 也是平方数，又可设 $y^2-1=3z^2$，即

$$y^2-3z^2=1。 \tag{3}$$

至此，又把海伦问题进一步转化为求上述不定方程的所有正整数解。

从初等数论可知，形如 $y^2-dz^2=1$（其中 $d>1$ 且没有平方因子）的不定方程称为佩尔方程，它有无穷多组正整数解。对 $d=3$ 时的佩尔方程，其解法可简述如下。首先观察到

$$(y+\sqrt{3}z)(y-\sqrt{3}z)=y^2-3z^2=1，$$

对任意正整数 k，显然也有

$$(y-\sqrt{3}z)^k(y+\sqrt{3}z)^k=1。$$

因此，如果能找到方程(3)中的一组特解 $y=a$ 和 $z=b$，则令

$$y+\sqrt{3}z=(a+\sqrt{3}b)^k，$$

把右边按二项式公式展开后，写成 $y_0+\sqrt{3}z_0$ 的形式，得到 $y=y_0$ 和 $z=z_0$。可以证明这就得到了方程(3)的全部正整数解，但在此不拟给出具体的证明过程。

注意到 $y=2$ 和 $z=1$ 是方程(3)的一组解，按上段说明，对任意正整数 k，令

$$y+\sqrt{3}z=(2+\sqrt{3})^k，$$

从方程(3)可知

$$y-\sqrt{3}z=(y+\sqrt{3})^{-1}=(2+\sqrt{3})^{-k}=(2-\sqrt{3})^k，$$

至此即可求出

$$x=2y=(2+\sqrt{3})^k+(2-\sqrt{3})^k，$$

其中 k 为任意正整数，此时的三角形面积 S 也是正整数。

例如，当 $k=1$ 时，可算出 $x=4$ 以及 $S=6$，相应的海伦三角形的三条边长分别为 $3,4,5$，而面积为 6。显然是熟知的直角三角形。

当 $k=2$ 时，得到 $x=14$ 以及 $S=84$，此时海伦三角形的三条边长分别为

13,14,15,而面积为 84。

当 $k=3$ 时,则 $x=52$ 且 $S=1170$,此时海伦三角形的三条边长分别为 51,52,53,而面积为 1170。

海伦是亚历山大的学者,也是一名优秀的测绘人员。他的生平事迹鲜为人知,确切的生卒年代已不可考,目前只知道他生活在公元前 100—公元 100 年。海伦比较注重数学的实用性,特别热衷研究几何学和力学的各种应用问题,大胆给出了许多近似的计算结果,似乎对数学的思想性和严密性有所忽视。海伦被誉为"古代的机械工程师",他的工作奠定了工程学和土地测量学的科学基础。海伦一生曾写下了大量的著作,可惜大多失传,保存至今的约有 14 本,如《气体力学》《经纬测量仪》《反射光学》《枪炮设计》《测量学》等,其中《测量学》是他的代表作,几百年间一直被人们广为使用。该书分为三卷:第一卷讨论各种图形的面积;第二卷研究各种立体图形的体积;第三卷论述了如何把给定的面积和体积按照给定的比例分成两部分。本节所介绍的海伦公式就出现在他的这本名著里,但有人认为这个有名的海伦公式其实应该归属于阿基米德。

058 托勒密定理

圆内接四边形两组对边乘积的和等于两条对角线的乘积。

托勒密是古希腊著名的天文学家,据传他出生在古埃及的一个希腊化城市里。他博学多才,兴趣十分广泛,对数学、物理学、地理学和天文学都做了系统的研究。托勒密一生著述颇丰,著有《地理学指南》(共八卷)、《光学》(共五卷),而《天文学大成》(共十三卷)是其最具有影响力的巨著。在这本书里,托勒密总结了古希腊的天文学成就,并力图从数学上证明前人提出的"地心说"理论,该理论认为地球是宇宙的中心,太阳和其他行星都围绕着地球而转。这个错误的理论统治欧洲思想界长达一千四百年之久,后来终于被波兰天文学家哥白尼的"日心说"所推翻,从此引起了人类对宇宙认识的革命,也标志着近代自然科学的开始。

假设 $ABCD$ 为任意一个圆内接凸四边形(见图 3),托勒密证明了其两组对

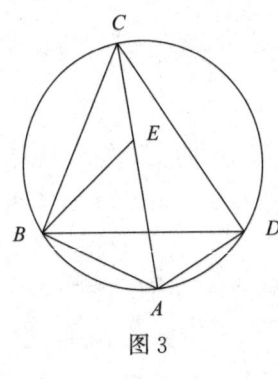

图 3

边乘积的和等于两条对角线的乘积，即

$$AB \cdot CD + AD \cdot BC = AC \cdot BD。$$

这个优美的结论又被称为托勒密定理，将在问题 059 中被用到，这里介绍它的一个证明。

在对角线 AC 上取一点 E，使得 $\angle CBE = \angle ABD$，从而 $\angle ABE = \angle CBD$。因为 $\angle BAC$ 和 $\angle BDC$ 对着同一个圆弧，根据等弦对等角的定理，有 $\angle BAC = \angle BDC$，由此可知 $\triangle ABE$ 和 $\triangle BCD$ 相似。于是

$$\frac{AB}{BD} = \frac{AE}{CD},$$

$$AB \cdot CD = AE \cdot BD。 \tag{1}$$

另外，从 $\angle ABD = \angle CBE$ 以及 $\angle ADB = \angle BCE$（等弦对等角），可知 $\triangle ABD$ 和 $\triangle BCE$ 也相似，从而

$$\frac{AD}{CE} = \frac{BD}{BC},$$

$$AD \cdot BC = EC \cdot BD。 \tag{2}$$

注意到 $AE + EC = AC$，把等式（1）和等式（2）相加，即得

$$AB \cdot CD + AD \cdot BC = AC \cdot BD。$$

至此，就完成了托勒密定理的证明。

 **埃尔多斯定理**

三角形内部或边界上的任意一点到各顶点的距离和大于或等于该点到各边距离和的两倍。

1935 年，著名的匈牙利数学家埃尔多斯提出一个有关平面几何问题的猜想：任意 $\triangle ABC$ 内部或边界上的任意一点 I 到各顶点的距离和大于或等于 I 到各边距离和的两倍。而且他还猜测两倍的情形，当且仅当 $\triangle ABC$ 是等边三角形且 I 为其外接圆的圆心时才出现。

这显然是一个优美的几何问题,但它的证明颇为不易。第一个证明是大数学家莫德尔于 1937 年给出的,所以该问题又称为埃尔多斯-莫德尔定理。因为莫德尔的方法并不初等,所以多年来人们一直想得到一个较为初等的证明。直到 1945 年,才由卡扎利诺夫发表了第一个初等的证明,但尽管如此,人们还是认为他的这个证明技巧性太高,显得很不自然。下面将介绍由阿莱于 1993 年找到的一个更为简洁而自然的埃尔多斯-莫德尔定理证明。

在阿莱的证明中,要用到一个平面几何中著名的定理,即托勒密定理,它是由古希腊天文学家托勒密在公元 100 年前后发现并证明的。托勒密定理断言,任何一个内接于圆的凸四边形,它的两对边的乘积之和等于其对角线的乘积(见问题 058)。另外,阿莱还用到了一个简单的代数结论:设 r 为正实数,则
$$r + r^{-1} \geqslant 2,$$
并且当且仅当 $r = r^{-1}$ 等式成立,亦即 $r = 1$。这一事实从
$$(\sqrt{r} - \sqrt{r^{-1}})^2 \geqslant 0$$
展开后即可得到证明。

有了以上准备,就可以介绍阿莱的证明了。设 I 是任意 $\triangle ABC$ 内部或边界上的任意一点,记三角形各边以及 I 到三角形各顶点的距离分别为
$$a = BC, \quad b = AC, \quad c = AB, \quad a' = IA, \quad b' = IB, \quad c' = IC。$$
再设 I 到各边 BC, CA 和 AB 的距离分别为 a'', b'' 和 c''。令 S 为通过 $\triangle ABC$ 三个顶点的圆,方便起见,假设 S 的直径为 1。现在,设过 A 和 I 的直线交圆 S 于另一点 A',如图 4 所示。对圆内接四边形 $ABA'C$ 应用托勒密定理可知

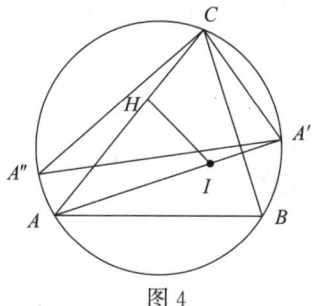

图 4

$$A'C \cdot AB + BA' \cdot AC = AA' \cdot BC。 \quad (1)$$

设 IH 为 $\triangle ABC$ 的高,垂足为 H,再设 A'' 为 A' 关于圆 S 的对径点,即 $A'A''$ 为 S 的直径。因为等弧对等角,故圆周角 $\angle A'AC$ 和 $\angle A'A''C$ 相等,从而两个 $\text{Rt}\triangle AIH$ 和 $\text{Rt}\triangle A''A'C$ 相似。于是有
$$AI \cdot A'C = A'A'' \cdot IH = b''。$$
同理可证 $IA \cdot BA' = c''$。在等式(1)的两边同时乘以 $IA = a'$,并除以 $BC = a$ 后可得
$$b'' \frac{c}{a} + c'' \frac{b}{a} = a' \cdot AA'。$$

对三角形的另外两个顶点 B 和 C 做类似于对 A 的讨论,同理可得到下面两个相应的等式

$$a''\frac{c}{b}+c''\frac{a}{b}=b'\cdot BB'。$$

$$a''\frac{b}{c}+b''\frac{a}{c}=c'\cdot CC'。$$

最后,把所得的三个等式相加即为

$$a'\cdot AA'+b'\cdot BB'+c'\cdot CC'=a''\left(\frac{b}{c}+\frac{c}{b}\right)+b''\left(\frac{c}{a}+\frac{a}{c}\right)+c''\left(\frac{b}{a}+\frac{a}{b}\right)。$$

因为已经规定圆 S 的直径为 1,故 AA',BB' 和 CC' 都不大于 1,从而

$$a'+b'+c'\geqslant a'\cdot AA'+b'\cdot BB'+c'\cdot CC',$$

且当且仅当 AA',BB' 和 CC' 均为直径等式成立,这相当于 I 为外接圆 S 的圆心。另外,根据前述的代数预备不等式,我们有

$$a''\left(\frac{b}{c}+\frac{c}{b}\right)+b''\left(\frac{c}{a}+\frac{a}{c}\right)+c''\left(\frac{b}{a}+\frac{a}{b}\right)\geqslant 2(a''+b''+c''),$$

且当且仅当 $a=b=c$ 等式成立,亦即 $\triangle ABC$ 为正三角形。综上所述,证明了

$$a'+b'+c'\geqslant 2(a''+b''+c''),$$

并且等式成立的充要条件是 $\triangle ABC$ 为正三角形且 I 为其外接圆的圆心,而这正是埃尔多斯-莫德尔定理的内容。

 060 公共点问题

在平面上任意给出至少三个凸集,如果其中的每三个凸集都有公共点,那么这全部的凸集也有公共点。

这是奥地利数学家海莱首先发现和证明的一个重要的组合定理,其实它也是一个覆盖定理,有着非常广泛的应用。

先解释一下相关的概念。所谓一个凸集就是由一些点组成的集合,且包含其中任意两个点连接而成的线段上的每一点。例如,线段就是最简单的凸集;在平面上,正方形内部的点、圆内部的点都是凸集。另外,给定任何一个点集,

称包含它的所有凸集的交为其凸包。不难看出,任意多个凸集的交还是凸集,所以一个点集的凸包是凸集,而且还是包含该点集的最小凸集。

我们对平面上凸集的个数作数学归纳法来证明上述海莱定理。假设 M_1, $M_2, \cdots, M_n (n \geqslant 3)$ 为平面上给定的凸集,使得其中的每三个均有公共点,要证明的是所有这些凸集 M_i 也有一个公共点。当 $n=3$ 时结论显然成立。假定对于凸集个数小于 n 的情形,海莱定理已经成立,下面考虑凸集个数为 n 时的情形。此时,因为 $M_2, M_3, \cdots, M_n$ 中任意三个都有公共点,根据归纳假设可知这 $n-1$ 个凸集也有公共点,设 a_1 为这样的一个公共点。同理,设 a_2, a_3, a_4 分别为下述三组 $n-1$ 个凸集的公共点:

$$M_1, M_3, \cdots, M_n;$$
$$M_1, M_2, M_4, \cdots, M_n;$$
$$M_1, M_2, M_3, M_5, \cdots, M_n。$$

如果 a_1, a_2, a_3, a_4 这四个点中有相同者,比如说 $a_1 = a_3$,则 a_1 显然就是原先 n 个凸集 $M_1, M_2, \cdots, M_n$ 的一个公共点,所证结论成立。故不妨设这四个点两两不同。因为平面上四个不同点的凸包只能是凸四边形、三角形和线段这三种情形,下面就按这三种情形逐一讨论:

(1) a_1, a_2, a_3, a_4 的凸包为一个凸四边形:不妨设 a_1 和 a_3 为相对的顶点,此时设对角线 $a_1 a_3$ 和 $a_2 a_4$ 相交于点 b。因为 a_1, a_3 都在凸集 M_2 和 M_4 中,故它们连线中的点 b 也在 M_2 与 M_4 中。同理,b 也在 M_1 和 M_3 中。这说明 b 就是原先 n 个凸集的一个公共点。

(2) a_1, a_2, a_3, a_4 的凸包为一个三角形:不妨设 a_1, a_2, a_3 为该三角形的顶点,由于它们都在凸集 M_4 里,故此三角形整个包含在 M_4 中,从而 a_4 也在 M_4 里,表明 a_4 就是所求 n 个凸集的一个公共点。

(3) a_1, a_2, a_3, a_4 的凸包为一个线段:不妨设 a_1, a_2 为该线段的两个端点,此时 a_3, a_4 都在该线段上。注意到 a_1, a_2 都含于凸集 M_3,故它们组成的线段也包含在 M_3 中。所以 a_3 在 M_3 内,表明 a_3 就是原先 n 个凸集的一个公共点。

所以,无论是哪种情形都存在所需的公共点,至此就完成了海莱定理的证明。

另外,海莱定理在三维空间也成立,即对于空间中多于四个的凸集,如果其中的每四个凸集都有公共点,则这全部的凸集也有公共点。其证法与海莱定理的上述证明完全类似,有兴趣的读者可自行补足。

061 平面和空间的最大分割数

一个平面最多可以被 n 条直线分割成多少份？类似地，n 个平面最多可以把空间分割成多少份？

这个有趣的问题是由德国著名的几何学家施泰纳首先提出并解决的。

首先，看平面情形。一条直线把平面分成两部分；对平面中的两条直线而言，当它们交于一点时把平面分成四部分，而当它们平行或重合时则分别把平面分成三部分或两部分。所以，在研究 n 条直线分割平面时，只有当它们处于最一般的位置时才能取得最大的分割数。这里的最一般位置是指任何两条直线都不平行（包含重合），而且任何三条直线都不会交于一点。现在，记如此的 n 条直线把平面分割成 p_n 份，为了计算这个 p_n，先设法获得它的递推公式。

假设平面已经被 $n-1$ 条处于一般位置的直线分割成 p_{n-1} 份，接着又添加第 n 条直线使得所有的 n 条直线仍然处于一般位置。此时新增加了 $n-1$ 个交点，而且这条新添加的直线恰好穿过原来的 p_{n-1} 部分中的 n 个部分平面，并把它们的每一个都一分为二。所以这第 n 条直线的添加使得原来部分平面的份数增加了 n 个，这样就得到了一个递推关系式：

$$p_n = p_{n-1} + n。$$

依次令 $n=1,2,3,\cdots,n$，注意到 $p_0=1$，把所得到的 n 个式子相加即为

$$p_n = 1 + (1+2+3+\cdots+n)$$
$$= 1 + n(n+1)/2$$
$$= (n^2+n+2)/2。$$

因此，得到的结论是：一个平面最多可被 n 条直线分割成 $(n^2+n+2)/2$ 份。

其次，考虑空间情形。为了把空间分割成最大的份数，同样需要所给的 n 个平面处于一般位置，亦即没有三个以上的平面交于一点，而且任何两个平面的交线均不平行。记如此的 n 个平面把空间分割的份数为 c_n。同样，为了求出 c_n，也先来研究它的递推公式。

假设空间已经被 $n-1$ 个处于一般位置的平面分割成 c_{n-1} 份，接着再添加第 n 个平面使得所有的 n 个平面仍然处于一般位置。此时，新增加的平面和原先的平面产生了 $n-1$ 条交线，并且这新增加的 $n-1$ 条交线也处于一般位置，

即任何两条交线都不平行且没有三条交线通过同一个点。因此,新添加的这个平面就被这 $n-1$ 条交线分割成了 p_{n-1} 份,并且这 p_{n-1} 份平面部分都把它所在的原空间部分相应地分割成了两份。所以,这第 n 个平面的添加使得原来空间部分的份数增加了 p_{n-1} 个,于是就得到了相应的递推关系式:

$$c_n = c_{n-1} + p_{n-1}。$$

依次令 $n = 1, 2, 3, \cdots, n$,注意到 $c_0 = p_0 = 1$,把所得到的 n 个式子相加即为

$$c_n = 2 + (p_1 + p_2 + \cdots + p_{n-1})$$
$$= 2 + \sum_{k=1}^{n-1} (k^2 + k + 2)/2。$$

根据正整数的方幂求和公式,有

$$\sum_{k=1}^{n-1} k = n(n-1)/2, \quad \sum_{k=1}^{n-1} k^2 = n(n-1)(2n-1)/6。$$

代入上述 c_n 的求解公式即得

$$c_n = 2 + n(n-1)(2n-1)/12 + n(n-1)/4 + (n-1)$$
$$= (n^3 + 5n + 6)/6。$$

所以,一个空间最多可被 n 个平面分割成 $(n^3 + 5n + 6)/6$ 份。

062 正方棱锥问题

用炮弹砌成一个正方棱锥,只有当它的底边恰有 24 颗炮弹时,整个锥体所含的炮弹总数才会是一个平方数。

这是 1875 年法国数学家卢卡斯提出的一个问题。设此正方棱锥的底边所含的炮弹数为 x,则整个锥体所含的炮弹总数为

$$1^2 + 2^2 + \cdots + x^2 = x(x+1)(2x+1)/6。$$

如果要求炮弹总数为一个平方数,比如说为 y^2,则卢卡斯问题相当于证明下述不定方程

$$x(x+1)(2x+1) = 6y^2$$

的正整数解只有 $x = 24$ 以及 $y = 70$。

这个问题貌似简单,实际上非常难解。只能简单地介绍一下卢卡斯问题的相关背景以及最近才获得的较为初等的解法。1876 年,勃朗克首先给出了卢卡斯问题的一个证明,虽然不严格,但却为以后的正确解法提供了一个好的思路,特别是他把问题区分成 x 为偶数以及 x 为奇数这两种本质上不同的情形。接着,到了 1877 年,卢卡斯在发现了勃朗克证明中的一个漏洞后,也提出了自己的一个证明,但可惜的是卢卡斯的证明同样也包含了一个致命的错误。事实上,卢卡斯仅仅解决了当 x 为偶数时的情形,而对 x 为奇数时并没有得到严格的证明。卢卡斯问题的第一个严格证明是瓦特森于 1918 年作出的,其中用到了椭圆函数理论,它无论如何不能被认为是一个简单的证明。从此,人们开始寻求卢卡斯问题的初等解法,但直到 1985 年才由中国学者马德刚得到了一个大学水平的证明。随后,通过改进麻的思想,安格林终于发现了一个非常简单的证明。在他的证明中只用到初等数论,最多涉及一点二次互反律。虽然安格林的这个证明就技术而言确实是简单明了,但要完整地叙述出来仍然需要四五页的篇幅。

一个引人深思的问题是,这个卢卡斯问题能否找到一个简短且初等的证明呢?

063 欧拉平面网络公式

在任意一个平面网络中,成立公式 $V-E+R=1$,其中 V 为网络中的顶点数,E 为网络中的边数,R 为网络中由一些边围起的区域个数。该公式称为欧拉平面网络公式。

所谓平面网络,是指有限个点(称为顶点)以及连接顶点的有限条线段或弧线(称为边或棱)构成的平面图形,满足三个要求:每条边只能连接两个不同的顶点;任意两条边或者不相交,或者相交于唯一的顶点;任意两个顶点可通过若干条边相连接。

观察下面三种平面网络图,并计算相应的顶点数 V,边数 E 和区域数 R。

在图 5a 中,顶点数 $V=2$,边数 $E=4$,区域数 $R=3$,符合公式 $V-E+R=1$。

在图 5b 中,顶点数 $V=6$,边数 $E=6$,区域数 $R=1$,符合公式 $V-E+R=1$。

在图 5c 中,顶点数 $V=6$,边数 $E=10$,区域数 $R=5$,符合公式 $V-E+R=1$。

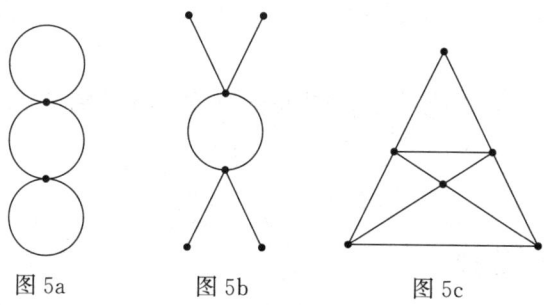

图 5a   图 5b   图 5c

现在介绍欧拉对这个网络公式的证明思路,分几步完成:

(1) 先考虑只有一个点,但没有边和区域的图。此时顶点数 $V=1$,边数 $E=0$,区域数 $R=0$,显然欧拉网络公式 $V-E+R=1$ 成立。

(2) 在这个仅由单个点构成的网络中,增加一条闭曲线得到图 6a。此时顶点数 $V=1$,边数 $E=1$,区域数 $R=1$。因为顶点数没有变,但边数和区域数分别增加了 1,故 $V-E+R$ 的值不变,即欧拉网络公式仍然成立。

(3) 在图 6a 的基础上,再增加一个点得到图 6b。此时顶点数 $V=2$,边数 $E=2$,区域数 $R=1$。由于顶点数和边数分别增加了 1,区域数没有变,故 $V-E+R$ 的值也不变,表明欧拉网络公式仍成立。

(4) 在图 6b 的基础上,再增加一个点和一条边,得到图 6c。此时顶点数 $V=3$,边数 $E=3$,区域数 $R=1$。因为顶点数和边数分别增加了 1,但区域数没有变,故 $V-E+R$ 的值也不变,表明欧拉网络公式仍然成立。

(5) 继续按上述方式,不断地增加点、闭曲线或边,即可得到任意一个平面网络图形。在这个过程中由于 $V-E+R$ 的值始终保持不变,即 $V-E+R=1$ 总成立,故欧拉网络公式得以证明。

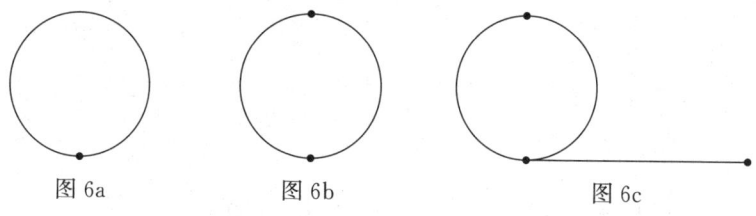

图 6a   图 6b   图 6c

上述证明思路还可反过来考虑。对于一个给定的平面网络图形,可采取相反的步骤,不断去掉点、闭曲线和边,直到最后剩下一个点。在这个过程中,不难看出 $V-E+R$ 的值不会改变。因为对一个点的图形,从(1)可知欧拉网络公式成立,故对任意一个平面网络图形,都有 $V-E+R=1$。这就给出欧拉平面网络公式的又一个证明。

在问题 064 中,将给出欧拉平面网络公式的一个重要应用。

064 正多面体

正多面体只有五种:正四面体、正六面体、正八面体、正十二面体、正二十面体。

多面体指的是由有限个多边形围成的一个立体。如果一个多面体,构成它的所有多边形都全等,而且所有顶点处的角都相等,那么这种多面体就称为正多面体。柏拉图在公元前 400 年前后首先发现了这五种正多面体,因此正多面体也称为柏拉图多面体。

虽然多面体有无穷多种,但正多面体却很少,仅有下述五种。

(1) 正四面体:由四个全等的正三角形构成(见图 7a)。

(2) 正六面体:即通常的正方体,由六个正方形构成(见图 7b)。

(3) 正八面体:由八个全等的正三角形构成,上下各四个(见图 7c)。

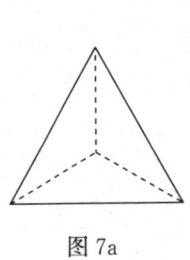
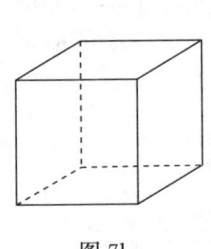
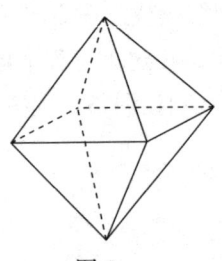

图 7a   图 7b   图 7c

(4) 正十二面体:由十二个全等的正五边形构成(见图 7d)。

(5) 正二十面体:由二十个全等的正三角形构成(见图 7e)。

观察这些正多面体,并计算相应的顶点数 V,边数 E,面数 F(即构成该多

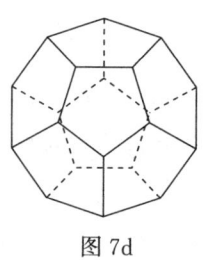 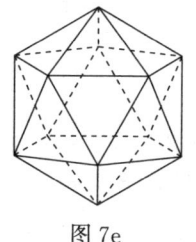

图 7d   图 7e

面体的多边形个数),则不难验证下述公式总成立:

$$V-E+F=2。$$

这其实就是欧拉多面体公式,但并不限于正多面体,而是对更为一般的简单多面体(如凸多面体)也成立。在此不拟给出简单多面体的严格定义,读者可以把这种多面体想象成使用某种柔软的材质做成的,通过拉伸和慰平可连续变形为一个球面的多面体。

利用欧拉平面网络公式(见问题 063),可以给出欧拉多面体公式的证明。简单起见,只考虑凸多面体,对简单多面体的证明是类似的。把凸多面体看成是空心的,其表面是橡皮做的,可根据需要进行伸缩变形。现在把该多面体的一个面割去,再把剩下的部分在平面上铺平,这样就得到一个平面网络图形。不难看出,这个平面网络图形的顶点就是多面体的顶点,个数都是 V;边还是多面体的边,个数也都是 E;区域都是多面体的面,但区域数 R 比多面体的面数 F 少一个,即 $R=F-1$。应用欧拉平面网络公式 $V-E+R=1$,得到 $V-E+F=2$,这就证明了欧拉多面体公式。

使用欧拉多面体公式,就能证明正多面体只有上述五种。给定一个正多面体,假设有 V 个顶点,E 条边,F 个面,并且每个面是一个正 n 边形,每个顶点处有 k 条边。由于每个边属于两个面,所以 $nF=2E$,故有

$$F=\frac{2E}{n}。 \tag{1}$$

又因为每条边有两个顶点,所以 $kV=2E$,又有

$$V=\frac{2E}{k}。 \tag{2}$$

根据欧拉多面体公式 $V-E+F=2$,把公式(1)和公式(2)代入后得到

$$\frac{2E}{k}-E+\frac{2E}{n}=2,$$

在等式两边同时除以 $2E$,移项后可得

$$\frac{1}{k}+\frac{1}{n}=\frac{1}{E}+\frac{1}{2}。 \tag{3}$$

因为多边形至少有三个边,故 $n\geqslant 3$;而多面体的每个角处至少有三条边,即 $k\geqslant 3$。如果 n 和 k 同时大于 3,则

$$\frac{1}{k}+\frac{1}{n}\leqslant\frac{1}{4}+\frac{1}{4}=\frac{1}{2},$$

与等式(3)矛盾,只有 $n=3$ 或 $k=3$。下面分两种情形讨论。

情形 1:$n=3$。此时等式(3)变为

$$\frac{1}{k}-\frac{1}{6}=\frac{1}{E}>0, \tag{4}$$

故 $k<6$。已知 $k\geqslant 3$,只有 $k=3,4,5$。

当 $k=3$ 时,由公式(4)得 $E=6$,连同 $n=3$,代入公式(1)得 $F=4$。此时多面体恰为正四面体,每个面都是正三角形。

当 $k=4$ 时,由公式(4)得 $E=12$,连同 $n=3$,代入公式(1)得 $F=8$。此时多面体是正八面体,每个面都是正三角形。

当 $k=5$ 时,由公式(4)得 $E=30$,连同 $n=3$,代入公式(1)得 $F=20$。此时多面体为正二十面体,每个面都是正三角形。

情形 2:$k=3$。此时等式(3)变为

$$\frac{1}{n}-\frac{1}{6}=\frac{1}{E}>0, \tag{5}$$

只有 $n<6$。但 $n\geqslant 3$,故 $n=3,4,5$。

当 $n=3$ 时,由公式(5)得 $E=6$。代入公式(1)得 $F=4$。此时多面体仍为正四面体。

当 $n=4$ 时,由公式(5)得 $E=12$,代入公式(1)得 $F=6$。此时多面体是正六面体,每个面是正四边形。

当 $n=5$ 时,由公式(5)得 $E=30$,代入公式(1)得 $F=12$。此时多面体为正十二面体,每个面是正五边形。

至此就证明了正多面体只有五种:正四面体、正六面体、正八面体、正十二面体、正二十面体。

065 立方倍积问题

使用尺规作一个立方体,使其体积等于已知立方体体积的 2 倍。

立方倍积问题(也称倍立方问题),与三等分任意角问题,化圆为方问题,称为古希腊三大著名的几何问题,它们均属于尺规作图不可能问题,但这里的直尺没有刻度。

这三个尺规作图问题,最早出现在公元前 5 世纪前后,其中化圆为方问题可能还要更早些。它们看似比较初等,属于平面几何中的简单范畴,但其解决难度却超乎人们想象。两千多年来许多著名数学家对这三个作图问题都做了深入研究,极大地推动了希腊几何学的发展,直到 19 世纪这些问题才最终得以彻底解决。

立方倍积问题的背景和来源,有可能是古希腊学者们在推广平方倍积问题时提出的。平方倍积问题是:求作一正方形,其面积等于一个给定正方形面积的两倍。这是一个简单的尺规作图问题,因为以给定正方形的一条对角线为边的正方形即为所求。平方倍积问题解决以后,人们自然会想到立方倍积问题。当然,立方倍积问题也可能源于建筑工程的实际需要,来自生产实践。另外,由于古希腊科技发展的局限性,使得立方倍积问题被蒙上了迷信色彩。据说,在一次瘟疫蔓延时,古希腊人得到神谕,要求把立方体的祭坛扩大一倍,这样才能结束瘟疫。总之,立方倍积问题的确切起源,现已难以考证。

现在考虑立方倍积问题。设给定的立方体的边长为 a,所求立方体的边长为 x,按要求得到 $x^3 = 2a^3$,故 $x = a\sqrt[3]{2}$。于是该问题就成为:已知线段 a,使用尺规求作线段 $\sqrt[3]{2}a$。通常可把已知线段的长看作一个单位,即 $a = 1$,此时立方倍积问题变为:使用尺规作出长为 $\sqrt[3]{2}$ 的线段。

事实上,仅用尺规是无法作出上述线段的,即立方倍积问题的尺规作图是不可能的。但如果去掉尺规的限制,古希腊人已经给出了多种解法,如阿契塔(约公元前 400 年)、欧多克斯(约公元前 370 年)、阿基米德(约公元前 287 年)、埃拉托色尼(约公元前 230 年)、丢克莱斯(约公元前 180 年)。近代学者如圣文森特(1647 年)和笛卡儿(1637 年)等,也都给出了解答。

笛卡儿关于立方倍积问题的解答,是假定了抛物线可作图。首先在平面上作抛物线 $y=x^2$,再作圆 $x^2+y^2=y+2x$,则交点的横坐标 $x=\sqrt[3]{2}$,这样就作出了长为 $\sqrt[3]{2}$ 线段。当然,笛卡儿这个解答依赖于他创立的解析几何理论,即用代数方法研究几何问题。

按现代数学的观点,可重新阐述尺规作图问题。古希腊关于尺规作图的具体规定,在欧几里得《几何原本》中是通过下述三个公设给出的:

(1) 过任意两点可作一条直线;

(2) 任意有限长的线段可顺着延长;

(3) 从已知点及固定距离可作一个圆。

从这三个公设可知,使用尺规是可以作出任意一条线段和圆,从而也能作出线段和圆的交点。方便起见,如果用尺规能作出一个长度为 a 的线段,就说这个数 a 可尺规作出。显然,所有的有理数都可尺规作出。不难看出,给定长为 a 和长为 b 的线段,则可用直尺和圆规作出长为 $a+b$,$a-b$,ab 和 a/b 的线段。换句话说,如果两个实数 a 和 b 均可尺规作出,则 $a+b$,$a-b$,ab 和 a/b 也都可尺规作出。按问题 051 所给出的数域的定义,可知所有可尺规作出的实数也构成一个数域。

注意到直线和圆的交点也可尺规作出。设直线方程和圆的方程分别为 $y=ax+b$ 和 $(x-x_0)^2+(y-y_0)^2=r^2$,因为直线和圆的交点是联立这两个方程得到的解,将直线方程代入到圆的方程后,得到一个关于 x 的一元二次方程。所以当直线与圆相交时,这个一元二次方程在实数域范围内有解,它的解 x 要么是有理数,要么是包含平方根的无理数。由此推出,这类数也都是可尺规作出的。

至此就证明了:所有可尺规作出的实数,经过有限次的加减乘除四则运算,连同有限次的开平方运算,最终得到的数仍然是可尺规作出的。换句话说,一个实数 a 可尺规作出,当且仅当 a 可以从有理数出发,经过上述有限次的四则运算及开平方根得到。按现代术语,这相当于说一个数可尺规作出当且仅当它是一个有理系数多项式的根,这个有理系数多项式在有理数域上是不可约的(即在有理数域上不能因式分解),并且其次数必须是 2 的幂。

按现代观点,立方倍积问题是否有解,就等价于说 $\sqrt[3]{2}$ 是否可尺规作出。由于 $\sqrt[3]{2}$ 是多项式 x^3-2 的一个根,这个多项式在有理数域上显然是不能因式分解的,其次数为 3,不是 2 的幂,故 $\sqrt[3]{2}$ 不能尺规作出。这样就证明了立方倍积问题的尺规作图是不存在的。

066 化圆为方问题

用尺规作一个正方形,使得其面积等于给定圆的面积。

正如在问题 065 中提及的,化圆为方问题,立方倍积问题,三等分任意角问题,是古希腊三个著名的尺规作图问题。

假设给定圆的半径为 r,则面积为 πr^2;再设所求正方形的边长为 x,则面积为 x^2。按作图要求,有 $x^2 = \pi r^2$,故 $x = \sqrt{\pi} r$。不失一般性,可把给定圆的半径视为单位长度,即令 $r = 1$,此时 $x = \sqrt{\pi}$。于是化圆为方问题,就转化为用尺规作出长为 $\sqrt{\pi}$ 的线段。

根据问题 065 中的讨论,化圆为方问题是否有解,等价于 $\sqrt{\pi}$ 是否可尺规作出;进而,该问题又等价于 $\sqrt{\pi}$ 是否为有理数域上次数为 2 的方幂的不可约多项式的根。在数学上,一个复数如果是某个正次数有理系数多项式的根,则称为代数数,否则称为超越数(见问题 087)。按此说法,如果 $\sqrt{\pi}$ 可尺规作出,则必然是某个有理系数的多项式的根,从而是代数数。关于代数数有一个基本结论,在此不拟给出证明,即任意两个代数数的和差积商(做除法时要求分母不为零)还是代数数,这相当于说全体代数数构成一个数域。因此,如果 $\sqrt{\pi}$ 为代数数,那么 $\pi = \sqrt{\pi}\sqrt{\pi}$ 也是代数数。但人们早就猜测 π 不大可能是代数数,即 π 应该是超越数。如果真如此的话,那仅用尺规是不可能化圆为方的。

在数学史上,关于圆周率 π 的计算和探究,几千年来一直是人们喜爱和关注的问题。法国数学家厄米特在 1873 年证明了 e 是超越数(见问题 087),德国数学家林德曼使用厄米特的方法,终于在 1882 年证明了 π 也是超越数(见问题 029),至此就否定地解决了化圆为方问题。

关于化圆为方问题,类似立方倍积问题,古希腊学者也研究过去掉尺规的限制,改用其他方法作图。例如,西皮阿斯(约公元前 425 年)发明了割圆曲线(见问题 074),使用这种特殊曲线,既能化圆为方,又能三等分任意角;阿基米德(约公元前 287 年)发明了阿基米德螺线(见问题 072),使用这种螺线同样能解决化圆为方问题。

067 三等分任意角问题

使用直尺和圆规,把任意给定的一个角三等分。

如前所述,三等分任意角也是古希腊三个著名的几何作图问题之一,其答案仍然是: 仅用尺规是不可能完成的。

三等分任意角的问题,是古希腊学者在公元前 5 世纪前后提出的。当时的数学家已经掌握了二等分任意角的方法,正如现在初中几何课本所讲的那样: 以给定角的顶点为圆心,用适当的半径作弧,和这个角的两条边相交于两个点,再分别以这两个交点为圆心,用适当的长画相同半径两条弧,则这两条弧的交点与角顶点的连线,就是这个角的平分线,如此就把这个角二等分了。既然二等分一个任意角这么简单,人们就会很自然地考虑如何把一个任意角三等分。当然,按古希腊学者的惯例,几何作图仅限于使用直尺和圆规,并且直尺是没有刻度的。事实上,这个作图难题困扰了数学家两千多年,直到 19 世纪才被严格证明: 只用尺规是不可能三等分任意角的。

现在讨论什么样的角可以用尺规作图三等分。给定一个可用尺规三等分的角,假设度数为 3θ,则 $\cos\theta$ 也可用尺规作出。由三角函数的三倍角公式 $\cos 3\theta = 4(\cos\theta)^3 - 3\cos\theta$ 得到

$$2\cos 3\theta = 8(\cos\theta)^3 - 6\cos\theta = (2\cos\theta)^3 - 3 \cdot 2\cos\theta.$$

令 $x_0 = 2\cos\theta$ 和 $a = 2\cos 3\theta$,则上式变为 $a = x_0^3 - 3x_0$,即

$$x_0^3 - 3x_0 - a = 0,$$

表明 x_0 是多项式 $p(x) = x^3 - 3x - a$ 的一个根。

因为 $\cos\theta$ 已假定可用尺规作出,故 x_0 亦如此。根据问题 065 中的讨论,则 x_0 必须是有理数域上某个次数为 2 的幂的不可约多项式的根。现在 x_0 为 3 次多项式 $p(x) = x^3 - 3x - a$ 的根,说明 $p(x) = x^3 - 3x - a$ 必然是有理数域上的可约多项式,即 $p(x)$ 在有理数域上可因式分解,故 $p(x) = x^3 - 3x - a$ 有一个有理根,至此就得到了一个角可用尺规三等分的必要条件: 即多项式 $p(x) = x^3 - 3x - 2\cos 3\theta$ 存在有理根,其中 3θ 是这个角的度数。特别地,如果多项式 $p(x)$ 没有有理根,就说明这个角是不能仅用尺规三等分的。

考虑 $3\theta = 60°$ 的一个角。此时 $a = 2\cos 3\theta = 2\cos 60° = 1$,相应多项式

$p(x)=x^3-3x-1$。现在证明这个多项式无有理根。如若不然,设 m/n 为 $p(x)=x^3-3x-1$ 的有理根,其中 m 和 n 为互素的整数且 $n\geqslant 1$,则 $(m/n)^3-3(m/n)-1=0$,即

$$m^3=n^2(3m+n)。$$

由此推出 n^2 整除 m^3,但这两个数也互素,只有 $n=1$。此时有 $m^3=3m+1$,又推出 m 整除 1,只有 $m=\pm 1$,但这是不可能的。这就证明了多项式 $p(x)=x^3-3x-1$ 没有有理根,从而 $60°$ 的角不能仅用直尺和圆规三等分。

当然,有些特殊的角是可以用尺规三等分的。假设一个实数 a 满足 $-2\leqslant a\leqslant 2$,并且多项式

$$p(x)=x^3-3x-a$$

的根是有理数或包含平方根的无理数,这样的根是可以尺规作出的。令 $a=2\cos 3\theta$,则可求出 θ 的值;再令 $x_0=2\cos\theta$,按上述推导,则 x_0 为 $p(x)$ 的一个根,故可用尺规作出。此时 $\cos\theta$ 也可尺规作出,从而作出度数为 θ 的角,这就等于三等分度数为 3θ 的角了。

例如,令 $a=0$,这是最简单的情形,则 $p(x)=x^3-3x$,三个根是有理数 0,无理数 $\sqrt{3}$ 和 $-\sqrt{3}$。这三个数都是可用尺规作出的。从 $2\cos 3\theta=a=0$ 求出 $3\theta=90°$,表明 $90°$ 的角是可用尺规三等分的。

与立方倍积问题和化圆为方问题一样,古希腊学者也研究过使用其他方法三等分一个任意角,如割圆曲线、尼科梅德斯蚌线、阿基米德螺线和阿基米德的活动转杆装置等方法。此外,还有后来的帕普斯(约公元 300 年)采用二次曲线的解法等。在此就不详细介绍了。

068 正十七边形作图问题

仅用直尺和圆规作正十七边形。

从 1796 年起,19 岁的高斯就对正多边形的作图问题产生了兴趣,并给出了正 17 边形可以用尺规作图的第一个证明。这是高斯一生中特别引以为自豪的成就,以至于在他去世后,哥廷根大学专门为他建造了一个以正 17 边形为底座

的塑像。另外,这件事对整个数学史也许有着特殊的意义,因为当时的高斯对数学和文学同样热爱,并都已经显示出极高的天赋和造诣,为此他对将来献身于哪门学科而犹豫不决。高斯深信,如果选择了数学,那他就会成为阿基米德;如果选择了文学,那他就会成为伟大的歌德。使整个数学界感到幸运的是,恰好就在这一时期高斯发现了正 17 边形的作图法,从而解决了古希腊以来几何学中的这一超级难题。高斯为此又惊又喜,遂决定终身研究数学。

关于这一问题的数学背景,高斯在其 24 岁时出版的划时代巨著《算术研究》一书中写道:"圆的三等分和五等分的方法,在欧几里得时代就已经发现了。令人惊奇的是,在其后的两千年中,这些发现竟然没有取得任何新的进展;而几何学家们也竟然坚信不疑地认为,除上述两种情形以及由此派生的其他一些情形外,正多边形都不能用圆规和直尺作出。"

事实上,高斯的成功首先在于他把正 17 边形尺规作图这样的几何问题转化为求解一个 17 次方程的根这样的代数问题。换句话说,为了用尺规作出正 p 边形,亦即为了仅用直尺和圆规把圆周作 p 等分,人们必须求出相应的分圆方程

$$x^{p-1}+x^{p-2}+\cdots+x+1=0$$

的全部根,而且当且仅当这些根能用一些平方根表示时,它们在平面上才能用尺规作出。

下面叙述高斯的作图思想。

假设 p 是一个形如 2^n+1 的素数,则分圆方程

$$x^{p-1}+x^{p-2}+\cdots+x+1=0$$

的根为 $\varepsilon,\varepsilon^2,\cdots,\varepsilon^{p-1}$,其中 $\varepsilon=e^{2\pi\sqrt{-1}/p}$ 为 p 次本原单位根。

根据原根问题(问题 017)中的结论,知道每个素数都有原根,设 m 是 p 的一个原根。则

$$m,m^2,m^3,\cdots,m^{p-1}=1$$

除以 p 的余数两两不同,恰为 $1,2,3,\cdots,p-1$ 的一个排列。另外,把分圆方程的 $p-1=2^n$ 个单位根统一编号为

$$z_j=\varepsilon^{m^j},\quad 0\leqslant j\leqslant p-2。$$

为了把分圆方程的根用一些平方根式表示出来,高斯的卓越思想是把该分圆方程分解成一系列二次方程组来递推求解,其中充分利用了素数 $p=2^n+1$ 的特点。下面仅阐述高斯的求解步骤,而略去相关的证明过程。

第一步,把分圆方程的 $p-1$ 个根分成 2 组分别相加,使得同一组内的每个成员是前一个成员的 m^2 次幂,在 z_j 下标上的反映是依次增加 2:

$$a = z_0 + z_2 + \cdots + z_{p-3},$$
$$a' = z_1 + z_3 + \cdots + z_{p-2}.$$

不难验证 a, a' 是某个二次方程 $f(x) = 0$ 的根。事实上,从韦达定理可知所有根的和 $a + a' = -1$,另外可证 $aa' = (1-p)/4$,表明 a 和 a' 是二次方程 $f(x) = x^2 + x + (1-p)/4 = 0$ 的两个根,故 a 和 a' 均可用平方根表示。

第二步,把分圆方程的根分成 4 组分别相加,使得同一组内的每个成员是前一个成员的 m^4 次幂,在 z_j 下标上的表现为依次增加 4:

$$b = z_0 + z_4 + z_8 + \cdots,$$
$$c = z_1 + z_5 + z_9 + \cdots,$$
$$b' = z_2 + z_6 + z_{10} + \cdots,$$
$$c' = z_3 + z_7 + z_{11} + \cdots.$$

同样可证 b, b' 和 c, c' 分别是某个二次方程 $g_1(x) = 0$ 和 $g_2(x) = 0$ 的根,并且 $g_1(x)$ 和 $g_2(x)$ 的系数可由前一个方程 $f(x)$ 的根来确定。因此 b, b', c, c' 也都能用平方根来表示。

第三步,把分圆方程的根再分成 8 组分别相加,使得同一组内的每个成员是前一个成员的 m^8 次幂,在 z_j 的下标上表现为依次增加 8。把所得到的 8 个根的和式适当地两两配对后,可依次作为 4 个二次方程的根,并且这 4 个方程的系数可由前一组的 2 个方程 $g_1(x)$ 和 $g_2(x)$ 的根来确定。同样可知,这 8 个根的和式也都能用一些平方根来表示。

总之,不断地重复上述分组过程,最后就得到了 n 组二次方程。第一组有一个二次方程,第二组有两个,第三组有四个,以此类推。最后一组有 2^{n-1} 个二次方程,此时对应了分圆方程根的 $2^n = p-1$ 个分组,亦即每个分组仅仅包含一个单位根。因为二次方程总有根式解,而每组二次方程的系数均由前一组二次方程的根来确定,所以通过不断地向前递推,即可把最后一组内的每个 p 次单位根用一些平方根表达出来。

作为例子,来考虑 $p = 17 = 2^4 + 1$ 的情形。将按照上述说明把分圆方程

$$x^{16} + x^{15} + \cdots + x + 1 = 0$$

的 16 个单位根设法用一些平方根式表达出来。

不难验证 $m = 3$ 为 $p = 17$ 的一个原根,并且用 17 除以 3 的每个幂 $3^1, 3^2, 3^3, \cdots, 3^{16}$ 所得的余数依次为

$$3, 9, 10, 13, 5, 15, 11, 16, 14, 8, 7, 4, 12, 2, 6, 1.$$

令 $\varepsilon = e^{2\pi\sqrt{-1}/17}$ 为 17 次本原单位根,根据编号 $z_j = \varepsilon^{3^j}$ 可知所求的 16 个单

位根分别为

$$z_0=\varepsilon, \quad z_1=\varepsilon^3, \quad z_2=\varepsilon^9, \quad z_3=\varepsilon^{10}, \quad z_4=\varepsilon^{13},$$

$$z_5=\varepsilon^5, \quad z_6=\varepsilon^{15}, \quad z_7=\varepsilon^{11}, \quad z_8=\varepsilon^{16}, \quad z_9=\varepsilon^{14},$$

$$z_{10}=\varepsilon^8, \quad z_{11}=\varepsilon^7, \quad z_{12}=\varepsilon^4, \quad z_{13}=\varepsilon^{12}, \quad z_{14}=\varepsilon^2, \quad z_{15}=\varepsilon^6.$$

下面通过分组来逐一求解出现的二次方程序列。首先,按照上述第一步的说明,把这 16 个根分成两组分别求和,使得同一组内 z_j 的下标依次增加 2,即令

$$a=z_0+z_2+z_4+z_6+z_8+z_{10}+z_{12}+z_{14}$$
$$=\varepsilon+\varepsilon^9+\varepsilon^{13}+\varepsilon^{15}+\varepsilon^{16}+\varepsilon^8+\varepsilon^4+\varepsilon^2,$$
$$a'=z_1+z_3+z_5+z_7+z_9+z_{11}+z_{13}+z_{15}$$
$$=\varepsilon^3+\varepsilon^{10}+\varepsilon^5+\varepsilon^{11}+\varepsilon^{14}+\varepsilon^7+\varepsilon^{12}+\varepsilon^6.$$

由方程根和系数的关系可知所有根的和 $a+a'=-1$,再直接计算得到

$$aa'=4(\varepsilon+\varepsilon^2+\varepsilon^3+\cdots+\varepsilon^{16})=-4.$$

根据韦达定理,此时 a 和 a' 恰为二次方程

$$x^2+x-4=0$$

的两个根。通过比较复数的实部可知,a 的实部大于 a' 的实部,因此解出

$$a=(-1+\sqrt{17})/2, \quad a'=(-1-\sqrt{17})/2.$$

其次,按照上述第二步的说明,把 16 个根分成四组分别求和,使得同一组内的下标依次增加 4,即令

$$b=z_0+z_4+z_8+z_{12}=\varepsilon+\varepsilon^{13}+\varepsilon^{16}+\varepsilon^4,$$
$$c=z_1+z_5+z_9+z_{13}=\varepsilon^3+\varepsilon^5+\varepsilon^{14}+\varepsilon^{12},$$
$$b'=z_2+z_6+z_{10}+z_{14}=\varepsilon^9+\varepsilon^{15}+\varepsilon^8+\varepsilon^2,$$
$$c'=z_3+z_7+z_{11}+z_{15}=\varepsilon^{10}+\varepsilon^{11}+\varepsilon^7+\varepsilon^6.$$

显然 $b+b'=a$ 及 $c+c'=a'$,直接计算可知

$$bb'=cc'=\varepsilon+\varepsilon^2+\cdots+\varepsilon^{16}=-1.$$

由此表明 b,b' 是二次方程 $x^2-ax-1=0$ 的两个根,而 c,c' 是二次方程 $x^2-a'x-1=0$ 的两个根。又因为 b 和 c 的实部分别大于 b' 和 c' 的实部,所以可分别求出

$$b=(a+\sqrt{a^2+4})/2, \quad b'=(a-\sqrt{a^2+4})/2;$$
$$c=(a'+\sqrt{a'^2+4})/2, \quad c'=(a'-\sqrt{a^2+4})/2.$$

再次,按照上述第三步的说明,再把 16 个根分成 8 组分别求和,使得每组

内的下标依次增加 8。方便起见,只取出其中的两组求和,即令

$$d=z_0+z_8=\varepsilon+\varepsilon^{16},$$
$$d'=z_4+z_{12}=\varepsilon^{13}+\varepsilon^4。$$

此时 $d+d'=b$ 且 $dd'=\varepsilon^5+\varepsilon^{14}+\varepsilon^3+\varepsilon^{12}=c$,表明 d 和 d' 是二次方程

$$x^2-bx+c=0$$

的两个根。同样由于 d 的实部大于 d' 的实部,所以解出

$$d=(b+\sqrt{b^2-4c})/2,\quad d'=(b-\sqrt{b^2-4c})/2。$$

最后,根据 $\varepsilon+\varepsilon^{16}=d$,以及 $\varepsilon\cdot\varepsilon^{16}=\varepsilon^{17}=1$,可知 ε 和 ε^{16} 是下述二次方程

$$x^2-dx+1=0$$

的两个根。显然 $d=\varepsilon+\varepsilon^{-1}$ 为实数,且 $|d|<2$,表明 $\sqrt{d^2-4}$ 为虚数。又因为 ε 虚部的系数大于 0,所以可解出

$$\varepsilon=(d+\sqrt{d^2-4})/2。$$

因为 d,b,c,a,a' 都是一些平方根,所以 ε 也能用一些平方根式来表示。熟知有理数的加减乘除及其开平方运算所产生的数量均可在平面上由尺规作图作出(见问题 065 中的说明),而在上述已证明的情况下,17 次单位根 ε 可以用有理数的四则运算及一些平方根表出,因此 ε 能用尺规作图作出。特别地,仅用直尺和圆规就能把单位圆周 17 等分,换句话说,正 17 边形可由尺规作图作出。

当然,高斯在完成了正 17 边形的作图后,又进一步研究了正 n 边形的作图问题。在他的《算术研究》一书中,高斯断言一个正 n 边形可用尺规作出当且仅当 $n=2^e p_1 p_2\cdots p_s$,其中每个 p_i 都是形如 $2^{2^m}+1$ 的素数(即费马素数),且这些素数两两不同。实际上,高斯本人并没有给出这一正确结论的证明,它是由后人完成的。

 069 黄金分割问题

把一条线段分割为两部分,使得较大部分与全长的比值等于较小部分与较大部分的比值。这个比值称为黄金比或黄金数,这种分割方法称为黄金分割。

设线段全长为 a，分割成两部分后，较大部分的长度为 x，则 $a-x$ 是较小部分的长度。按要求可知 $x/a=(a-x)/x$，即

$$x^2+ax-a^2=0。$$

该方程有两个解：

$$x_1=\frac{\sqrt{5}-1}{2}a，\quad x_2=\frac{\sqrt{5}+1}{2}a。$$

但 $x/a<1$，只有 x_1 符合要求，故所求的黄金比为

$$x : a=\frac{\sqrt{5}-1}{2}\approx 0.618。$$

关于黄金分割比例的起源，源自公元前 6 世纪的古希腊毕达哥拉斯学派。他们在研究正五边形和正十边形的作图时，发现了这个黄金比值 0.618。公元前 4 世纪，古希腊数学家欧多克斯第一个系统地研究了黄金分割问题，并建立了比例理论。黄金分割被公认为是最理想的比例，具有很高的艺术性和审美价值，被广泛应用到建筑设计、绘画和音乐等领域。

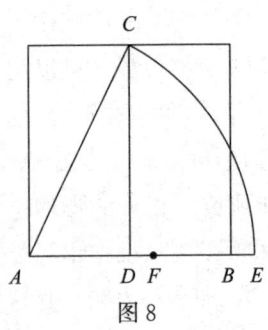

图 8

下面介绍欧多克斯用尺规给出黄金分割的方法。如图 8 所示，给定长度为 a 的线段 AB，在其上作一个边长为 a 的正方形，再过 AB 的中点 D 作 AB 的垂线，和 AB 的对边交于点 C，连接 A 和 C 两点。

观察 Rt$\triangle ADC$，由勾股定理可知

$$AC=\sqrt{(AD)^2+(DC)^2}=\sqrt{\frac{a^2}{2^2}+a^2}=\frac{\sqrt{5}}{2}a。$$

以 A 为中心，以 AC 为半径画圆，和 AB 的延长线相交于点 E，则

$$AE=AC=\frac{\sqrt{5}}{2}a。$$

再以 E 为中心，以 $\frac{a}{2}$ 为半径画圆，和线段 AE 交于点 F，有

$$AF=AE-EF=\frac{\sqrt{5}}{2}a-\frac{a}{2}=\frac{\sqrt{5}-1}{2}a。$$

但 $a=AB$，所以 $AF : AB=(\sqrt{5}-1)/2$ 即为黄金比，故仅由尺规可作出给定线段的黄金分割点。

070 欧几里得第五公设

欧几里得第五公设(也称为平行公设)是否可以通过前四个公设得以证明?

数学中的公理和公设是指那些最为基本的、不可能被证明的但看起来是自明的命题,其他的数学命题都是根据这些公理和公设而被证明的。欧几里得的《几何原本》(共十三卷,有 465 个命题)第一卷从 5 个公理和 5 个公设出发,证明了 48 个命题。这些命题主要讨论三角形的性质、平行线理论、平行四边形和正方形,其中前 28 个命题的证明不需要第五公设。

欧几里得提出的 5 个公理为:

(1) 与同一件东西相等的一些东西,彼此也相等。

(2) 等量加等量,总量仍相等。

(3) 等量减等量,余量仍相等。

(4) 完全重合的东西是相等的。

(5) 整体大于部分。

欧几里得提出的 5 个公设为:

(1) 过平面上任意两点可作一条直线。

(2) 任一有限直线可循该直线无限延长。

(3) 过任意给定的点,以任意给定的距离为半径,可作一个圆。

(4) 所有直角都相等。

(5) 如果同一平面内一直线与两直线相交,且同侧所交两内角之和小于两直角,则两直线无限延长后必相交于该侧的一点。

在历史上,欧几里得第五公设从一开始就遭到数学家的怀疑而不被接受,因为它是直接经验之外的东西,看起来不够自然和简明.自古希腊以来的许多世纪,许多数学家都企图从欧几里得的公理和前四个公设推出第五公设,但所有的努力都以失败而告终。直到 1733 年意大利的萨谢利才作出了关于第五公设值得注意的研究成果。他以两底角均为直角的等腰四边形为基本图形,利用欧几里得《几何原本》第一卷中前 28 个命题(这些命题与第五公设无关)很容易地证明了这个四边形的另外两个角相等。如果能利用前四个公设以及由这四个公设证明的命题证明这两个角一定都是直角,那么就可以证明第五公设,第五公设也就不是公设了，而成了定理。为此他对这两个角分三种情况进行讨论：

(1) 这两个角是直角；

(2) 这两个角是钝角；

(3) 这两个角是锐角。

他期望通过否定情形(2)和(3)得出情形(1)，从而证明第五公设，但是他没能达到这一目的。相反，他却证明了许多定理。应该说，萨谢利在处理这一问题时，其想法是相当大胆的。

1766 年，瑞士数学家兰伯特对第五公设作了类似的研究。他是以三直角四边形为基本图形，对第四个角作了三种不同的假定：直角、钝角、锐角。他同样得出了许多定理，如他证明了在这三种假定下，三角形的内角和分别等于、大于、小于两个直角。对于锐角的假定，他在不用第五公设的情况下是无法排除的，而且他猜测从锐角的假定推出的几何可能在虚半径的球上实现。现在我们知道这个猜测是正确的。但他取消了钝角假定，这主要是因为他默认直线为无限长。

对第五公设的证明作出突出贡献的第三人是法国著名数学家勒让德。他是以一特殊的三角形为基本图形，对内角和作出三种不同的假定：等于、大于、小于两直角。他同样默认直线是无限长的，因而取消了钝角假定。如果不用第五公设，对于锐角的假定，他也是无法否定的。

上述三位数学家以及其他学者，在研究欧几里得第五公设这一问题上都有一个共同点，那就是他们都极力否定第二种和第三种假定，以期得到对第一种假定的肯定，从而证明第五公设，这样就可以得出第五公设不是独立的结论。这反映出在他们的思想中，比较倾向于认为第五公设是可以被证明的。当然，他们都是以失败而告终。他们的失败不是因为缺乏创造性，而是由于第五公设事实上是独立于其他公设和公理的。之后还有一些数学家对欧几里得的第五公设做过研究，他们比前面提到的三位走得更远，思想更解放，他们甚至承认在欧几里得几何之外还存在别的几何学。他们把几何分为两类：内角和为两直角的欧几里得几何学与内角和不为两直角的几何学。由于他们找不到后一种几何的几何模型，这种几何在他们看来只是逻辑上相容而已，没有实用价值，也就毫无意义。有的人甚至在"只有一种几何学"这个几千年来根深蒂固的信念支配下，认为欧几里得几何之外的东西都是荒谬的。他们认为只有欧几里得几何才是解释物质世界唯一正确的几何。其实如果他们当时能够承认这种几何，他们就成了发现非欧几何的第一人了，可惜他们却和非欧几何的发现擦肩而过。

直到匈牙利数学家鲍耶在 1832 年和俄国的罗巴切夫斯基在 1826 年分别独立发现非欧几何时,欧几里得第五公设是独立于其他公理和公设的这一论断才被证实。罗巴切夫斯基的非欧几何理论何以能说明第五公设的独立性呢?简单地说,罗巴切夫斯基几何的公理和公设是将欧几里得几何的第五公设用一个相反的公设来代替,而其他的公理和公设不变。在这套新的公理系统中,定义点、线等"几何"概念,像欧几里得几何学一样,发展出一种与欧几里得几何学平行的自相容的几何学。这种几何学的几何模型由德国著名数学家克莱因构造了出来。如果欧几里得第五公设不是独立的,也就是说它可以从其他的公理和公设推导出来,由于罗巴切夫斯基的非欧几何和欧几里得几何除第五个公设不同之外,其余的公理和公设全相同,那么在罗巴切夫斯基几何体系中,也可推出欧几里得的第五公设。但罗巴切夫斯基的非欧几何的第五公设与欧几里得几何的第五公设是相反的,这样在这种非欧几何体系中同时成立一对相反的命题,这种非欧几何就是自相矛盾的,也就是说不是自相容的。但从罗巴切夫斯基的非欧几何的自相容性,就可证明欧几里得第五公设是独立的。

对欧几里得第五公设的研究,导致了 19 世纪非欧几何的诞生,这是数学发展史上一个划时代事件。关于非欧几何学的具体内容,见问题 071 中的介绍。

071 什么是非欧几何

简介两种非欧几何:罗巴切夫斯基的非欧几何与黎曼的非欧几何。

欧几里得几何是在 5 个公理和 5 个公设(见问题 070)下按逻辑演绎出来的一系列定理和结论的自相容的几何学,主要内容出现在他的名著《几何原本》第一卷中,讨论了三角形的性质、平行线理论、平行四边形和正方形,共有 48 个命题。这些内容基本是现在中学平面几何的全部内容。

遗憾的是,关于欧几里得的生平,人们所知甚少,就连他的出生年月与地点都不清楚。但是他是亚历山大学派的奠基人,由此可断定他出生在公元前 3 世纪前后,所以《几何原本》也应该出现在这个年代。欧几里得的《几何原本》是一部划时代的数学著作,不仅取代了之前几乎所有的数学书籍,而且也许是在西方除《圣经》之外被研读得最多的一本书了。但《几何原本》在作者那个时代的手抄本已经失传，就现代保留下来的版本看，至少有上千个版本。两千多年来，这部伟大的著作在几何教学中占有绝对的统治地位，被认为是反映物质空间的唯一正确的几何学。因此，人们在对不够简明的欧几里得第五公设进行研究时，仍坚信这个根深蒂固的信念，以致最后与非欧几何的发现擦肩而过。被誉为"数学家之王"的高斯，虽然意识到在欧几里得几何学之外还存在另外种类的几何学，但他却秘而不宣，不敢向欧几里得几何学两千年的权威提出挑战，担心遭到攻击和嘲笑。但罗巴切夫斯基却相反，他饱受世人的嘲讽和冷遇，勇敢地捍卫他所发现的真理，可以说他是非欧几何的始终不渝的斗士。

罗巴切夫斯基首次公开他的非欧几何思想是在 1826 年，但正式发表是在 1829 年，以《几何原理》为题发表在《喀山学报》上。1840 年，他用德文发表了题为《平行线理论的几何学研究》，到这时他的研究才引起数学界的注意，不过他的非欧几何学理论得到承认却是他去世以后的事。罗巴切夫斯基几何学是在 5个公理和 5 个公设基础上演绎的自相容的几何学，他的 5 个公理和前 4 个公设与欧几里得的完全相同，不同的是第五个公设。欧几里得的第五公设可等价地表述为：通过给定直线外的一点，在此点和此直线构成的平面上只有一条直线与已知直线平行。而罗巴切夫斯基的第五公设是：通过给定直线外的一点，在此点和此直线构成的平面上至少有两条直线与已知直线平行。

在罗巴切夫斯基几何学中有许多定理，它们与欧几里得几何学的定理完全不同，下面选择其中的几个：

(1) 两条平行线与第三条直线相交，内错角不相等；

(2) 两条平行线之间不是处处等距离；

(3) 三角形内角之和小于 $180°$，而且随着三角形面积的增大而减小；

(4) 如果两个三角形的三个角对应相等，则这两个三角形全等，也就是说，在罗巴切夫斯基几何学中没有相似三角形。

这些结果看起来很怪异，难以想象，所以最初被拒绝发表而受到了冷遇。事实上，非欧几何最终被承认有赖于德国数学家克莱因和法国数学家庞加莱给出的非欧几何模型，这些模型直观形象，可消除非欧几何的神秘性。具体地讲，克莱因于 1871 年用射影的方法构造出罗巴切夫斯基几何学模型，其中平面上的点是圆内的点，直线是圆的弦，无穷远点是圆周上的点，平行线是相交于圆周上的两条弦。在这个模型中，过直线（即圆的弦）外的一点（圆内一点）有两条直线与之平行。庞加莱在 1887 年给出了罗巴切夫斯基几何的又一种几何模型，其中平面上的点也是圆内的点,但直线是圆内垂直于圆周的圆弧,无穷远点是圆周上的点,线段是连接圆内两点的延长后与圆周垂直的弧线,平行线是延长后不相交的弧线。在这一模型中,过一直线(垂直于圆周的圆弧)外一点,有无穷多条直线与所给直线平行。

另一种非欧几何学是著名数学家黎曼在 1854 年创立的。在他的公理系统中,有两个公设与欧几里得的公设不同。第一个不同的是第二公设,欧几里得的第二公设指直线可无限延长,而黎曼非欧几何的公设中,直线没有端点但长度有限;第二个不同的是第五公设,欧几里得的第五公设等价于说过直线外一点有且只有一条直线与该直线平行,而黎曼非欧几何的公设中,过直线外一点没有与该直线平行的直线。因此,在黎曼的非欧几何体系中,所演绎出的定理和结论与欧几里得几何中的定理和结论是完全不同的。例如,在黎曼的非欧几何中,三角形的内角和大于 $180°$,并且随着三角形面积的增大而增大。此外,黎曼非欧几何的几何模型是球面,在这种几何中,平面上的点是球面上的点,且球面上的对径点(球直径的两端点)认为是一个点,直线是球面上的大圆(即圆心是球心的圆)。特别地,在这个模型中,任意两条直线都相交,所以不存在平行线。

综上所述,三种几何学分别对应三角形内角和的三种不同情形:罗巴切夫斯基几何学中的三角形,内角和小于 $180°$;欧几里得几何学中的三角形,内角和等于 $180°$;黎曼非欧几何学中的三角形,内角和大于 $180°$。

非欧几何的诞生,被认为是自古希腊时代以来数学领域的一场革命,它从根本上改变了人们对空间的理解和认识。

072 阿基米德螺线

假设一条射线围绕其固定端点匀速旋转,同时有一个动点从端点出发沿射线做匀速运动,该动点描绘出的平面曲线,称为阿基米德螺线。

古希腊数学家阿基米德在研究三大几何作图问题(立方倍积问题,化圆为方问题,三等分任意角问题)时发现了这个平面螺线,并写进他的《论螺线》一书。如图 9 所示,阿基米德螺线是一种迷人的曲线,其性质和圆相比显得尤为有趣。圆是一条封闭的曲线,长度是有限的,其上每一点到圆心的距离都相等,并且每一点处的切线都垂直于该点与圆心的连线。而螺线是一条开放的曲线,它可以不断地绕下去,长度是无限的,其上每一点到起点的距离都不相等,并且每一点处的切线与该点到起点的连线不垂直,形成一个钝角,不同的点处所形成的角也未必相等。如果螺线上的每一点处所形成的角都相等,那么这样的螺线就称为等角螺线或对数螺线。

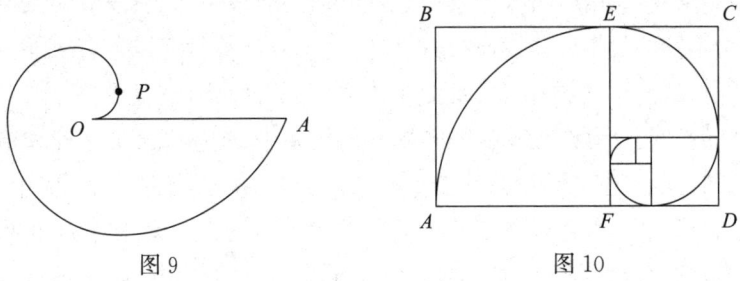

图 9　　　　　　　　　　　　　图 10

等角螺线可以通过所谓的黄金矩形(即宽和长之比恰为黄金比的矩形)作图得到。如图 10 所示,先作一个黄金矩形 $ABCD$,在其中再画一个正方形 $ABEF$,则另一部分 $CDFE$ 也是一个黄金矩形。这是因为 $ABCD$ 是黄金矩形,即 $AB/AD=(\sqrt{5}-1)/2$,所以

$$\frac{AD}{AB}=\frac{2}{\sqrt{5}-1}=\frac{\sqrt{5}+1}{2}。$$

由此推出矩形 $CDFE$ 中短边和长边之比为

$$\frac{DF}{CD}=\frac{AD-AB}{AB}$$

$$=\frac{AD}{AB}-1$$

$$=\frac{\sqrt{5}+1}{2}-1$$

$$=\frac{\sqrt{5}-1}{2},$$

故 $CDFE$ 是一个较小的黄金矩形。重复上述过程,在这个较小的黄金矩形 $CDFE$ 中,同样画一个正方形,则余下的部分还是黄金矩形。不断重复这个产生黄金矩形的过程,对每次画出的正方形,以一个顶点为圆心,以正方形的边为半径,在这个正方形内部画一个四分之一的圆,最后把所有这些四分之一的圆

弧连接起来,得到的曲线就是一条等角螺线。

最后介绍阿基米德是如何使用螺线解决化圆为方问题和三等分任意角问题,为此,需要先给出阿基米德螺线的极坐标方程。首先把射线的固定端点作为极坐标系的极点,用 O 表示,再把射线旋转时的最初位置 OA 作为极坐标轴,这就建立了一个极坐标系。动点 P 运动的速度用 v_1 表示,由于运动是匀速的,故 v_1 是常数;射线旋转的速度用 v_2 表示,因为这个旋转也是匀速的,故 v_2 也是常数。动点 P 在时刻 t 的位置用极坐标 (r,θ) 来表示,则有 $r=v_1 t$ 和 $\theta=v_2 t$。

由此得到 $t=r/v_1=\theta/v_2$,故阿基米德螺线的极坐标方程为

$$r=a\theta,$$

其中 $a=v_1/v_2$ 是常数。

先看使用螺线解决化圆为方问题。设圆的半径为 R,射线上的动点是 P,其极坐标设为 (r,θ),按极坐标方程 $r=R\theta$ 作一条阿基米德螺线。当射线从起始位置旋转 $90°$ 时,P 点离极点 O 的距离 $OP=\dfrac{\pi}{2}\cdot R$,则 $\pi R=2OP$。由此可知圆的面积 πR^2 等于 $(2OP)R$。再设所求的正方形的边长为 x,按要求 $x^2=(2OP)R$。以 $OP+R$ 为斜边,以 OP 为一直角边,作一个直角三角形。这个直角三角形的另一条直角边用 PQ 来表示,根据勾股定理有 $(PQ)^2=(OP+R)^2-(OP)^2$。由此可见 $(PQ)^2>R^2$,表明 $PQ>R$。再以 PQ 为斜边,以 R 为一直角边,作直角三角形,则所得的另一条直角边即为所求。事实上,由勾股定理得到

$$x^2=(PQ)^2-R^2=(OP+R)^2-(OP)^2-R^2=(2OP)R,$$

故所求正方形的边长 x 可使用螺线和尺规作出。

最后给出使用阿基米德螺线三等分任意角的方法。假设要三等分的角为 $\angle AOB$,其中 O 是角的顶点。以 O 为固定点,以 OA 为起始位置,建立极坐标系后作一条阿基米德螺线 $r=a\theta$。设 OB 与螺线的交点 P 与极点间的线段长为 $OP=a\angle AOB$。以极点 O 为圆心,以 a 为半径画圆(见图 11),交 OA 于点 A,交 OB 于点 B,则圆弧 $\overparen{AB}=a\angle AOB$。接着把线段 OP 三等分,设分点为 T_1 和 T_2。以 O 为圆心,分别以 OT_1 和 OT_2 为半径画圆,与螺线分别交于点 S_1 和 S_2。

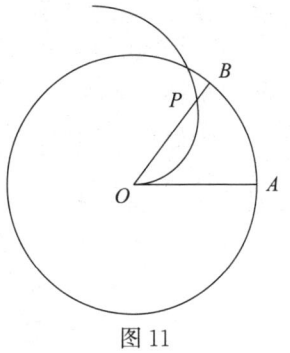

图 11

现在延长 OS_1 和 OS_2 分别交大圆于 B_1 和 B_2 两点，则

$$OS_1 = \widehat{AB_1} = a\angle AOB_1, \quad OS_2 = \widehat{AB_2} = a\angle AOB_2。$$

注意到 $OS_1 = \frac{1}{3}OP$，$OS_2 = \frac{2}{3}OP$ 以及 $OP = a\angle AOB$，故

$$\angle AOB_1 = \frac{1}{3}\angle AOB, \quad \angle AOB_2 = \frac{2}{3}\angle AOB，$$

这样就把 $\angle AOB$ 三等分了。

阿基米德与牛顿和高斯被誉为有史以来最伟大的三位数学家。他出生于公元前 287 年西西里岛的叙古拉（今属意大利），卒于公元前 212 年。阿基米德是一位集数学、力学和天文学于一身的科学家。早年，他曾在当时的学术中心亚历山大跟随欧几里得的弟子学习，之后回到叙古拉，直至最后被一名罗马士兵杀死。在叙古拉期间，他仍然和亚历山大的学者保持联系，被认为是亚历山大学派的成员。阿基米德著述颇丰，主要著作有《论球与圆柱》《圆的度量》《辟锥曲面与回转椭圆体》《论螺线》《平面图形的平衡或其中心》《数沙器》《抛物线图形求积法》《论浮体》《引理集》《牛群问题》等。在 20 世纪初还发现阿基米德的一封信，记录了他研究问题的独特思考方法，这封信后来以《阿基米德方法》为名发表。阿基米德的许多成果和思想都超越了他所处的时代，对后世的数学发展产生了深远的影响。

尼科梅德斯蚌线

给定平面上一条直线 L 和直线外一点 P，过点 P 作直线 L 相交的射线，在每条射线上，以直线 L 为界截取长度为固定有理数的一段，这些线段的端点所形成的曲线称为尼科梅德斯蚌线。如图 12 所示。

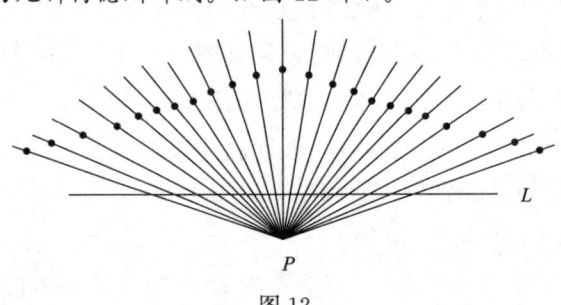

图 12

这条曲线是尼科梅德斯在尝试解决三等分任意角这一古希腊几何作图题时发现的。

如图 13 所示,给定一个锐角 $\angle APB$,为了把它三等分,尼科梅德斯采用了下面的方法:作 $Rt\triangle APB$,使 AP 垂直于 AB,延长 AB,以 P 点和直线 AB 为界作一条蚌线,在直线外截得的固定长度为 $2PB$。再过 B 点作 AB 的垂线交蚌线于 C 点,连接 C 点和 P 点,则 $\angle APC$ 为 $\angle APB$ 的 1/3,按如此方式就把 $\angle APB$ 三等分了。

现在给出证明:设 PC 和 AB 交于点 D,作 $Rt\triangle BCD$ 斜边的中线 BM,其中 M 为斜边 CD 的中点。由于 $MC=MB$,根据等腰三角形底角相等的结论,可知 $\angle MCB=\angle MBC$。由于蚌线的固定长度为 $2PB$,即 $CD=2PB$,所以 $PB=\frac{1}{2}CD=MC=MB$,从而 $\angle BMD=\angle BPD$。但 $\angle BMD$ 是 $\triangle BMC$ 的外角,故 $\angle BMD=\angle MCB+\angle MBC=2\angle MCB$。又因为 $\angle APC=\angle MCB$(内错角),最终得到:

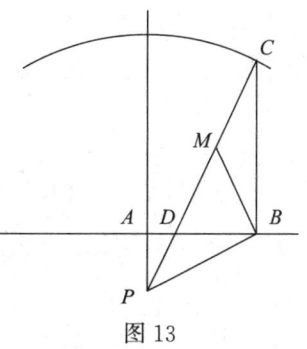

图 13

$$\angle APB = \angle APC+\angle BPD$$
$$=\angle APC+\angle BMD$$
$$=\angle APC+2\angle MCB$$
$$=3\angle APC。$$

074 割圆曲线

给定一个正方形 $AOBC$,让它的一个边 OB 绕顶点 O 作匀速转动,转一个直角到边 OA。同时,设一条平行于 OA 的直线 ST,从 BC 到 OA 也作匀速移动,在整个移动过程中始终保持和 OA 平行。要求 OB 的转动和 ST 的移动同时开始,并且同时到达 OA。则 OB 和 ST 的交点所描绘出的曲线称为割圆曲线。

割圆曲线是西皮阿斯(约公元前 425 年)发明的,如图 14 所示,曲线 BE 即为割圆曲线。用这种曲线可以三等分任意角和化圆为方。

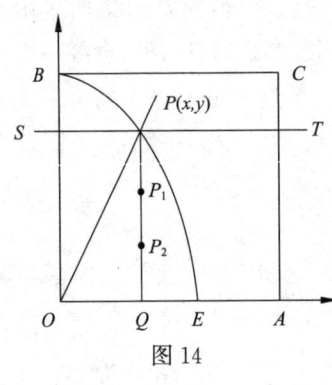

图 14

先求割圆曲线在笛卡儿直角坐标系中的方程。在所给正方形 $AOBC$ 中,以 O 为原点,以 OA 所在直线为 x 轴,以 OB 所在直线为 y 轴,如此建立一个直角坐标系。设 OB 的旋转速度为 v_1,ST 移动的速度为 v_2。在时刻 t,设 OB 和 ST 的交点为 P,坐标设为 (x,y),再设 $\angle POA = \theta$。则不难看出

$$\frac{\pi}{2} - \theta = tv_1, a - y = tv_2, \tag{1}$$

其中 a 为正方形的边长。当 OB 和 ST 同时到达直线 OA 时,则 $\theta = 0$ 且 $y = 0$,代入公式(1)得 $\pi/2 = tv_1$ 和 $a = tv_2$,又有

$$\frac{v_1}{v_2} = \frac{\pi}{2} \cdot \frac{1}{a}。 \tag{2}$$

综合公式(1)和公式(2)得

$$\theta = ky, \tag{3}$$

其中 $k = \pi/(2a)$ 为常数,这表明 θ 和 y 成正比。最后,在直角三角形 POQ 中得到

$$y = x \tan ky, \tag{4}$$

即为割圆曲线的笛卡儿坐标方程。

现在使用割圆曲线给出三等分任意角的方法。设要三等分的角为 $\angle QOP$,把线段 PQ 三等分,设两个分点为 P_1 和 P_2,满足 $PP_1 = P_1P_2 = P_2Q = \frac{1}{3}PQ$。由公式(3)得

$$\angle QOP = kPQ,$$

$$\angle QOP_2 = kP_2Q = \frac{1}{3}kPQ = \frac{1}{3}\angle QOP,$$

$$\angle QOP_1 = kP_1Q = \frac{2}{3}kPQ = \frac{2}{3}\angle QOP,$$

这就把 $\angle QOP$ 三等分了。

最后,使用割圆曲线给出化圆为方的方法。对边长为 1 正方形按上述图形作割圆曲线,设 E 为割圆曲线与 OA 的交点。根据方程(4),则

$$OE = \lim_{y \to 0} x = \lim_{y \to 0} \frac{y}{\tan ky} = \frac{1}{k} = \frac{2a}{\pi} = \frac{2}{\pi},$$

故 $\pi = 2/OE$。如果给定的圆半径为 R，则圆面积为 $\pi R^2 = \dfrac{2R^2}{OE}$。设所求正方形边长为 x，使其面积等于给定圆的面积，则

$$x^2 = \pi R^2 = \frac{2R^2}{OE},$$

求出 $x = \dfrac{\sqrt{2}}{\sqrt{OE}} R$。因为 OE 已经画在割圆曲线中，且 $\sqrt{OE}$ 可由尺规作出，从而 x 也可作出。这就表明用割圆曲线是可以化圆为方的。

 075　哥尼斯堡七桥问题

能否一次通过哥尼斯堡的全部七座桥，且每座桥只过一次？

哥尼斯堡镇中有一座小岛，一条名叫普雷格尔的小河分两支流进小镇，从小岛两旁流过，然后汇成一支流出小镇，如图 15 所示。图中 D 表示小岛，A，B，C 表示三块陆地。在小岛 D 和陆地 A 之间有两座小桥，分别用 a，b 表示；在小岛 D 和陆地 B 之间也有两座小桥，分别用 c，d 表示；在小岛 D 和陆地 C 之间有一座小桥，用 e 表示；在陆地 A 和陆地 C 之间有一座小桥，用 f 表示；在陆地 B 和陆地 C 之间有一座小桥，用 g 表示。问题是能否一次通过全部七座桥，并且每座桥只走一次？

这无疑是个几何问题，但和传统的几何问题有显著差别。过去的几何问题，着重研究几何体的长短、大小等数量问题。而这个问题，与长短大小无关，它应该属于一种新的几何学。事实上，最先研究这种新几何学的是著名数学家莱布尼茨，他把它称为"位置几何学"，现在称为拓扑学。

欧拉对哥尼斯堡七桥问题作了详细研究，于 1736 年发表了题为《与位置几何有关的一个问题的解》的文章。文中他给出了能否把所有的桥都走一次的判定法则：

（1）如果有奇数座桥通过的地方不止两个，满足要求的路线是找不到的；

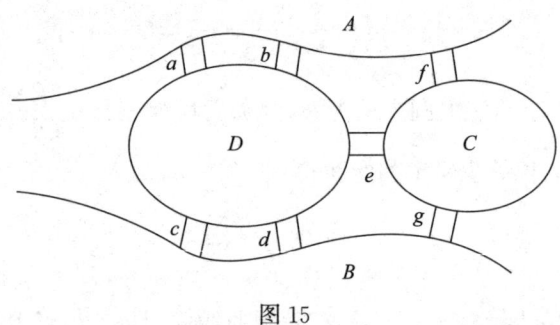

图 15

（2）如果有奇数座桥通过的地方只有两个，满足要求的路线是可以找到的。不过必须从这两座有奇数座桥可通过的地方之一出发，最后从另一座有奇数座桥通过的地方结束；

（3）如果没有一个地方是有奇数座桥通过，满足要求的路线总可以找到，而且可以从任何一座桥出发。

这里需要说明的是，有奇数座桥通过的地方总是偶数个。因为每座桥都通过两个地方，在数通过这两个地方的桥数时，每一座桥都被数了两次。比如桥 a，它通过陆地 A 和小岛 D，在数通过陆地 A 的桥数时，小桥 a 被数了一次，在数通过小岛 D 的桥数时，小桥 a 又被数了一次。通过所有地方的桥数的总和，是实际桥数的两倍，是一个偶数。因此有奇数座桥通过的地方必定是偶数个。又如在现在的问题中，通过小岛 D 的桥数是 5，通过陆地 A 的桥数是 3，通过陆地 B 的桥数是 3，通过陆地 C 的桥数是 3。这 4 个地方通过的桥数都是奇数。但通过所有 4 个地方的桥的总和为 14，是实际桥数 7 的两倍。

按照欧拉给出的法则，不难知道要想一次通过哥尼斯堡镇的七座桥，而每座桥只走一次是不可能的。

如果把七桥问题抽象出来，其实它是一个一笔画问题。事实上，由于不关心小岛和陆地的面积大小，所以可以把它们看作点。而对于桥，由于不关心其长度、宽窄大小，所以可以把桥看作一段曲线。所以问题就成为：有四个点 A、B、C、D，连接 D、A 有两条线段，连接 D、B 有两条线段，连接 D、C 有一条线段，连接 C、A 有一条线段，连接 C、B 有一条线段，如图 16 所示。

问题就转化成能否一笔画出这个图，每条线段只画一次，而且在画时笔不允许抬起来离开纸。

把有奇数条线段通过的点叫作奇数点；偶数条线段通过的点叫偶数点。例如在图 16 中，通过点 A 的线段有 3 条，通过点 B 的线段有 3 条，通过点 C 的线段有 3 条,通过点 D 的线段有 5 条,所以它们都是奇数点。

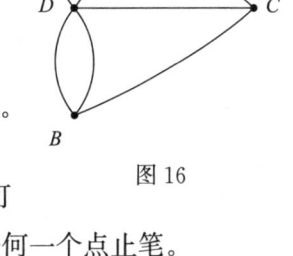

图 16

按照上述欧拉法则,判断一笔画是否可能,也有类似法则:

(Ⅰ)如果奇数点多于 2 个,则不可能一笔画出。

(Ⅱ)如果奇数点共有 2 个,则可以一笔画出来。而且必须从一个奇数点起笔,从另一个奇数点止笔。

(Ⅲ)如果没有奇数点,全部是偶数点,则一定可以一笔画出来。可以从任何一个点起笔,从另外的任何一个点止笔。

值得指出的是,这个哥尼斯堡七桥问题,被认为是拓扑学和图论的一个共同起源。

 076 **蜂房问题**

蜂房的构造为什么选择正六棱柱? 它的横截面又为什么选择用正六边形覆盖?

蜜蜂,作为勤劳的象征,被人们赞誉为"天才的建筑师",它们在蜂房的建造上真正做到了经济效率:在容积相同的情况下,建筑用材面积做到最小;在建筑用材面积最小的情况下,容积又做到最大。

古希腊数学家帕普斯认为,蜜蜂凭着本能选择了正六边形,因为使用同样材料可以比正三角形和正方形具有更大的面积。在历史上许多数学家都探讨过蜂房结构所蕴含的各种极值问题。我国著名数学家华罗庚专门撰写了《谈谈与蜂房结构有关的数学问题》一书,对涉及的数学问题做了系统的研究。

下面考虑蜂房结构中包含的两个数学问题:

(1)如果用正 n 变形铺满一个平面,而且每两个正 n 边形之间都没有空隙,那么有几种方式?

(2)在周长相等的条件下,正三角形、正方形和正六边形这三种图形中,哪种图形的面积最大?

首先讨论第一个问题。如果正 n 边形可以铺满整个平面而无空隙,那么这些正多边形的每个公共顶点处的角之和显然是 $360°$。如果用 θ 表示这个正 n 边形的角,则存在正整数 k 使得

$$k\theta = 360°。 \tag{1}$$

图 17 所示为正三角形、正方形和正六边形的情形,其中 O 点是一个公共顶点,其周围的角之和为 $360°$。

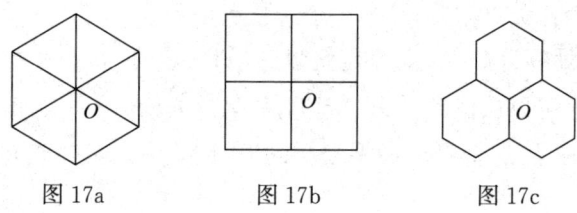

图 17a   图 17b   图 17c

下面给出正 n 边形的角 θ 的表达式。作正 n 边形的外接圆,则正 n 边形的 n 个顶点把外接圆等分成了 n 段圆弧,因此每段圆弧的度数为 $360°/n$。这个 n 边形的一个角对应 $n-2$ 段圆弧,这 $n-2$ 段圆弧的度数为 $(n-2)\dfrac{360°}{n}$,而圆周角等于所对圆弧度数的一半,所以

$$\theta = \frac{1}{2} \cdot (n-2)\frac{360°}{n} = \frac{(n-2)360°}{2n}。$$

将此式代入公式(1)得

$$k \cdot \frac{(n-2)360°}{2n} = 360°,$$

由此得到

$$k(n-2) = 2n。$$

这表明 $n-2$ 整除 $2n$。因为 $2n = 2(n-2)+4$,所以 $n-2$ 整除 4,只有 $n-2 = 1$,$2,4$,从而 $n = 3,4,6$。由此可知,如果用正多边形不留空隙铺满平面,那么只有三种方式,或者用正三角形,或者用正方形,或者用正六边形。

但蜜蜂为什么选择正六边形,而不是正三角形和正方形呢?这就需要回答第二个问题。

给定周长均为 a 的正三角形、正方形和正六边形各一个,下面分别计算这三种正多边形的面积。

(1) 周长为 a 的正三角形面积。

此时正三角形的边长均为 $a/3$,故一条高是

$$\frac{a}{3}\sin 60° = \frac{a}{3}\frac{\sqrt{3}}{2} = \frac{a\sqrt{3}}{6},$$

从而该正三角形的面积等于

$$\frac{1}{2} \cdot \frac{a}{3} \cdot \frac{a\sqrt{3}}{6} = \frac{a^2\sqrt{3}}{36}.$$

当然,也可以使用海伦公式直接计算三角形的面积(见问题 057)。

(2) 周长为 a 的正方形面积。

此时正方形的边长是 $a/4$,故面积等于 $a^2/16$。

(3) 周长为 a 的正六边形面积。

此时正六边形的边长为 $a/6$。因为正六边形可由六个相同的正三角形组成如图 17a 所示,其中正三角形的边长和正六边形的边长相等,也是 $a/6$,所以这些正三角形的周长是 $a/2$。类似情形(1)可算出正三角形的面积为 $\frac{a^2\sqrt{3}}{4 \cdot 36}$,由此得到这个正六边形的面积为

$$6 \cdot \frac{a^2\sqrt{3}}{4 \cdot 36} = \frac{a^2\sqrt{3}}{24} > \frac{a^2}{16} > \frac{a^2\sqrt{3}}{36}.$$

比较可知,在周长相同的情形下,正六边形的面积比正方形的面积大,而正方形的面积又比正三角形的面积大。所以在周长相同的情况下,选择正六边形而不是正三角形和正方形,可以使得面积最大;由此可知,在表面积和高都给定的情形下,选择六棱柱可使体积达到最大。

实际上,蜜蜂用正棱柱构筑蜂巢时,为了不留空隙,只能用正三棱柱、正四棱柱或正六棱柱;但在相同材料用量的前提下,选择六棱柱可使蜂巢的容积最大。小小的蜜蜂,竟然知道如此深刻的数学道理,这真是不可思议,但大自然就是这么奇妙!

077 四色问题

一个平面地图只用四种颜色即可区别开相邻的国家。

1852 年 10 月 23 日,英国数学家德·摩根在给他的好朋友哈密尔顿的一封

信中写道:"今天,我的一个学生让我说明一个事实的道理,这是我以前未曾想到而现在仍然难以解释的一个事实。他说任意划分一个图形并对其各个部分染上颜色,使得任何具有公共边界的部分具有不同的颜色,那么只需要四种颜色就够了。"

这是历史上有关四色问题的第一次书面记载。原来,费里德里克·古德里和费兰西斯·古德里两兄弟在伦敦大学时都是德·摩根的学生,弟弟弗兰西斯首先发现了四色定理,即在一个平面地图上只用四种颜色即可区别开相邻的国家,但他直到大学毕业也不能证明这个结论。于是,他就把这个想法告诉了他的哥哥弗里德里克,后者当时正在选修德·摩根的数学课程。弗里德里克就此问题向德·摩根求教,德·摩根对这个四色问题十分感兴趣,并做了深入的研究,但他也无法给出严格证明,只好写信向哈密尔顿求助。有趣的是,德·摩根在给哈密尔顿的信中还写下了这样一段话:"我的学生说这是他在给一幅英国地图着色时提出的猜想,我越想越觉得这显然是正确的结论。如果您能举出一个简单的例子来否定它,那就说明我像一头蠢驴,我只好做史芬克斯啦。"这里提到的史芬克斯(Sphinx)是希腊神话中的狮身人面兽,它提出离奇古怪的谜语让过路人猜,猜不中就将过路人杀死,但有一次它提出的谜语被猜出后,史芬克斯却因羞愧而跳崖。

哈密尔顿在收到德·摩根的信后,却表示对四色问题不感兴趣。他在给德·摩根的回信中写道:"我不可能很快地去尝试你的四种颜色问题。"尽管如此,德·摩根并不灰心,他坚持认为四色问题有其独特的价值,并持续向数学界传播,试图吸引其他数学家的注意和好奇心。

1878 年 6 月 13 日,英国当时最著名的数学家凯莱在伦敦数学学会上询问四色问题是否已经得到了证明。随后,他很快向皇家地理学会递交了一篇短文,仔细分析了这个问题的困难所在,并从数学角度严谨地阐述了四色定理。在文章最后,凯莱也说:"我一直没有得到这个证明。"从此,四色问题在数学界变成了一个著名难题,许多一流的数学家都纷纷加入到证明四色问题的队伍中。

1879 年,凯莱的一名学生、当时身为律师的肯普宣布他成功证明了四色问题,这一消息震惊了整个数学界。肯普的证明发表在美国数学杂志上,他的论证过程极为巧妙,引入了大量基本思想,并且得到了凯莱和西尔维斯特等数学家的认可,于是大家都认为四色问题已经被证明了。

然而,到了 1890 年,数学家希伍德发现肯普的证明中存在着一个致命的错误。肯普本人也承认了自己证明中的缺陷,同时说明他本人无法修正。于是,这个貌似简单的四色问题再次成为数学家面前的难题,仿佛是向人类的智力和毅力提出的一个挑战。

到了 20 世纪,美国数学家伯克霍夫于 1913 年在审视肯普证明漏洞的基础上,引进和发展了一些新的技术,为日后四色问题的证明奠定了基础。接着,又有一些数学家,如弗兰克林等,不断探索和改进对四色问题的证明。特别是随着电子计算机的问世,由于计算速度的快速提高,大大加快了对四色问题证明的进程。终于在 1976 年,美国数学家阿佩尔与哈肯在美国伊利诺斯大学的两台不同电子计算机上,花费了 1200 多个小时,验证了 100 多亿个逻辑判断,最后完成了四色定理的证明,再次轰动了整个世界。它的意义不仅在于解决了一个历时 100 多年的难题,还由于使用了电子计算机,引起了人们对数学证明新的思考和辩论。

时至今日,尽管四色问题已经得到了电子计算机的证明,但它毕竟不是传统意义上的数学证明。因此,仍然有许多数学家乃至无数数学爱好者,都在不懈寻求一种四色问题的逻辑证明。

078 皮亚诺曲线

一条连续的曲线可以填满一个正方形吗?

一直到 19 世纪中叶微积分严密化以前,曲线始终是几何学中的一个自明的原始概念。平面上一条所谓的连续曲线,被人们想象成一个动点在平面上连续运动时的轨迹。事实上,这种直观的且带有物理色彩的曲线概念妨碍了人们对它的深究。例如,按照人们的几何直觉,一条曲线只有长度而没有宽度和厚度,因此,任何一条曲线都不可能把一块面积填满. 然而,意大利数学家皮亚诺却在 1890 年构造出一条连续的曲线恰好能填满一整块正方形,引起了整个数学界的震惊。

按照法国数学家若当的定义,一条平面曲线是由下述两个方程

$$x = \varphi(t), \quad y = \psi(t), \quad 0 \leqslant t \leqslant 1$$

所给出的点(x,y)的集合。如果两个参数函数 φ 和 ψ 关于自变量 t 都连续,则称所定义的曲线为连续曲线。具体来讲,皮亚诺构造出两个连续函数 φ 和 ψ,使得相应的连续曲线能通过一个给定的单位正方形中的每一点(包含边界上的点)。

继皮亚诺之后,人们又发现了许多也能填满整个正方形的连续曲线,有的甚至处处没有切线。现在,这类曲线统称皮亚诺曲线。虽然希尔伯特对皮亚诺的曲线作了简化,给出了它的直观构作,但总的来说,皮亚诺曲线的定义较为复杂,这里就不再作进一步地介绍了。

 # 079 等周问题

给定长度的一条平面封闭曲线何时能围住最大的面积?

在给定长度的所有闭曲线中,只有圆围住的面积最大。这是古希腊数学家早已知道的事实,但它的证明绝非易事,直到 19 世纪后期变分法理论诞生后才能给出严格证明。

事实上,到了 19 世纪初期,随着坐标几何的不断完善和射影几何的兴起,古典的欧几里得几何学逐渐失去了在几何学中的统治地位。但是仍然有一些数学家坚持研究欧氏几何,特别是用纯几何的方法而不是分析的工具去探讨诸如曲线和曲面的极值问题。相对于 17 世纪产生的解析几何而言,人们把这种研究几何的古典方法称为综合几何学。其中的代表人物首推瑞士数学家施泰纳,他最著名的工作就是在 1838 年用好几种方法证明了所谓的等周定理:在给定周长的平面图形中,圆周包围着最大的面积。但是,施泰纳的证明是不严格的,因为他的证明基于一个假设的条件,即在所有等长的平面闭曲线中,确实存在围住最大面积的曲线。换句话说,施泰纳实际上证明的是:如果在给定周长的所有平面闭曲线中存在面积最大的闭曲线,则该曲线必然是圆。为此,德国数学家狄利克雷曾几次试图说服他,但有趣的是,施泰纳拒不承认自己证明中的这个缺陷,而坚持认为它是一个不证自明的事实。结果,施泰纳的这个证明缺陷和他的等周定理在数学史上同样有名。

施泰纳还证明了许多有趣的几何极值问题。例如,1842 年,他证明了在给定周长的所有三角形中,只有等边三角形具有最大的面积。另外,施泰纳证明了等周问题的逆也成立:在具有给定面积的所有平面图形中,圆具有最小的周长。如果记任意一个周长为 L 的平面闭曲线所围住的面积为 A,则施泰纳的结果可以写为所谓的等周不等式

$$A \leqslant L^2/4\pi,$$

其中当且仅当该封闭曲线恰为一个圆等号成立。

接着,施泰纳考虑了类似的球面问题。他证明了在给定表面积的所有立体中,球具有最大的体积。反之,在给定体积的所有立体中,也是球才具有最小的表面积。若记任意一个立体的表面积为 A,体积为 V,则施泰纳的结果可以叙述成一个不等式

$$36\pi V^2 \leqslant A^3,$$

其中当且仅当该立体恰为一个球体等号成立。当然,施泰纳的这个证明同样是有缺陷的,因为他无法证明在给定表面积的所有立体图形中,存在一个具有最大体积的立体。

事实上,这类极大化曲线和曲面的存在性虽然直观,但其严格的证明却是极其困难的,难住了数学家许多年。直到 1870 年,才由德国数学家魏尔斯特拉斯借助于变分法理论给出第一个严格证明,而且等周问题也反过来刺激了变分法理论的产生和发展。

 080 一个拓扑问题

n 个元素的集合上最多可以定义多少个不同的拓扑?

拓扑学有一个俗名叫橡皮几何学,相对于从量变的观点研究函数连续性的分析数学(即微积分)而言,它是从形变角度去研究图形在连续形变过程中保持不变的性质的一门学科。事实上,那些不涉及数量关系而仅仅与相邻位置有关的数学问题,例如著名的哥尼斯堡七桥问题以及四色问题等,都属于拓扑学研究的范围。目前,拓扑学已经发展成为现代数学中最重要和最深刻的学科

之一。

先简单地介绍拓扑的概念。所谓拓扑是英文 topology 前四个字母的音译,来源于希腊文 τοπος(位置、形势)和 λογος(学问)。为了描述一个函数 $f(x)$ 的连续性,要用到数轴上区间的概念。所以,为了把函数的连续性推广到两个集合之间的映射上,必须相应地有类似于区间的替代物。简单地说,拓扑就是为定义映射的连续性而设计出来的最为基本的数学概念。下面给出它的正式定义,进一步的讨论可参考点集拓扑学等书籍。

给定一个非空集合 X,设 τ 是由 X 的若干子集构成的集合,并且包含 X 本身与空集 $\varnothing$。如果 τ 中任意两个成员的交集以及 τ 中任意多个成员的并集仍然包含在 τ 中,则称 τ 为集合 X 上的一个拓扑。此时,也称 τ 中的每个成员为 X 的一个开集(相对于 τ 而言),定义了拓扑的集合就称为拓扑空间。

一个集合 X 上可以定义的拓扑显然不止一个。例如取 τ_1 为 X 的所有子集组成的集合,τ_2 仅由 X 和空集 $\varnothing$ 组成,显然 τ_1 和 τ_2 都满足上述拓扑的定义,从而都是 X 上的拓扑。不难看出,它们分别是定义在 X 上的所有拓扑中的最大者和最小者。

现在的问题是:在一个有限集合上最多能定义出多少个不同的拓扑呢? 假设 X 的元素个数为 n,在 X 上最多存在着 t_n 个不同的拓扑,于是我们想知道这个 t_n 等于多少,它是怎样的一个函数,又该如何去计算等问题。

当 X 仅有一个元素时,只有唯一的一个拓扑 $\{\varnothing, X\}$,即 $t_1 = 1$。当 X 为两个元素的集合时,设 $X = \{a, b\}$,则下述

$$\{\varnothing, X\}, \{\varnothing, \{a\}, X\}, \{\varnothing, \{b\}, X\}, \{\varnothing, \{a\}, \{b\}, X\}$$

恰为 X 上的全部拓扑,故 $t_2 = 4$。对三个元素的集合 X,不难算出 X 上最多能定义 29 个拓扑,即 $t_3 = 29$。随着 X 元素个数 n 的不断增大,其最多拓扑个数 t_n 将会有惊人的增长速度,变得越发难以控制。

时至今日,人们尚不知道在 n 个元素的集合 X 上,究竟最多可以定义多少个不同的拓扑。

四、分析问题

081 最优美的数学公式

数学中五个最基本的常数 $0,1,i,\pi,e$ 满足 $e^{i\pi}+1=0$。

1748 年,欧拉发现了三角函数和指数函数的深刻联系:对任意实数 x,均有

$$\cos x+i\sin x=e^{ix}。$$

这是数学中最优美的公式之一,因为它把三角函数和指数函数这两类初等函数借助于虚数单位 $i=\sqrt{-1}$ 巧妙地联系了起来。特别地,在上述欧拉公式中令 $x=\pi$,由于 $\cos\pi=-1$ 及 $\sin\pi=0$,故上述公式变为

$$e^{i\pi}+1=0。$$

回想一下数学中的许多常数,当属 $0,1,i,\pi,e$ 这五个最为根本:从 0 和 1 出发可以衍生出所有的实数,再加上 $i=\sqrt{-1}$ 后又可得到所有的复数,而圆周率 π 是几何中最为基本的常数,e 又被称为自然常数,在描述变化率(如出生率和死亡率)等问题中经常出现,因而在分析数学中扮演着重要的角色。现在,这五个最为基本的数学常数竟然以如此简洁的方式联系在一起,充分显示了数学中的优美和谐,故许多人都认为 $e^{i\pi}+1=0$ 堪称数学中最为优美的公式。

下面介绍欧拉是如何发现和推导出上述欧拉公式的。需要说明的是,由于微积分的严密基础以及复变函数理论直到 19 世纪中叶后才得以建立,所以欧拉的推理过程并不严格,有些细节要靠一百多年后的数学发展才能够说清楚缘由。但欧拉毕竟是一位形式主义大师,他的思维方式代表了 18 世纪数学的风格,充满了强烈的创新精神和大胆推理的气概,而把那些需要小心求证的细节留待后人。因此,在这里介绍的欧拉思维并不是一种真正严格意义上的数学证明,而更像一种数学发现的艺术,显示了欧拉惊人的想象力和洞察力。下面欣赏欧拉是如何从两个角度分别得出他那个优美公式的。

其一,根据三角函数和指数函数的幂级数展开公式

$$e^x=1+\frac{x}{1!}+\frac{x^2}{2!}+\frac{x^3}{3!}+\cdots,$$

$$\cos x=1-\frac{x^2}{2!}+\frac{x^4}{4!}-\frac{x^6}{6!}+\cdots,$$

$$\sin x = x - \frac{x^3}{3!} + \frac{x^5}{5!} - \frac{x^7}{7!} + \cdots,$$

在 e^x 中把 x 替换为 ix，注意到 $i = \sqrt{-1}$ 的幂以 4 为周期：

$$i^2 = -1, \quad i^3 = -i, \quad i^4 = 1。$$

所以，在形式上欧拉就得到了下述关系式：

$$e^{ix} = 1 + \frac{ix}{1!} + \frac{(ix)^2}{2!} + \frac{(ix)^3}{3!} + \cdots,$$

$$= \left(1 - \frac{x^2}{2!} + \frac{x^4}{4!} - \cdots\right) + i\left(x - \frac{x^3}{3!} + \frac{x^5}{5!} - \cdots\right)$$

$$= \cos x + i\sin x。$$

当然，这个推理的不严格之处在于把实数 x 换为复数 ix 来得到 e^{ix} 展开式的过程需要证明，但这一点在后来的复变函数论中才能说清楚。

其二，对任意正整数 n，考虑下述德莫弗公式

$$\cos n\theta + i\sin n\theta = (\cos\theta + i\sin\theta)^n。$$

令 $\theta = x/n$，则有

$$\cos x + i\sin x = \left(\cos\frac{x}{n} + i\sin\frac{x}{n}\right)^n。$$

对固定的实数 x，当 n 趋于无穷大时，显然有

$$\lim_{n\to\infty}\cos\frac{x}{n} = \cos 0 = 1, \quad \lim_{n\to\infty}\frac{\sin x/n}{x/n} = \lim_{t\to 0}\frac{\sin t}{t} = 1。$$

这说明当 n 趋于无穷大时 $\cos x/n$ 渐近地等于 1，而 $\sin x/n$ 也渐近地等于 x/n。

注意到 e 的定义为

$$e = \lim_{n\to\infty}\left(1 + \frac{1}{n}\right)^n,$$

所以，当我们用 1 代替 $\cos x/n$，以及用 x/n 代替 $\sin x/n$ 时，就有

$$\cos x + i\sin x = \lim_{n\to\infty}\left(1 + \frac{ix}{n}\right)^n = e^{ix}。$$

同样地，这个推理也不够严格，因为公式

$$e^x = \lim_{n\to\infty}\left(1 + \frac{x}{n}\right)^n$$

仅对实数 x 才成立。当然，尽管有这些不严格之处，但并不妨碍欧拉对数学真理的发现，这也是数学中经常出现的惊人事实。

082 斐波那契兔子问题

求斐波那契数列 $1,1,2,3,5,8,13,21,34,\cdots$ 的通项公式。

斐波那契是中世纪意大利著名的数学家,在提倡和推广使用阿拉伯数字方面有很大贡献。在 1202 年,他写的《算盘书》中有许多算术问题,其中的兔子问题最为有名:假定一个月大小的一对兔子(一雄一雌),对于繁殖还太年轻,但两个月大小的兔子便足够成熟。再假定从第三个月开始,每一个月它们都要繁殖一对新的兔子(总是一雄一雌)。如果每一对兔子均按上述规律繁殖,试问从开始起每个月有多少对兔子呢?

这是一个求数列的通项公式问题。用 F_n 表示第 n 个月的兔子对对数,在第一个月只有雌雄一对尚无生育能力的小兔子,即 $F_1=1$;在第二个月还是这一对兔子,只不过变成一对可以繁殖后代的大兔子了,仍然是 $F_2=1$;到了第三个月,这对大兔子生下了一对小兔子,因此 $F_3=2$;第四个月时,这对小兔子长成了大兔子,三月份的两对兔子在这个月时都是大兔子了。并且原来那对大兔子又生下一对小兔子,此时总共有两对大兔子和一对新生的小兔子,即 $F_4=3$;第五个月时,四月份的全部 3 对兔子都成了大兔子,三月份的两对兔子在这个月各生一对小兔子,所以五月份总共有 3 对大兔子和 2 对小兔子,$F_5=5$;第六月时,五月的 5 对兔子都是大兔子了,四月的 3 对兔子在这个月各生了一对小兔子,所以,这个月总共有 5 对大兔子和 3 对小兔子,$F_6=8$,等等。由此不难看出规律:在每个月都有若干对大兔子和小兔子,因为每一对兔子到了下个月便长大,所以大兔子对的对数等于上个月兔子对的总数;同样由于每一对大兔子在下个月必然生下一对小兔子,故每个月小兔子对的对数又恰好等于上个月大兔子对的对数,也就是上上个月的兔子对总数。因此一个月(比如第 n 个月)的兔子对对数 F_n 就等于上月的兔子对总数加上上上月的兔子对总数。由此就得到了所求兔子对数 F_n 的一个递推公式:

$$F_n=F_{n-1}+F_{n-2}。$$

因为前两项为 $F_1=F_2=1$,于是该递推公式产生了一个数列,其中的每一项都是相邻的前两项之和:

$$1,1,2,3,5,8,13,21,34,55,\cdots$$

这个数列现在称为斐波那契数列。欲求每个月有多少对兔子,就相当于求斐波那契数列的通项公式 F_n。

使用所谓的发生级数法(或称为母函数法),可以求出

$$F_n = \frac{1}{\sqrt{5}} \left[\left(\frac{1+\sqrt{5}}{2} \right)^n - \left(\frac{1-\sqrt{5}}{2} \right)^n \right]。$$

这里略去相关的证明。

值得一提的是,费波那契数列不仅本身具有许多奇妙的数学性质,而且意想不到的是它在其他学科甚至在自然界中也经常出现。例如,很多植物的花瓣数都是费波那契数列中的一个数,是巧合还是必然?这真是一个难以回答的问题。

 083 正整数的方幂求和

对于任意的正整数 k,如何求前 n 个正整数的 k 次幂之和。

在中学数学里我们已经熟知下列公式,它们的证明使用数学归纳法即可得到。

$$1+2+\cdots+n = \frac{n(n+1)}{2},$$

$$1^2+2^2+\cdots+n^2 = \frac{n(n+1)(2n+1)}{6},$$

$$1^3+2^3+\cdots+n^3 = \frac{n^2(n+1)^2}{4}。$$

一般地,对正整数 k,如何求出前 n 个正整数的 k 次幂之和呢?

$$S_k(n) = \sum_{i=1}^{n} i^k = 1^k + 2^k + \cdots + n^k$$

这在数学史上曾经是一个基本而有趣的问题。瑞士数学家雅各布·伯努利在其 1713 年出版的《推想的艺术》一书中,首先给出了这个问题的完整解答。从上述几个例子中不难看出 $S_k(n)$ 是一个关于 n 的 $k+1$ 次多项式,伯努利对这些多项式的系数做了认真的研究,终于发现了其中的规律。事实上,正是在此

他引进了现在广为应用的伯努利数 $B_1, B_2, B_3, \cdots$，借助于这些伯努利数就能够把多项式 $S_k(n)$ 的每项系数准确地表示出来。

先介绍伯努利的奇妙解答。根据二项式展开公式，有

$$(x+B)^{k+1} = x^{k+1} + (k+1)x^k B + \cdots + B^{k+1}$$

$$= \sum_{i=0}^{k+1} \binom{k+1}{i} x^{k+1-i} B^i.$$

同理，把 $(x+B-1)^{k+1}$ 按二项式定理展开得到

$$(x+B-1)^{k+1} = x^{k+1} + (k+1)x^k (B-1) + \cdots$$

$$= \sum_{i=0}^{k+1} \binom{k+1}{i} x^{k+1-i} (B-1)^i.$$

二式相减可消去 x 的最高次项，得到以下公式：

$$(x+B)^{k+1} - (x-1+B)^{k+1}$$

$$= \sum_{i=1}^{k+1} \binom{k+1}{i} x^{k+1-i} (B^i - (B-1)^i).$$

接着，伯努利在这里作了大胆而惊人的简化，他把诸 B^i 不看作 B 的幂，而是直接视为 B 关于 i 的函数 B_i，即规定 $B^i = B_i$。通过令

$$(B-1)^2 = B^2, \quad (B-1)^3 = B^3, \quad (B-1)^4 = B^4, \quad \cdots$$

把它们按二项式展开后，再把诸 B^i 换成 B_i，即可逐一求出这些数 $B_1, B_2, B_3, \cdots$。例如，从 $(B-1)^2 = B^2$ 得到 $B^2 - 2B^1 + 1 = B^2$，换为 $B_2 - 2B_1 + 1 = B_2$，解出 $B_1 = \dfrac{1}{2}$。同理，从 $(B-1)^3 = B^3$ 得到 $B^3 - 3B^2 + 3B^1 - 1 = B^3$，再换成 $B_3 - 3B_2 + 3B_1 - 1 = B_3$，又可求出 $B_2 = \dfrac{1}{6}$。一般地，假定我们已经求出 $B_1, B_2, \cdots, B_{m-1}$，则把等式 $(B-1)^{m+1} = B^{m+1}$ 展开后，再实施变换即可得到 $\sum_{i=0}^{m} \binom{m+1}{i} (-1)^i B_{m+1-i} = 0$，写出来就是

$$1 - \binom{m+1}{1} B_1 + \binom{m+1}{2} B_2 - \cdots + (-1)^m \binom{m+1}{m} B_m = 0,$$

从此即可求出 B_m。

使用这些神秘的伯努利数，则有简化公式

$$(x+B)^{k+1} - (x-1+B)^{k+1} = (k+1)x^k.$$

在上式中依次令 $x = 1, 2, 3, \cdots, n$，再把所得到的 n 个等式相加即得

$$(n+B)^{k+1} - B^{k+1} = (k+1)(1^k + 2^k + \cdots + n^k),$$

从而所求的前 n 项正整数的 k 次幂之和

$$S_k(n) = \{(n+B)^{k+1} - B^{k+1}\}/(k+1)。$$

方便起见,规定 $B_0 = 1$,此时把 $S_k(n)$ 写成多项式即为

$$S_k(n) = \frac{1}{k+1} \sum_{i=0}^{k} \binom{k+1}{i} B_i n^{k+1-i}。$$

因此,正整数方幂的求和问题就归结为伯努利数的计算。有趣的是,伯努利曾经据此自豪地宣称他能在 7 分半钟之内算出前一千个正整数的 10 次幂之和。

应该指出的是,尽管伯努利关于前 n 个正整数方幂的求和公式是正确的,但他所用的方法却是不严格的。特别是他把方幂 B^i 看成是 B 关于 i 的函数 B_i 的观点,虽然极富想象力,而且在 20 世纪的算子理论中也得到了合理性解释,但就他那个时代来说,还是有点过于随便了,恰如他的书名所言,这只是一种"推想的艺术"。但令人称道的是,伯努利由此所引入的数 $B_1, B_2, B_3, \cdots$,却被证明是数学中一个基本的数列,在许多数学理论和问题中大量出现,起着神奇的作用。例如,库默曾证明费马大定理对正规素数成立(见问题 013),而关于正规素数的判别问题,库默又发现了一个初等而又漂亮的方法:一个奇素数 p 是正规素数当且仅当 p 不整除伯努利数 $B_2, B_4, \cdots, B_{p-3}$ 中任何一个的分子。目前,关于伯努利数的正式定义通常采用欧拉所给出的,即把函数 $x(e^x - 1)^{-1}$ 在 $x = 0$ 处展成幂级数形式,相应的系数写成

$$x(e^x - 1)^{-1} = \sum_{i=0}^{\infty} \frac{B_i}{i!} x^i,$$

称其中的 B_i 为伯努利数。这个定义当然是非常方便的,因为它把原先伯努利数的递推关系统一成幂级数的各项系数,有利于做进一步的分析和计算,这正是现在数学中经常采用的所谓"母函数法"或称为"发生级数法"。例如,不难证明对每个大于 1 的奇数 m,均有 $B_m = 0$,亦即 $B_3 = B_5 = B_7 = \cdots = 0$。但值得注意的是,欧拉的伯努利数定义与原先伯努利本人给出的定义稍有不同,原来的 $B_1 = \frac{1}{2}$,而现在的 $B_1 = -\frac{1}{2}$,但其余的 B_i 完全一致。

根据欧拉的伯努利数定义,也能得到它的递推公式。注意到指数函数 e^x 在原点 $x = 0$ 的幂级数展开公式为 $e^x = \sum_{i=0}^{\infty} \frac{1}{i!} x^i$,故在欧拉的定义公式中两边乘以 $e^x - 1$ 得到

$$x = \sum_{i=0}^{\infty} \frac{B_i}{i!} x^i \sum_{j=1}^{\infty} \frac{1}{j!} x^j。$$

比较两边 x^{m+1} 的系数，即得 $B_0 = 1$，以及当 $m > 0$ 时，

$$\sum_{i=0}^{m} \frac{B_i}{i!\,(m+1-i)!} = 0。$$

两边再同时乘以 $(m+1)!$ 得到 $\sum_{i=0}^{m} \binom{m+1}{i} B_i = 0$，写出来就是

$$B_0 + \binom{m+1}{1} B_1 + \binom{m+1}{2} B_2 + \cdots + \binom{m+1}{m} B_m = 0，$$

这样，从 $B_0 = 1$ 出发，根据上述递推公式就可逐一算出每个 B_i 来。

使用欧拉给出的伯努利数定义和简单的无穷级数知识，就能严格地求出前 n 个正整数的 k 次幂之和 $S_k(n)$。事实上，对每个正整数 k，有

$$\mathrm{e}^{kx} = \sum_{i=0}^{\infty} \frac{k^i}{i!} x^i。$$

依次令 $k = 0, 1, 2, \cdots, n-1$，把所得的 n 个级数相加即得

$$1 + \mathrm{e}^x + \mathrm{e}^{2x} + \cdots + \mathrm{e}^{(n-1)x} = \sum_{i=0}^{\infty} S_i(n-1) \frac{x^i}{i!}。$$

另外，上式左边按等比数列求和后再展成幂级数为

$$\frac{\mathrm{e}^{nx}-1}{\mathrm{e}^x-1} = \frac{\mathrm{e}^{nx}-1}{x} \cdot \frac{x}{\mathrm{e}^x-1} = \sum_{i=1}^{\infty} \frac{n^i}{i!} x^{i-1} \sum_{j=0}^{\infty} \frac{B_j}{j!} x^j，$$

其中的两个级数相乘以后所含 x^k 的系数恰为 $\displaystyle\sum_{i=0}^{k} \frac{B_i n^{k-i+1}}{(k-i+1)!\,i!}$。所以，有

$$S_k(n-1) = k! \sum_{i=0}^{k} \frac{B_i n^{k-i+1}}{(k-i+1)!\,i!} = \frac{1}{k+1} \sum_{i=0}^{k} \binom{k+1}{i} B_i n^{k+1-i}。$$

由此亦可求出

$$S_k(n) = S_k(n-1) + n^k = \frac{1}{k+1} \sum_{i=0}^{k} \binom{k+1}{i} B_i n^{k+1-i} + n^k。$$

细心的读者可能会感到疑惑，上述 $S_k(n)$ 的表达式与原先伯努利的求和公式看起来似乎不一致。事实的确如此！诚如前面所言，欧拉对伯努利数的重新定义改动了 B_1 的值，从而使得 $S_k(n)$ 的两个求和公式就有了形式上的差异，二者的区别也仅仅表现在 n^k 的系数上。例如，当把新求出的 $S_k(n)$ 改写成

$$S_k(n) = \frac{1}{k+1} n^{k+1} + (B_1+1) n^k + \frac{1}{k+1} \sum_{i=2}^{k} \binom{k+1}{i} B_i n^{k+1-i}，$$

现在的 $B_1 = -\dfrac{1}{2}$，故 $B_1 + 1 = \dfrac{1}{2}$ 恰好等于原先伯努利本人定义的那个 B_1，这样

又回到了伯努利关于 $S_k(n)$ 的求和公式。当然就伯努利数而言,虽然伯努利本人给出的定义更为自然,但欧拉给出的新定义却更便于做技术上的处理。对数学上这一点不和谐之处,实在是难以两全其美。

084 求所有正整数平方的倒数之和

如何求无穷级数 $1+\dfrac{1}{2^2}+\dfrac{1}{3^2}+\cdots$ 之和呢?

从初等微积分里我们已经知道无穷级数

$$\zeta(x)=\sum_{n=0}^{\infty}\frac{1}{n^x}=1+\frac{1}{2^x}+\frac{1}{3^x}+\cdots$$

在 $x>1$ 时是收敛的,但对每一个大于 1 的正整数 k,如何具体求出 $\zeta(k)$ 的值却是一个非常困难的问题,至今仍未得到彻底解决。在历史上,莱布尼茨和伯努利等数学家曾经对 $\zeta(2)$ 求和,但都没有成功。出人意料的是,大数学家欧拉在 1734 年证明了 $\zeta(2)=\dfrac{\pi^2}{6}$。而且更让人吃惊的是,在 1740 年他又得到了更为一般的计算结果,即

$$\zeta(2k)=\sum_{n=1}^{\infty}\frac{1}{n^{2k}}=(-1)^{k-1}\frac{(2\pi)^{2k}}{2(2k)!}B_{2k},$$

其中的 B_{2k} 恰为问题 083 中介绍的伯努利数。这个公式堪称欧拉一生中最为优美的成果之一,即使在整个数学中也属于奇珍异宝。

下面来欣赏欧拉是如何得出 $\zeta(2)=\dfrac{\pi^2}{6}$ 的。特别值得称道的是,欧拉使用了完全初等的方法,通过类比思维最终获得了成功。事实上,把正弦函数 $\sin x$ 在 $x=0$ 处展成幂级数为

$$\sin x=x-\frac{x^3}{3!}+\frac{x^5}{5!}-\cdots。$$

显然,正弦函数 $\sin x$ 的零点是 $0,\pm\pi,\pm2\pi,\pm3\pi,\cdots$。接着,欧拉又构造了一个具有相同零点的无穷乘积函数

$$f(x) = x \prod_{n=1}^{\infty} \left(1 - \frac{x^2}{n^2\pi^2}\right) = x\left(1 - \frac{x^2}{\pi^2}\right)\left(1 - \frac{x^2}{4\pi^2}\right)\left(1 - \frac{x^2}{9\pi^2}\right)\cdots.$$

熟知两个多项式如果具有完全相同的根（亦即零点），则它们必然相差一个常数。现在，欧拉把多项式看成是只有有限项的无穷级数，而把无穷级数视为具有无穷多项的多项式，亦即把无穷级数和多项式作类比，看看把多项式的这个结果应用到无穷级数上会发生什么情况。既然 $\sin x$ 和上述构造的函数 $f(x)$ 具有完全相同的零点，则它们也应该相差一个常数。又因为它们的一次项系数（即 x 的系数）均为 1，故二者相等，即 $\sin x = f(x)$。注意到把

$$\left(1 - \frac{x^2}{\pi^2}\right)\left(1 - \frac{x^2}{4\pi^2}\right)\left(1 - \frac{x^2}{9\pi^2}\right)\left(1 - \frac{x^2}{16\pi^2}\right)\cdots$$

乘开后 x^2 的系数恰为

$$-1 - \frac{1}{4\pi^2} - \frac{1}{9\pi^2} - \frac{1}{16\pi^2} - \cdots = -\frac{\zeta(2)}{\pi^2},$$

此即为 $f(x)$ 中 x^3 的系数，它应该等于 $\sin x$ 中 x^3 的系数 $-\dfrac{1}{3!} = -\dfrac{1}{6}$。至此，欧拉就证明了 $\zeta(2) = \dfrac{\pi^2}{6}$。

当然，欧拉的这个证明按现代的标准看并不严格，尽管他所得到的结果是正确的。但人们十分赞赏欧拉在此所展现出的非凡想象力，特别是他在此所巧妙使用的类比思维。要知道，类比思维是人们获取灵感甚至于发现真理的一种常用的思维方式，欧拉在此无疑做了一个极好的榜样。

另外，借助于复变函数中有关无穷乘积的理论，的确可以给出欧拉关于 $\zeta(2k)$ 的公式的严格证明。但令人惊奇的是，对于 $\zeta(x)$ 在 x 等于奇数时的值却异常的难以计算。例如，至今仍然无法算出 $\zeta(3)$。值得一提的是，直到 1978 年，一位法国青年数学家阿佩里才证明了 $\zeta(3)$ 是无理数。现在看来，不要说计算 $\zeta(2k+1)$ 的值，就是去证明它们是超越数，甚至一般地证明它们都是无理数，都将十分困难。

在结束之前，再谈谈欧拉证明的那个美妙结果：

$$\sin x = x \prod_{n=1}^{\infty} \left(1 - \frac{x^2}{n^2\pi^2}\right) = x\left(1 - \frac{x^2}{\pi^2}\right)\left(1 - \frac{x^2}{4\pi^2}\right)\left(1 - \frac{x^2}{9\pi^2}\right)\cdots.$$

按现代的观点看，上式对一切 x 都成立，亦即右边的无穷乘积对任意 x 均收敛且与左边相等。这个公式被誉为数学中最为优美的公式之一。现在，把 x 替换为 πx，则上式变为

$$\sin \pi x = \pi x \prod_{n=1}^{\infty} \left(1 - \frac{x^2}{n^2}\right) = x \left(1 - \frac{x^2}{1^2}\right) \left(1 - \frac{x^2}{2^2}\right) \left(1 - \frac{x^2}{3^2}\right) \cdots 。$$

接着,我们再令 $x = \frac{1}{2}$,又有

$$1 = \sin \frac{\pi}{2} x = \frac{\pi}{2} \prod_{n=1}^{\infty} \left(1 - \frac{1}{2^2 n^2}\right)。$$

注意到在右边的乘积中,每一项可重新改写为

$$1 - \frac{1}{2^2 n^2} = \frac{(2n-1)(2n+1)}{2n \cdot 2n},$$

由此可求出

$$\frac{\pi}{2} = \prod_{n=1}^{\infty} \frac{2n \cdot 2n}{(2n-1)(2n+1)} = \frac{2}{1} \cdot \frac{2}{3} \cdot \frac{4}{3} \cdot \frac{4}{5} \cdot \frac{6}{5} \cdot \frac{6}{7} \cdots,$$

这就得到了著名的瓦利斯公式,在历史上这也是首次发现 π 的无穷乘积表示。

 085 e 的无理性

证明自然常数 e 是无理数。

自然常数 e 和圆周率 π 一样,也是数学中一个重要的常数。之所以被称为自然常数,是因为 e 经常出现在自然界各种增长率和变化率的数学描述中。它的定义有很多,常用的有下述极限形式

$$e = \lim_{n \to \infty} \left(1 + \frac{1}{n}\right)^n$$

以及幂级数形式

$$e = \sum_{n=0}^{\infty} \frac{1}{n!} = 1 + \frac{1}{1!} + \frac{1}{2!} + \frac{1}{3!} + \cdots 。$$

通过简单计算可知 $e = 2.71828\cdots$。在历史上,人们感兴趣的是,自然常数 e 是一个什么样的数? 它是有理数还是无理数? 如果是无理数,是代数的无理数还是超越数?

1744 年,大数学家欧拉首先证明了 e 是无理数。又过了一百多年,法国数学家埃尔米特在 1873 年最终证明了 e 是一个超越数,亦即它不会是任何一个

有理系数多项式的根。在有关数的研究史上，这当然是一项了不起的成就，它极大地推动了超越数理论的发展，为以后 π 的超越性证明奠定了基础。我们将在以后提供埃尔米特的证明，它涉及一些复杂的分析技术。另外，关于 e 是无理数的证明却要简单得多，值得我们细细品味。这里将给出 e 是无理数的两个简单而又巧妙的证明，供读者赏析。

第一个证明要用到幂级数的知识。从微积分中知道指数函数 e^x 在 $x = 0$ 点可展成以下幂级数：

$$e^x = \sum_{n=0}^{\infty} \frac{x^n}{n!},$$

下面将借助于该级数来证明 e 为无理数。

事实上，为了证明 e 为无理数，只需证明 e^{-1} 为无理数。根据上述 e^x 的级数展开，取 $x = -1$，则有 e^{-1} 的级数表示：

$$e^{-1} = \sum_{n=0}^{\infty} \frac{(-1)^n}{n!} = 1 + (-1) + \frac{1}{2!} - \frac{1}{3!} + \frac{1}{4!} - \cdots,$$

现在把上式右边分成两部分进行估值，即令 $e^{-1} = \sigma_n + \rho_n$，其中

$$\sigma_n = \sum_{i=0}^{n} \frac{(-1)^i}{i!}, \quad \rho_n = \sum_{i=n+1}^{\infty} \frac{(-1)^i}{i!}。$$

不难看出下述不等式对每个正整数 n 都成立：

$$0 < \frac{1}{(n+1)!} - \frac{1}{(n+2)!} + \cdots < \frac{1}{(n+1)!},$$

亦即

$$0 < (-1)^{n+1} \rho_n < \frac{1}{(n+1)!}。$$

接着，在上述不等式的两边同时乘以 $n!$，得到

$$0 < n! \rho_n (-1)^{n+1} < \frac{1}{n+1} < 1,$$

由此表明 $n! \rho_n (-1)^{n+1}$ 是一个严格介于 0 和 1 之间的小数。另外，$n! \sigma_n$ 总是一个整数，所以 $n! e^{-1} = n! \sigma_n + n! \rho_n (-1)^{n+1}$ 决不会是一个整数。既然 $n! e^{-1}$ 对任意的正整数 n 都不是整数，只有 e^{-1} 本身不是有理数，从而 e 为无理数。

第二个证明更为初等。首先从下述不等式

$$\frac{1}{2!} + \frac{1}{3!} + \frac{1}{4!} + \cdots < \frac{1}{2} + \frac{1}{2^2} + \frac{1}{2^3} + \cdots = 1$$

可知 $2 < e < 3$，表明 e 不会是一个整数。为了证明 e 是无理数，采用反证法，假

定 e 是一个有理数,再设法找到一个矛盾。现在令 $e=p/q$,其中 p,q 均为正整数。因为 e 不是整数,故 $q \geqslant 2$。在 e 的定义级数中,两边同时乘以 q 的阶乘 $q!=1 \cdot 2 \cdots q$,有

$$e \cdot q! = \sum_{n=0}^{\infty} \frac{q!}{n!} = \sum_{n=0}^{q} \frac{q!}{n!} + \sum_{n=q+1}^{\infty} \frac{q!}{n!} 。$$

注意到等式左边的 $e \cdot q!$ 显然为整数,而且等式右边的第一项也是整数,由此推出右边的第二项也应该是整数。但从 $q \geqslant 2$ 可知 $q+1 \geqslant 3$,因而

$$0 < \sum_{n=q+1}^{\infty} \frac{q!}{n!} = \frac{1}{q+1} + \frac{1}{(q+1)(q+2)} + \cdots \leqslant \frac{1}{3} + \frac{1}{3^2} + \cdots,$$

上述不等式的右边恰为等比数列,其和等于 1/2。由此即得所需的矛盾。

 **086 π 的无理性**

证明圆周率 π 是无理数。

在数学中,没有哪一个常数能够像圆周率 π 那样拥有如此丰富的研究历史。在实际生活中,由于计算面积和体积的需要,几个古代文明都曾使用一些有理数(如 22/7 及 355/113 等)作为 π 的近似值。因此,人们一直想知道圆周率 π 到底是有理数还是无理数。直到 1767 年,德国数学家兰伯特才首次证明了 π 确实是无理数。

正如 e 的无理性的证明既简单又初等(见问题 085),π 的无理性的证明也不困难。下面将提供 π 是无理数的一个简洁而又巧妙的证明过程。

采用反证法。如果 π 为有理数,令 $\pi=a/b$,其中 a,b 均为整数且 $b>0$。对任意正整数 n,构造多项式

$$f(x) = \frac{x^n(a-bx)^n}{n!},$$

先来研究该多项式的各阶导数在 $x=0$ 以及 $x=\pi$ 处的值。

为此,先回顾一下一个多项式的系数与其各阶导数的关系。设

$$g(x) = a_n x^n + a_{n-1} x^{n-1} + \cdots + a_1 x + a_0$$

是任意一个 n 次多项式,则常数项 $a_0=g(0)$。对 $g(x)$ 求导后,可知一次项的

项数 $a_1 = g'(0)$。一般地，不难归纳出 $g(x)$ 的 k 次项系数 $a_k = g^{(k)}(0)/k!$，其中 $g^{(k)}(x)$ 表示 $g(x)$ 的 k 阶导数。

现在令 $g(x) = n! f(x) = x^n(a-bx)^n$，则 $g(x)$ 显然是一个 $2n$ 次的整系数多项式，最低次项为 $a^n x^n$。根据上述多项式的求导规律，当 $k < n$ 时，有 $g^{(k)}(0)/k! = a_k = 0$，即 $g^{(k)}(0) = 0$；而当 $k \geqslant n$ 时，$g^{(k)}(0)/k! = a_k$ 为整数。注意到 $g^{(k)}(x) = n! f^{(k)}(x)$，这说明当 $k < n$ 时，$f^{(k)}(0) = 0$，而当 $k \geqslant n$ 时，$n! f^{(k)}(0)/k!$ 为整数，此时 $f^{(k)}(0)$ 本身必为整数。总之，对任意 k，证明了 $f^{(k)}(0)$ 都是整数。

因为已经假设了 $\pi = a/b$，不难看出 $f(x) = f(\pi - x)$，根据求导的简单性质可知 $f^{(k)}(x) = f^{(k)}(\pi - x)(-1)^k$，从而 $f^{(k)}(\pi) = f^{(k)}(0)(-1)^k$，所以 $f^{(k)}(\pi)$ 也总是整数。

从 $f(x)$ 出发，再构造一个多项式

$$F(x) = f(x) - f^{(2)}(x) + f^{(4)}(x) - \cdots + (-1)^n f^{(2n)}(x),$$

不难看出 $F''(x) + F(x) = f(x)$。既然 $f(x)$ 的各阶导数 $f^{(k)}(x)$ 在 $x = 0$ 和 $x = \pi$ 时均取整数值，则 $F(0)$ 和 $F(\pi)$ 也都是整数。现在

$$\frac{\mathrm{d}}{\mathrm{d}x}(F'(x)\sin x - F(x)\cos x) = (F''(x) + F(x))\sin x = f(x)\sin x,$$

所以，根据微积分基本定理，

$$\int_0^\pi f(x)\sin x \, \mathrm{d}x = F(\pi) + F(0)$$

也是一个整数。

另外，对于 $0 < x < \pi$，我们有下述不等式

$$0 < f(x)\sin x < \frac{\pi^n a^n}{n!}。$$

显然，当 $n \to \infty$ 时，$\pi^n a^n / n!$ 将越来越小，以零为极限。所以，若一开始就把 n 取得充分大，使得

$$0 < f(x)\sin x < \frac{\pi^n a^n}{n!} < \frac{1}{\pi},$$

则相应的积分值为

$$0 < \int_0^\pi f(x)\sin x \, \mathrm{d}x < 1,$$

说明其不可能是整数，这样就找到了所需要的矛盾。

读者可能会感到这个证明过于突发奇想，甚至不可思议，怎么会想到构造

那么一个多项式 $f(x)$ 呢？实际上，这个所谓"过于灵巧"的证明，也是经过了几代数学家的集体努力和共同探索，最后才找到并定型的，它是集体智慧的结晶。

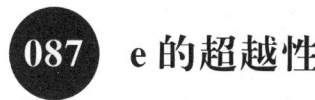

087　e 的超越性

证明自然常数 e 是超越数。

实数可以分成有理数和无理数两大类，但每个无理数是否都能由有理数的代数运算而得到，亦即每个无理数是否都是有理系数多项式的根，这样一个基本问题直到 19 世纪中叶仍然没有得到解决。如果一个数可以成为某个非零整系数多项式的根，则称该数为代数数，否则就称为超越数。人们特别感兴趣的是，超越数究竟是否存在，以及圆周率 π 和自然常数 e 是否均为超越数等问题。

法国数学家埃尔米特在 1873 年首先证明了 e 是超越数，亦即 e 不会是任何非零的整系数多项式的根，这是一项非常伟大的成就。事后，埃尔米特在给朋友的信中说："我不敢去试着证明 π 的超越性，但如果有人承担了这项工作，对于他们的成功，没有比我再高兴的人了。"到了 1882 年，德国数学家林德曼用了和埃尔米特没有什么差别的方法终于证明了圆周率 π 也是超越数，顺便也解决了古希腊三大几何作图难题中的化圆为方问题：只用直尺和圆规，化圆为方是不可能的。

下面将给出 e 为超越数的一个简单证明，但要求读者懂一些初等的微积分知识。

假设 e 不是超越数，则 e 为某个非零整系数多项式

$$a_n x^n + a_{n-1} x^{n-1} + \cdots + a_1 x + a_0$$

的根，证明由此会导出一个矛盾。

对任意大于 $|a_0|$ 和 n 的素数 p，构造一个多项式

$$f(x) = \frac{1}{(p-1)!} x^{p-1}(x-1)^p (x-2)^p \cdots (x-n)^p,$$

其次数记为 $m = (p-1) + np$。注意到 $f^{(m+1)}(x) = 0$，令

$$F(x) = f(x) + f'(x) + \cdots + f^{(m)}(x),$$

根据求导法则不难算出

$$(-e^{-x}F(x))' = e^{-x}f(x)。$$

再由微积分基本定理，有

$$\int_0^b f(x)e^{-x}\,dx = -e^{-x}F(x)\Big|_0^b = -e^{-b}F(b)+F(0)，$$

移项后变形为

$$e^b F(0) = F(b)+e^b\int_0^b f(x)e^{-x}\,dx。$$

在上式中依次令 $b=0,1,2,\cdots,n$，并把所得到的 $n+1$ 等式分别乘以 a_0,a_1，$a_2,\cdots,a_n$ 以后再相加得到

$$0 = a_0 F(0)+a_1 F(1)+\cdots+a_n F(n)+\sum_{j=1}^n a_j e^j\int_0^j f(x)e^{-x}\,dx，$$

亦即

$$a_0 F(0)+a_1 F(1)+\cdots+a_n F(n) = -\sum_{j=1}^n a_j e^j\int_0^j f(x)e^{-x}\,dx。$$

下面将证明无论素数 p 如何选取，上述等式的左边总是一个非零的整数，而右边的和式当 $p\to\infty$ 时以零为极限，由此即得所需的矛盾。

事实上，从 $f(x)$ 的构造易知，$f(x)$ 的 p 阶以及 p 阶以上的导数均为整系数多项式且各项系数都能被 p 整除，而 $f(x)$ 及其前 $p-1$ 阶导数在 $x=1$，$2,\cdots,n$ 处都等于 0。所以，$F(1),F(2),\cdots,F(n)$ 也都是 p 的整数倍。另外，当 $x=0$ 时，$f(x)$ 的前 $p-2$ 阶导数均为 0，而

$$f^{(p-1)}(0) = ((-1)^n n!)^p$$

不能被 p 整除，但 $f^{(p)}(0),f^{(p+1)}(0),\cdots,f^{(n)}(0)$ 均为 p 的倍数，故

$$F(0) = f^{(p-1)}(0)+f^{(p)}(0)+\cdots+f^{(n)}(0)$$

是一个不被 p 整除的整数。又因为 p 不整除 a_0，所以

$$a_0 F(0)+a_1 F(1)+\cdots+a_n F(n)$$

除第一项不被 p 整除外，其余各项均为 p 的倍数，因而该和式不会为零。另外，当 x 在区间 $[0,n]$ 上取值时，显然有

$$|f(x)| < \frac{1}{(p-1)!}n^{p-1}n^p\cdots n^p = \frac{n^m}{(p-1)!}，$$

从而有下述不等式

$$\left|\int_0^j f(x)e^{-x}\,dx\right| < \frac{n^m}{(p-1)!}\int_0^j e^{-x}\,dx < \frac{n^m}{(p-1)!}。$$

如果我们记 $C = |a_0|+|a_1|+\cdots+|a_n|$，则

$$\left| \sum_{j=1}^{n} a_j e^j \int_0^j f(x) e^{-x} dx \right| < Ce^n \frac{n^m}{(p-1)!} = Ce^n n^n \frac{(n^{n+1})^{p-1}}{(p-1)!} 。$$

因为 n 为固定的正整数,所以当 $p \to \infty$ 时,有

$$\lim_{p \to \infty} \frac{(n^{n+1})^{p-1}}{(p-1)!} = 0,$$

从而也有

$$\lim_{p \to \infty} \sum_{j=1}^{n} a_j e^j \int_0^j f(x) e^{-x} dx = 0 。$$

由此即得所需的矛盾,表明 e 确为超越数。

 一个极值问题

设 x 为正实数,求 $\sqrt[x]{x}$ 的最大值。

这是 19 世纪瑞士几何学家施泰纳提出的一个问题,但今天已经变成了微积分中的一个简单习题,下面将使用数学分析中标准的求极值方法给出它的解答。

事实上,令 $f(x) = \sqrt[x]{x} = x^{1/x}$,则函数 $f(x)$ 在区间 $(0, +\infty)$ 中的每一点 x 处都有导数。因为 $f(x)$ 的值总是大于 0,两边求对数即得 $x \ln f(x) = \ln x$。接着,在等式的两边再对 x 求导数,根据复合函数的求导规则,我们有

$$\ln f(x) + x \cdot \frac{f'(x)}{f(x)} = \frac{1}{x} 。$$

由此解出

$$f'(x) = \frac{f(x)(1 - \ln x)}{x^2} 。$$

令 $f'(x) = 0$,求出 $x = e$。而且不难看出,当 $0 < x < e$ 时,$f'(x) > 0$,表明 $f(x)$ 在区间 $(0, e)$ 上为增函数;而当 $e < x < +\infty$ 时,$f'(x) < 0$,表明 $f(x)$ 在区间 $(e, +\infty)$ 上为减函数。因此,函数 $f(x)$ 就在 $x = e$ 处取得它的最大值 $f(e) = \sqrt[e]{e} = e^{1/e}$。

089 无处可导的连续函数

连续函数一定有导数吗?

早在 17 世纪,人们就已经知道可导的函数一定也连续,也就是说函数的连续性是其可导性的必要条件。然而,对连续函数是否也可导却经历了一个漫长的认识过程。这是因为在 19 世纪之前,微积分学的严密基础并没有得以建立,有关函数的严格定义仍未取得今天这样的形式。事实上,人们一直把函数的概念和作为动点轨迹的几何曲线等同起来。既然连续的曲线在每一点上都有切线,因而当时的数学家都相信连续的函数也一定都是可导的。即使有例外,也不过是在个别几个孤立点或尖点处不可导罢了。

直到 1860 年,德国大数学家魏尔斯特拉斯构造了一个函数震惊了当时的数学界。设 a 为任意一个奇整数,而 b 是一个小于 1 的正实数,并且 $ab > 1 + 3\pi/2$。再定义

$$f(x) = \sum_{n=0}^{\infty} b^n \cos(a^n \pi x),$$

不难看出该函数级数一致收敛,因而 $f(x)$ 是一个连续函数。然而,魏尔斯特拉斯却证明了该函数处处不可导,也就是说该函数对应的曲线处处没有切线。这真是难以想象的一条曲线。

魏尔斯特拉斯的发现不仅使人们认识到连续性并不蕴含着可导性,更为重要的是它使数学家们更加不敢过分信赖几何的直觉了。而且在魏尔斯特拉斯以后,人们又陆续发现了许多形形色色的连续函数,它们都是处处不可导的。由此刺激了数学家对不可导连续函数的深入研究,迫使他们认识到把微积分学建立在严密基础上的必要性,这就直接导致了实变函数论的诞生。

当然,像所有的新生事物一样,无处可导的连续函数一开始并不为人们所接受,它们往往被看成是一些病态而无意义的函数。例如,法国大数学家庞加莱曾如此评价这种函数:"半个世纪以来我们已经看到了一大堆离奇古怪的函数,它们被弄得越来越不像那些能解决问题的真正函数了。"埃尔米特也说过这样的话:"我怀着惊恐的心情对不可导函数令人痛惜的祸害感到厌恶。"然而,20世纪的数学发展证明了即使是这种无处可导的连续函数也是描述自然现象所

不可或缺的。比方说,布朗运动过程几乎所有的样本轨道都是这种无处可导的连续函数。

 **090 欧拉常数**

欧拉常数是有理数还是无理数?

大数学家欧拉在 1740 年研究了调和级数

$$1+\frac{1}{2}+\frac{1}{3}+\cdots+\frac{1}{n}+\cdots,$$

熟知它是一个发散的无穷级数。在 17 世纪和 18 世纪,许多数学家都曾对发散级数感兴趣,并发现了发散级数很多有趣而重要的应用。欧拉也许想了解上述调和级数究竟会增长得多快,他从对数级数

$$\ln\left(1+\frac{1}{x}\right)=\frac{1}{x}-\frac{1}{2x^2}+\frac{1}{3x^3}-\frac{1}{4x^4}+\cdots$$

出发,这里的对数均以 e=2.71828⋯为底,通过移项变为

$$\frac{1}{x}=\ln\left(\frac{x+1}{x}\right)+\frac{1}{2x^2}-\frac{1}{3x^3}+\frac{1}{4x^4}-\cdots。$$

然后,依次令 $x=1,2,3,\cdots,n$,再把所得的 n 个级数相加,得到

$$1+\frac{1}{2}+\frac{1}{3}+\cdots+\frac{1}{n}=\ln(n+1)+\gamma,$$

其中的 γ 表示无穷多个收敛的级数之和。欧拉曾仔细地计算过 γ 的值,当 n 趋于无穷时它约等于 0.577216⋯。现在,人们称这个常数 γ 为欧拉常数,并且通常采用下述等价的定义:

$$\gamma=\lim_{n\to\infty}\left(1+\frac{1}{2}+\frac{1}{3}+\cdots+\frac{1}{n}-\ln n\right)。$$

这大概是欧拉常数最简单的表达式了。

目前,人们已经发现欧拉常数不仅与许多重要的函数如 Γ 函数、黎曼 ζ 函数以及伯努利数等有极为密切的关系,而且在分析数学的众多邻域里都有深刻的应用,甚至有人还认为欧拉常数是继圆周率 π 和自然常数 e 之后数学中最为

重要的常数。然而,这后两个常数已经被证明是超越数,但时至今日,关于欧拉常数人们所知甚少。虽然猜测它应该也是超越数,可现在就连欧拉常数是否为无理数都无法证明,部分原因也许是目前尚未找到欧拉常数其他一些便于处理的表达式吧。

 # 091 最速下降问题

一个质点从一点下滑到另一点沿何种路线所用的时间最短?

这是 17 世纪一个非常有名的数学问题。设想在平面上有高低不同的两点 A 和 B,并且 B 点不在 A 点的正下方,考虑一个质点从 A 点下滑到 B 点所用的最短时间问题。如果指定了两条路径,一条是从 A 到 B 的直线段,另一条是过 A 点和 B 点的圆弧,问质点是沿直线下滑快还是沿圆弧下滑快呢?

物理学家伽利略和许多人都相信该质点沿圆弧下滑比沿直线下滑使用的时间要少。到了 1696 年,约翰·伯努利向全欧洲的数学家提出了一个更为一般的问题:在从 A 到 B 所有可能的曲线中,质点究竟沿何种曲线路径下滑所用的时间最短呢?这样的曲线称为最速下降线,该问题就称为最速下降问题。

对当时的分析学家来说,这是一类崭新的问题,立刻就引起了许多数学家的兴趣。原来,以 A 为坐标原点建立平面直角坐标系,取垂直坐标轴的正方向朝下以便使 B 点在第一象限内,设 B 的水平坐标为 a,假设 $y=y(x)$ 是一条从 A 到 B 的曲线,则根据能量守恒定律和弧长公式求出所需的时间为

$$T=\int_0^a \sqrt{(1+(y')^2)/2gy}\,\mathrm{d}x,$$

式中,g 为重力加速度。现在的问题是如何选择被积函数中的 $y=y(x)$ 以使上述积分 T 取得最小值,换句话说,最速下降问题是一类带有参数函数的积分极值问题,这在以前是未曾出现过的。正是通过对这一类问题的深入研究,导致了变分法理论的产生。

其实,早在 1630 年和 1638 年伽利略就曾系统地研究过上述最速下降问题,但他给出的答案是圆弧,这当然是错误的。事实上,就在约翰·伯努利首次

公开提出这个问题后,牛顿、莱布尼茨、约翰·伯努利的哥哥雅各布·伯努利等人在第二年很快都求出了正确的解答:这个最速下降线原来是一段旋轮线或称为摆线,它是当一个圆沿着一条直线滚动时由圆周上一个定点的轨迹所产生的曲线。

092 黎曼猜想

证明黎曼 ζ-函数的非平凡零点都在复平面的直线 $x=\dfrac{1}{2}$ 上。

1859 年,德国大数学家黎曼发表了他在数论方面唯一的一篇论文《论小于给定数的素数个数》,以全新的观点研究了素数分布函数 $\pi(x)$(见问题 009)。就在这篇只有 8 页的论文里,他以其非凡的洞察力提出了著名的黎曼猜想。这一伟大的工作立刻在纯数学的许多领域产生了深远的影响,有人甚至认为它的影响也许还要长达一千多年。在 1900 年巴黎国际数学家大会上,德国数学家希尔伯特对 20 世纪数学的发展高瞻远瞩,提出了 23 个著名的数学问题,其中第 8 个问题包含黎曼猜想。希尔伯特本人对黎曼猜想也情有独钟,在他的心目中已经把黎曼猜想看成是整个数学中最为重要的问题。当年有一位记者曾经问希尔伯特:"假如您一百年后重返人间,您最希望看到什么?"希尔伯特毫不犹豫地回答说:"当然是黎曼猜想被证明啦!"到了千禧年,美国克莱数学促进会于 2000 年 5 月 24 日专门在巴黎举行了特别会议,根据 20 世纪数学的巨大发展,向 21 世纪的数学家提出了 7 个数学问题。这 7 个问题个个都非同凡响,它们的求解过程将在很大程度上支配新世纪的数学发展方向,因此每个问题的奖金都高达百万美元。然而,在经历了一百多年的考验后,黎曼猜想仍然当之无愧的位居其中。正如 1974 年荣获菲尔茨奖的意大利数学家朋比里在评述何以把黎曼猜想仍作为千禧年的数学问题时所说的那样:"如果黎曼猜想不成立,那么将引起素数分布理论的大崩溃。因此,人们挑出黎曼猜想作为素数理论中首要的未决问题。""根据许多数学家的看法,黎曼猜想以及它在一般 L-函数类上的推广,已经变成了纯数学的中心问题。"

　　下面介绍黎曼猜想的内容及其产生的背景。

　　正如在问题 084 中所提到的,欧拉曾经仔细地研究过下述 ζ 函数

$$\zeta(x) = \sum_{n=1}^{\infty} \frac{1}{n^x} = 1 + \frac{1}{2^x} + \frac{1}{3^x} + \cdots,$$

并求出了当 x 为偶数时的函数值。接着,到了 1748 年,欧拉又有了一个优美的发现。设 $x>1$ 为固定的实数,对每个素数 p,考虑下列几何级数

$$\frac{1}{1-p^{-x}} = 1 + \frac{1}{p^x} + \frac{1}{p^{2x}} + \frac{1}{p^{3x}} + \cdots,$$

因为每个大于 1 的正整数都能唯一地表为素数幂之积,所以当 p 取遍所有的素数时,把这无穷个几何级数乘起来就得到了 ζ 函数。换言之,欧拉发现了下述 ζ 函数一个巧妙的分解公式:

$$\zeta(x) = 1 + \frac{1}{2^x} + \frac{1}{3^x} + \cdots = \prod_p \frac{1}{1-p^{-x}},$$

其中 p 取遍所有的素数。这个公式最为引人注目之处,首先在于它建立了 ζ 函数和所有的素数之间一种更为基本和更为自然的联系,通过研究该函数,就能获得全体素数的分布信息。事实上,欧拉也确实曾使用该公式去研究素数。

　　一百多年后,黎曼在研读欧拉的论文时,对上述公式有了突破性的认识。原来,欧拉只是把 $\zeta(x)$ 作为实变量函数来对待,但黎曼发现,只有当 x 取复数值时,亦即把 ζ 函数看成是一个复变量函数时,才能更为深刻地反映出素数的分布情况。他在 1859 年的文章中,记

$$\zeta(z) = 1 + \frac{1}{2^z} + \frac{1}{3^z} + \cdots,$$

其中 $z = x + yi$ 为复数。注意到当 z 的实部 $x>1$ 时,该级数收敛;而当 $x \leqslant 1$ 时,该级数发散,这时 $\zeta(z)$ 在半平面 $x \leqslant 1$ 的值是由解析延拓定义的。黎曼试图利用这个在整个复平面上定义的 ζ 函数去证明素数定理,并指出,要想再作深入一步地研究,就应当知道 $\zeta(z)$ 的复零点。接着,黎曼本人证明了当 $x>1$ 时,$\zeta(z)$ 没有零点;而当 $x<0$ 时,$\zeta(z)$ 的零点只有 $z = -2, -4, -6, \cdots$ 这样一些负偶整数,称之为平凡的零点。于是在整个复平面上,$\zeta(z)$ 的其他零点(即非平凡零点)只可能在 $0 \leqslant x \leqslant 1$ 这样一个无限长的带形区域中。通过仔细的计算,黎曼作出了以下推测:

　　$\zeta(z)$ 在带形区域 $0 \leqslant x \leqslant 1$ 中的所有零点都位于中央直线 $x = \frac{1}{2}$ 上。

　　这就是至今尚未解决的著名的黎曼猜想,而且也许是人类智慧所能想象出

的最难数学问题,它的证明能够改进许多有关素数的重要结论。德国杰出的数论专家兰道,在其1927年出版的名著《数论讲义》一书中,专门有一章题为"在黎曼猜想的假设下",阐述了许多依赖于黎曼猜想的定理。有趣的是,美国有三位数学家罗塞、绍恩费尔德、约赫,在研究黎曼猜想的过程中,曾使用计算机验证了 ζ 函数的前三百万个零点的确位于上述带形区域的中央直线上。因为黎曼 ζ 函数的非平凡零点有无穷多个,三位数学家的结果只能被看成是支持黎曼猜想正确性的一些论据。另外,1974年美国数学家莱文森成功地证明了黎曼 ζ 函数的非平凡零点至少有三分之一位于带形区域的中央线上。莱文森的这个结果是在他因癌症去世前不久发表的,但他仅凭这一项工作便足以名垂青史了。

初看起来,黎曼猜想不过是描述了一个特殊函数的零点分布问题,谁能料到其中竟然蕴藏着如此深刻而丰富的内涵呢?就连黎曼本人也没有想到,他提出的这个猜想会对数学后续发展产生如此深远的影响。在他的遗稿中,有许多零碎的杂记,关于这个猜想的来源,黎曼提到:"这是他在寻求 ζ 函数的表达式时得出的,而这个表达式我还没有把它简化到可供发表的程度。"那么,黎曼对自己提出来的这个猜想又是如何看待的呢?出人意料的是,他在一个注记里写道:"无疑,能严格证明这个命题会让人感到满意;但我还是在做了一些匆忙的不成功的努力后就把这项研究先放在了一边,因为相对于我的直接研究目标而言,它显得不是那么重要。"当然,黎曼可能没有想到他的 ζ 函数并不是一个孤立的研究对象,在20世纪的数学发展中,它已经和许多代数对象(如自守表示)、算术对象(如算术簇)紧密结合,并且在代数几何中得到了深刻的推广。

五、集合论与数学史问题

093 实数比正整数多吗

全体实数构成一个不可数的集合。

初看起来,正整数与实数都是无穷多个,难道两个无穷集合还能比较大小吗? 对此通常不加区别,这也是自亚里士多德时期以来长达两千多年的正统观点。但仔细思考,直觉上应该是所有的实数比正整数多得多。这里涉及如何比较两类事物的数量问题,或者抽象地讲,任意两个集合,该如何说明一个集合中的元素比另外一个集合中的元素多呢? 就是这样一个十分基本的问题,直到 19 世纪中叶才由德国数学家康托尔所解决。他为此而创立的集合理论被希尔伯特赞誉为"19 世纪数学中最天才的创造"。

康托尔关于区别无穷的思想虽然是革命性的,却源自我们司空见惯的一些简单事实,这里先从有限集合谈起。给定两个有限集合 X 和 Y,在比较它们元素多少时,通常的方法是分别数出这两个集合中元素的个数,然后从个数的多少确定哪个集合的元素更多些。例如,当想了解学校里甲乙两个班哪个班的学生多时,自然是先看看甲乙两个班各自有多少名学生,假如数出的结果是甲班有 53 名学生,而乙班有 48 名,从 53>48 就可断定甲班比乙班的学生更多。但是,如果这两个集合 X 和 Y 均为无限集,则上述数元素个数的做法就行不通了。康托尔独具慧眼,他意识到在比较两个集合元素多少时,并不一定需要先分别数出这两个集合中的元素个数。例如,当想了解在一个电影院里有没有空位时,一般不会去数观众的个数和座位的个数,然后再进行比较。只要是一个观众占一个座位,有无空位则是一目了然的。就是这类非常简单的观察和分析,启发了康托尔对无穷的新认识。事实上,为了比较两个无穷集合,只需把它们的元素一一对应起来,如果哪一个集合有剩下的元素,则可认为该集合的元素更多。当然,这种比较方法对有限集合同样适用。

具体来讲,对任意两个集合 X,Y,如果存在从 X 到 Y 的一一对应,则称 X 和 Y 的基数相等,即它们的元素个数一样多。每个集合 X 均有一个基数,记为 $|X|$,它是通常正整数的推广,对此不作更多的说明,只需知道有限集合的基数等于其元素的个数。一般地,假如存在 X 到 Y 的单射,则称 X 的基数不大于 Y 的基数,记为 $|X| \leqslant |Y|$。这样,康托尔对每个集合都定义了一个基数,通过建

立一一对应关系,就能够比较任意两个集合的大小了。

康托尔把全体正整数的基数记为 $\aleph_0$(读作阿列夫零),把有限集合以及具有基数 $\aleph_0$ 的集合统称为可数集,这是非常直观的。从 1874 年开始,康托尔就全力研究其他一些无穷集合的基数问题。显然,全体整数的集合 $\mathbb{Z}$ 以及所有有理数构成的集合 $\mathbb{Q}$ 都能与正整数集合建立一一对应关系,因此它们都是可数集,基数均为 $\aleph_0$。然而,当康托尔研究直线以及空间的基数时,却发现了惊人的事实。先考虑所有实数构成的集合 $\mathbb{R}$,通过下述反正切函数

$$y = \arctan\frac{\pi x}{2}, \quad 0 < x < 1$$

即可建立开区间 $(0,1)$ 到 $\mathbb{R}$ 的一一对应关系,从而二者的基数相等。因为全体实数与直线上的点能够一一对应,所以,开区间中的点与整个直线上的点一样多。现在的问题是:实数和正整数比起来,哪个更多?

通过仔细分析,康托尔证明了实数的确比正整数要多,因此实数集是不可数集。康托尔把实数集(他称之为连续统)的基数记为 c,取自连续统(continuum)的首字母。于是有 $\aleph_0 < c$,这是康托尔在集合论方面第一个深刻成果。特别值得一提的是,他发明了一种"对角线法",借此就可以证明上述基数不等式,详述如下:

用反证法,假设实数集为可数集,则 $(0,1)$ 也是可数集,从而 0 和 1 之间的全体实数可以排成一列,设为 $t_1, t_2, \cdots, t_n, \cdots$。把 0,1 之间的所有实数都写成无穷小数的形式,如把 1/3 写成 $0.333\cdots$。则大于 0 且小于 1 的全体实数为

$$t_1 = 0. a_{11} a_{12} a_{13} \cdots,$$
$$t_2 = 0. a_{21} a_{22} a_{23} \cdots,$$
$$t_3 = 0. a_{31} a_{32} a_{33} \cdots,$$
$$\vdots$$

其中,每个 a_{ij} 取从 0~9 的整数。现在构造一个数

$$b = 0. b_1 b_2 b_3 \cdots,$$

其中,对每个 $k = 1, 2, 3, \cdots$,选取一个 1 到 8 中的正整数 b_k,且 b_k 与 a_{kk} 不相等。此时,b 不同于上表中所列的每一个数,但 b 却是 $(0,1)$ 中的数。这与 t_1,$t_2, \cdots, t_n, \cdots$ 为开区间 $(0,1)$ 中的全体实数相矛盾。故实数集是不可数的。

接着,在 1874 年康托尔又着手研究 n 维空间 $\mathbb{R}^n$ 的基数,他原本企图证明这是一个更大的基数。但出乎预料的是,三年后康托尔反而证明了 $\mathbb{R}^n$ 与 $\mathbb{R}$ 存在一一对应关系,即空间的基数都是 c。由此表明整个空间 $\mathbb{R}^n$ 中的点竟然与线段

$(0,1)$ 中的点一样多,这真是一件不可思议的事,难怪康托尔本人也对戴德金说道:"我看到了它,但我简直不敢相信它。"

那么,比 c 更大的基数去哪儿寻找呢? 更为深刻的是,在 $\aleph_0$ 和 c 之间还有其他的基数吗? 这两个问题我们留待下面逐一回答。

 ## 094 超限算术

有最大的无穷基数吗?

在问题 093 中,介绍了康托尔关于无穷基数的一些工作,特别是他证明了全体实数的基数 c 大于全体整数的基数 $\aleph_0$。接下来的问题自然是还有没有其他的基数,尤其是有没有最大的基数。

为了得到一个更大的基数,康托尔研究了一个集合 X 与它的幂集 2^X 之间的关系。这里的幂集 2^X 指的是由 X 所有子集组成的集合。由于 X 中的每个元素 a 都对应了幂集 2^X 中的一个元素 $\{a\}$,故有从 X 到其幂集的单射,表明 X 的元素个数不会比它的幂集中的元素个数多,即 $|X| \leqslant |2^X|$。现在的问题是:这个等号会成立吗?

假如 $|X| = |2^X|$,则存在一个一一对应

$$\varphi : X \to 2^X。$$

此时,X 中的每个元素 a 唯一对应了一个子集 $\varphi(a)$。构造集合

$$S = \{a \in X \mid a \notin \varphi(a)\},$$

由于 φ 是一一对应,故子集 S 也对应了 X 的某个元素,即存在 $b \in X$ 使得 $\varphi(b) = S$。那么这个元素 b 会不会在 S 中呢? 如果 $b \in S$,则按照 S 的定义,b 又不在 $\varphi(b) = S$ 中;而如果 $b \notin S$,即 $b \notin \varphi(b)$,同样根据 S 的定义可知 $b \in S$。无论哪种情况都导致了矛盾,表明这样的一一对应 φ 并不存在。换句话说,一个集合 X 中的元素的确比其幂集 2^X 的元素要少,即 $|X| < |2^X|$。

这是一个深刻的结论。如果记集合 X 的基数为 α,则其幂集 2^X 的基数记为 2^α。这里的 2 是模拟有限集合的结果:当 X 有 n 个元素时,不难算出 X 共有 2^n 个子集,从而 $|2^X| = 2^n = 2^{|X|}$。所以,对任何一个基数 α 而言,总有更大的

基数存在,如 2^α。特别地,康托尔还证明 $2^{\aleph_0}=c$。不断重复该过程,我们有

$$\alpha<2^\alpha<2^{2^\alpha}<\cdots。$$

这就证明了不仅无穷基数有无穷多个,而且没有最大的基数。

更为奇妙的是,康托尔还定义了基数的加法与乘法等运算。设 X, Y 是两个没有公共元素的集合,基数分别为 α, β,则把并集 $X\cup Y$ 的基数记为 $\alpha+\beta$,称为基数的和。把积集 $X\times Y$ 的基数记为 $\alpha\beta$,称为基数的积。另外,康托尔还把从 X 到 Y 所有映射构成的集合 Y^X 的基数记为 β^α,称为基数的幂。因为基数是正整数的推广,上述基数的运算包含了基数为有限数的情形,与通常的算术理论相比,康托尔称之为超限算术。此外,康托尔本人及其他一些数学家都对此作了深入的研究。

 **095　连续统假设**

在可数基数 $\aleph_0$ 和实数集合的基数 c 之间没有其他基数。

如前所述,从 1874 年起,康托尔发表了一系列关于集合论的文章。正当他踌躇满志而又一帆风顺发展他那极具创新思想的超限数理论时,却遇到了意想不到的困难。1878 年,康托尔在证明了正整数的基数 $\aleph_0$ 和连续统基数(即实数集合的基数)c 之间满足关系 $2^{\aleph_0}=c$ 后,就猜想 $\aleph_0$ 和 c 之间再也没有其他的基数,即不存在一个集合 X,使得 X 的基数 α 满足

$$\aleph_0<\alpha<2^{\aleph_0}=c。$$

该猜想被称为连续统假设。然而,康托尔无论怎样努力,也始终不能证明这个猜想。虽然他在 1882 年曾宣布自己已经证明了连续统假设,但由于他至死也没能拿出证明过程,大家都认为康托尔一定是发现了证明中的错误。事实上,有许多数学家都曾致力于证明连续统假设,但在相当长的时间内均毫无进展。德国数学家希尔伯特在 1900 年提出的 23 个数学问题中,第一个就是要证明这个连续统假设。但到目前为止,这个困扰数学家长达一百多年的连续统假设仍未获得彻底解决,它如同黎曼猜想一样,几乎成了整个数学界的头等难题。

虽然连续统问题如此之难,但在 20 世纪数学基础的研究中还是取得了两

个突破。第一个来自奥地利数理逻辑学家哥德尔,他于 1938 年证明了连续统假设与通常的集合论公理系统(即策莫罗-弗兰克尔公理系统,简称 ZF 系统)是相容的(即相互不矛盾),前提是该系统本身也是相容的。换句话说,在 ZF 系统相容的条件下,不可能在该系统中证明连续统假设是错的。第二个突破出现在 1963 年,美国数学家科恩证明了另一半结论:在相容条件下的 ZF 系统同样推不出连续统假设是对的。综合起来讲,他们证明了连续统假设在 ZF 系统中是一个不可判定的命题。这当然是一项伟大的成就,特别是科恩为此创立的"力迫法",在数学基础研究中引发了技术性的变革,科恩也因此在 1966 年荣获菲尔茨奖。

096 第一次数学危机

无理数的发现被称为是数学史上的第一次危机。

读者可能会感到迷惑不解:在中学数学里屡见不鲜的无理数怎么会导致第一次数学危机呢? 这得从数学的早期发展,特别是古希腊的毕达哥拉斯学派谈起。

数学的起源虽然可以追溯到多个古代文明,如中国、印度、古巴比伦和埃及,但它作为一门系统的抽象理论却是从公元前 600 年古希腊开始的。从此以后的一千多年里,古希腊人不仅在数学方面,而且在天文、地理、物理、哲学、逻辑等方面都作出了巨大的贡献,在整个文明史上首屈一指,对西方文明产生了深远的影响。现代意义上的数学,就其作为演绎系统的纯粹数学而言,即起源于古希腊的毕达哥拉斯学派。

毕达哥拉斯生于靠近小亚细亚西海岸的萨摩岛,据传他曾师从泰勒斯,并到处游学,先后到过埃及和古巴比伦,据说还去过印度和英国。毕达哥拉斯从这些文明古国学到了不少的数学和天文知识,逐渐形成了自己的思想体系。在历经 20 多年的周游后,毕达哥拉斯返回自己的家乡开始讲学,广收门徒,建立起一个宗教、政治和学术三者合一的社会团体,史称毕达哥拉斯学派。该学派组织严密,有许多清规戒律,由领导人亲自传授知识,会员则要求对所传授的知识保密。另外,这个学派的成员把自己的科学发现都归功于毕达哥拉斯,以至于现在都难以确定该学派的许多数学发现哪些是毕达哥拉斯本人作出的。后来,毕达哥拉斯学派因参与政治活动而被解散,毕达哥拉斯本人虽然逃到附近的米太旁登,但终被杀害。尽管遭此厄运,但他的门人散居到希腊其他的学术中心,继续传播他的学说达 200 多年之久,对古希腊数学产生了深刻影响。

毕达哥拉斯被誉为纯数学的创始人,他首先强调数学要研究抽象的概念,认为数学知识可由纯粹的思维而获得,并不需要观察、直觉与日常经验。毕达哥拉斯最伟大的功绩是,他第一个把证明引入数学,坚持在发展几何学时要先制定公理或公设,然后按演绎推理来进行。较之其他古代文明把数学上的数与形等同于实物的观念,毕达哥拉斯学派把数学变成了一门高尚而纯粹的艺术。特别地,他们把几何、算术、音乐、天文学称为"四艺",在其中探寻宇宙的和谐及规律。

毕达哥拉斯学派取得了许多引人注目的数学成果。他们研究了数的各种性质,被认为是数论的先驱。在几何上最为著名的发现是勾股定理,西方称之为毕达哥拉斯定理:在每个直角三角形中,两条直角边的平方和等于斜边的平方。虽然早在公元前 1000 多年前,我国西周时期就已经发现了这个定理,但严格的逻辑证明却归功于毕达哥拉斯学派。然而,正是从直角三角形研究中,毕达哥拉斯学派发现了"不可公度比",这一发现动摇了他们的哲学信念,产生了第一次数学危机。

原来,在毕达哥拉斯学派信奉的哲学中最为根本的观念是"万物皆数",即他们认为宇宙万物的一切现象和规律都可以归结为整数或整数之比。整数是对离散的量进行计数时得到的抽象概念,它相对于数而言就像原子相对于物质一样,是最为基本的粒子。毕达哥拉斯学派认为用整数和分数就足以描述长度、重量、时间等连续的数量。在处理两条线段的长度比时,他们认为总存在第三个线段,无论它多么小,以它为单位线段就可以将这两条线段划分为若干整数段。换句话说,任何两条线段都存在公共的度量单位,简称"可公度",此时两线段长度之比总为两个整数之比,即为有理数。这似乎符合人们直观想象,而且在此基础上他们还建立和发展了比例理论。

相传毕达哥拉斯学派的成员希帕索斯大约在公元前 400 年第一次发现了不可公度比。即在一个等腰直角三角形中,斜边和直角边不可公度,二者之比不是有理数。具体讲,假设该等腰直角三角形中一条直角边的长度为 a,根据勾股定理可知斜边的长度为 $\sqrt{2}\,a$,于是这个斜边和一条直角边之比即为 $\sqrt{2}$,而 $\sqrt{2}$

却不是有理数。这是因为若 $\sqrt{2}$ 为有理数，则可令 $\sqrt{2}=p/q$，其中 p,q 为互素的正整数。由此有 $p^2=2q^2$，表明 p^2 为偶数，从而 p 也是偶数，又可设 $p=2k$。于是 $q^2=2k^2$，表明 q 也是偶数，矛盾于 p,q 互素的假定。至此就证明了 $\sqrt{2}$ 确非有理数。

现代数学用无理数来表示不可公度比，这一发现否定了当时毕达哥拉斯派"万物皆数"的信条，也动摇了他们比例理论的基础。但他们不愿意接受这样的毁灭性打击，竟然把希帕索斯抛入大海，封锁了一切消息。还有一种说法是，毕达哥拉斯本人已经知道不可公度比的存在，即仅用有理数不能表示所有线段的长度，希帕索斯因为泄密而被处死。

但无论如何，不可公度比（即无理数）的发现对古希腊的数学观念产生了极大冲击，改变了他们原先对算术和几何等同的看法。据此他们认为，每个数量（仍指有理数）尽管都可用几何量来表示，但有些几何量却不能用数量表示出来。因此，他们意识到几何学的某些真理与算术无关，整数的至高无上地位受到质疑和挑战，而几何学开始在希腊数学中占据主导地位。另一个改变也许更加重要，古希腊人由此发现直觉和经验不可靠，开始强调推理证明。他们从若干个自明的公理和公设出发，通过演绎推理，建立起庞大且严谨的几何学体系，并集中体现在欧几里得的《几何原本》之中。它不仅是第一次数学危机的直接产物，而且对西方近代数学的形成和发展产生了深远的影响。

097 第二次数学危机

微积分中无穷小量引起的逻辑矛盾，被称为是数学上的第二次危机。

17 世纪微积分的创立，是继欧几里得几何之后近两千年里全部数学中最伟大的成就。它是在有了笛卡儿的坐标几何和函数概念这些数学基础之后，为了处理四大类科学问题而逐渐产生出来的。这四大类问题是：①已知物体移动的距离与时间的函数关系，求物体在任意时刻的速度和加速度；反过来，已知物体的加速度与时间的函数关系，求速度和距离与时间的函数关系。②求曲线的切线。③求函数的最大值和最小值。④求曲线的长。这些问题在十七世纪被许多数学家探索过。如著名数学家费马,他在他的《求最大值和最小值的方法》一书中给出了自己的方法。数学家在对这些问题的探索中积累了大量的研究成果,在这些成果的基础上,牛顿和莱布尼茨总结并发展了前人的工作,分别独立地建立了微积分。微积分一经形成,就在解决实际问题中显示出了强大威力,它的应用越来越广泛,内容越来越丰富,取得了丰硕的成果。例如,牛顿用微积分方法揭示了太阳系的运动规律,从理论上论证了哥白尼学说的正确性,使得越来越多的人对神学的荒诞教义产生怀疑。

下面对牛顿的微积分方法作一简单介绍。

牛顿给以微积分成熟的方法,提出了前面叙述的几个问题之间的内在联系。1669 年牛顿在朋友中散发了题为《运用无穷多项方程的分析学》的小册子,其中给出了求一个变量对另一个变量的瞬时变化率的普遍方法,按我们现在的说法,就是给出了求一个变量对另一个变量导数的求解方法。在这本书中,他也证明了面积可以通过求变化率的逆过程得到,这就是我们现在说的微积分基本定理。这本书正式出版是 1711 年。另外,他在撰于 1671 年,而 1736 年才出版的《流数法和无穷级数》一书中,牛顿更清楚地阐述了微积分的基本问题:已知两个流之间的关系,求它们的流数之间的关系;以及逆问题,即已知两个流数之间的关系,求两个流之间的关系。牛顿把变量称为流,变量的变化率称为流数。例如,对于函数 $y = x^n$,给 x 一个不为零的增量,用 o 表示,则 y 的增量为

$$(x+o)^n - x^n = nx^{n-1}o + C_2^n x^{n-2}o^2 + \cdots + o^n,$$

用 x 的无穷小增量 o 去除 y 的增量,然后去掉含有 o 的项,他说这样就得到了变量 y 对 x 的变化率,所以在我们的例子中变量 y 对 x 的变化率是 nx^{n-1},按我们现在的记号就是说

$$\frac{\mathrm{d}y}{\mathrm{d}x} = nx^{n-1}。$$

牛顿的推导过程中,第一步,他用无穷小增量 o 作分母进行除法;第二步他把 o 看作零,去掉那些包含着它的项,得到最后所要的公式。

然而,微积分在最初形成时还存在着严重缺陷,它的逻辑基础很不完善。它的许多概念没有严格的数学定义,显得模糊不清。许多定理的证明和结论的推导存在疑问,甚至出现了逻辑上的矛盾。对微积分的质疑始于 1694 年,首先是荷兰物理学家和几何学家纽汶提,他承认一般说来,微积分的新方法可以得出正确的结果,但他批评微积分方法含糊,并指出有时得出错误的结果。他说他无法理解无穷小怎么和零有区别,以及在推理过程中为何舍弃无穷小。最强

的批评来自英国的贝克莱主教。他在 1734 年发表文章指出,那时的数学家们对问题的研究多采用归纳而非演绎方法,所进行的每一步数学推导既没有逻辑又没有理由。他指责说,在牛顿求变化率的两步计算中对 o 的处理在逻辑上是相矛盾的。增量 o 既然可作分母就不应该是零,包含它的项就不应该被去掉。反过来,如果 o 可以认为是零,那它就不应该作分母。贝克莱指出的问题,其实牛顿生前已经意识到了,但他解释不清楚。还有,牛顿在应用无穷级数时,并没有考虑级数的敛散性问题,而是把级数看作是多项式的直接推广。但对于无穷级数,如果不考虑敛散性,也会出现悖论。例如,求

$$1+(-1)+1+(-1)+\cdots$$

的值,既可以等于 1,也可以等于 0。再如,在公式

$$1+x+x^2+x^3+\cdots=\frac{1}{1-x}$$

中令 $x=2$,得到 $1+2+2^2+2^3+\cdots=-1$ 的矛盾结论。虽然最初的微积分方法存在一些问题,然而导出的结论往往是正确的,其正确性可以在力学和几何的应用中得到验证。所以贝克莱主教指责说:"在每一门其他科学中,人们用他们的原理证明他们的结论,而不是用结论来证明他们的原理。"

面对对微积分的指责,数学家们有的试图辩解,说流数对于精通几何的人来说是清楚的。有的试图给微积分以严格的逻辑基础,使其严密化。可以说 18 世纪的几乎每一个数学家对微积分的严密化都做了一些努力,但成效甚微。他们始终没有把有限和无限区别开来,在有限和无限之间随意通行。他们也没有把很大的数和无穷大区别开来,没有把无穷小量和零区别开来。虽然 18 世纪的数学家在微积分严密化上的尝试失败了,但他们增强了微积分的威力,催生了一些重要的分支:无穷级数、常微分方程、偏微分方程、微分几何和变分法。直到 19 世纪上半叶,在积累了大量成果,以及总结前人失败经验的基础上,微积分的理论基础即极限理论才得以建立。事实上,严密化过程是从波尔查诺、柯西、阿贝尔、狄利克雷的工作开始的,并由魏尔斯特拉斯进一步加以发展。柯西在他的《分析教程》中,开始有了极限这个概念,并给极限以描述性的定义,用"无限趋于"和"要多近就有多近"等语言来描述极限过程。他以极限概念为基础,得出了无穷小量、导数、无穷级数求和等许多概念的描述性定义。现在微积分教科书中使用 ε-δ 语言给出极限的精确定义,就是由魏尔斯特拉斯给出的。这样,微积分就逐步建立起了严格的逻辑基础,微积分的发展从此进入了一个新的阶段。

从极限的观点看,无穷小量不过是以零为极限的变量,这样牛顿的微分法

就无懈可击了。至此,人们对微积分的疑惑消除了,微积分的理论基础得以严格确立,第二次数学危机终于得以消除。

 **第三次数学危机**

罗素悖论的出现引发的集合论的矛盾,被认为是第三次数学危机。

集合论是现代数学的基础,被认为是数学观念的一场革命。集合论的创始人是康托尔,他把集合定义为:"把我们直观或思维中一定范围内的所有对象作为一个整体来考虑,称为集合。"集合论研究的目标是对集合特别是无穷集合加以分类。1873 年 12 月 7 日,这一天被认为是集合论的诞辰日,因为康托尔在这一天写信给戴德金,说他成功证明了实数集合是不可数集。在此之前,康托尔在 1873 年 11 月已经证明有理数集合是可数的,由此表明无穷集合是有不同层次的。实数集合是不可数的结论的意义远非如此,这一结论能告诉我们超越数不仅存在,而且有无穷多个,因为代数数的集合是可数的。1878 年,康托尔发表了集合论第二篇文章,提出了"一一对应"的重要概念,据此作为判断两个集合的"元素个数"是否相等的标准,从而定义了集合的势或称基数。从 1879—1884 年,康托尔发表了一系列文章,在这些文章中引进了超穷基数和超穷序数的概念,并且提出了所谓连续统假设,即认为可数基数之后紧接着就是实数基数。他相信这个假设的正确性,但他没能给出证明。

对于康托尔的集合论,一些数学家持反对态度。因为当时构造性证明被推崇,占有统治地位。你要证明一个东西存在,你就要把它构造出来。康托尔证明存在无穷多个超越数,而且比实代数数要多得多,但是他却一个也没有构造出来,这势必遭到当时一些数学家的排斥。反对集合论最激烈的是克罗内克,他是一个直觉主义者。由于康托尔的超限数理论不那么直观,所以被他认为不是真正的数学工作。他认为只有用整数经过有限多步推出的结果才是可靠的,因为整数最直观。他不承认无理数,按他的观点,圆周率 π 不是数,更没有必要证明它的超越性。当然,也有许多数学家支持康托尔的集合论,如德国的戴德金、魏尔斯特拉斯、希尔伯特,以及瑞典的米塔格-莱夫勒等。

集合论就在这种反对与支持的混合声中艰难前行。然而,巨大的不幸产生了:罗素悖论出现。这一悖论震动了数学界,导致了第三次数学危机。集合论被认为是现代数学的基础,集合论出了问题,意味着现代数学这座大厦的根基动摇了,那这座大厦面临的危机自然不言而喻。

罗素悖论是 1901 年提出的,它的内容是这样的:可以把集合分为两类,凡不以自身为元素的集合称为第一类集合,凡以自身作为元素的集合称为第二类集合。显然每个集合或为第一类集合或为第二类集合。设 A 为第一类集合全体组成的集合。那集合 A 是第一类集合还是第二类集合呢? 如果 A 是第一类集合,由集合 A 的定义知,A 应该是 A 的元素,这表明 A 是第二类集合,矛盾;如果 A 是第二类集合,那么 A 是它自身的元素,而 A 的元素是第一类集合,所以 A 是第一类集合,又是一个矛盾。上述讨论在逻辑上是成立的,故问题只能出现在集合的定义上。1918 年罗素把自己的悖论通俗化为"理发师"悖论:在一个村庄里,有一位理发师,其技术无人相比,他宣布他只给所有自己不给自己刮脸的人刮脸。试问,理发师自己的脸该由谁来刮呢? 如果他自己给自己刮脸,按他自己的声明,他不应该给自己刮脸。如果他不给自己刮脸,则按他的声明,他又应该给自己刮脸。这位理发师到底该如何呢?

其实在罗素公布他的悖论之前,康托尔自己也发现了关于集合论的一个悖论。他已经意识到不加限制地定义集合会陷入矛盾。康托尔的悖论是关于集合的基数。康托尔定义了集合的幂集概念。设 A 是一个集合,由集合 A 的全部子集构成的集合称为 A 的幂集,记为 2^A。康托尔证明对任意集合 A,幂集 2^A 的基数大于集合 A 的基数。这个结论称为康托尔定理。这个定理对于由所有集合组成的集合 C 来说会出现什么结果呢? 由于 2^C 也是一个集合,所以它是集合 C 的元素,从而 2^C 的基数不超过 C 的基数。而根据康托尔定理,又有 2^C 的基数大于 C 的基数,这显然是一个矛盾。事实上,关于集合论的悖论还有许多,在此就不一一介绍了。

为了消除集合论中的悖论,德国数理逻辑学家策莫罗采用把集合论公理化的方法。在这样一个公理化体系中,集合是满足所列公理的"对象"。集合的性质和属于关系是在公理中定义好的。这是他在 1908 年发表的文章中给出的。有了这些公理的限制,就避免了罗素悖论。但策莫罗的集合公理系统有一些缺陷,后经弗兰克尔等的改进和完善,形成了现在称之为 ZF 系统的公理集合论体系。后来又在这个公理系统中加入了"选择公理",称为 ZFC 系统。简单地讲,通过引入"类(class)"的概念,即把研究对象放在一起考虑构成所谓的类,把"集合(set)"重新定义为类的元素,即"较小的类"。按此观点,所有集合只能构成一个类,不能再称为集合,这样就能避免上述罗素悖论和康托尔悖论。

事实上,人们还建立了其他几个集合论公理系统,均可排除集合论中已知的悖论。

 **099 希尔伯特的 23 个数学问题**

希尔伯特的 23 个数学问题及研究进展。

希尔伯特是德国著名数学家,也是 20 世纪最伟大的数学家之一,他与法国数学家庞加莱一同被公认为最后两位通晓全部数学的数学家。1897 年,在瑞士苏黎世举行了第一届国际数学家大会,庞加莱作了一个关于数学与物理学关系的大会报告。这次会议同时决定第二届国际数学家大会将于 1900 年在巴黎举行,并邀请希尔伯特也作一个大会报告。因为正值新世纪之初,希尔伯特经过深思熟虑,并没有像往常那样在大会上报告自己的新成果,而是花了 8 个月的时间对 19 世纪数学研究所取得的成就和发展趋势作了一番仔细的分析,精心选择了 23 个最为重要的、尚待解决的数学问题作为报告内容。这些问题遍及数学的许多领域,代表着当时数学发展的最高水准。希尔伯特期望通过他提出的这些问题能够为 20 世纪的数学发展指明方向,并起到积极的推动作用。

事实的确如此,20 世纪的数学发展证实了希尔伯特的许多预见。当希尔伯特在 1900 年巴黎国际数学家大会上作了题为《数学问题》的著名演讲,并提出了他的 23 个数学问题之后,立刻在整个数学界引起了轰动。一时间,各国的数学杂志纷纷转载他的演讲稿,许多数学家很快就投身到解决希尔伯特问题的洪流中去。他们以能解决希尔伯特问题为莫大的荣誉。时至今日,希尔伯特的 23 个数学问题中,有些已得到圆满解决,还有一些问题屡攻不克。在研究这些问题的过程中产生了丰富的数学新思想和新理论,也证明了希尔伯特问题在数学史上具有独特的地位和价值。令人高兴的是,我国数学家在攻克希尔伯特问题(第 8 问题和第 16 问题)的进程中也取得了重大成果。

现在就希尔伯特提出的 23 个数学问题做一简单的介绍,并给出目前的进展。希尔伯特的 23 个问题可分为四部分：前 6 个问题属于数学基础问题；第 7 问题～第 12 问题为数论问题；从第 13 问题～第 18 问题属于代数和几何范畴；最后，从第 19 问题～第 23 问题属于分析数学领域。

问题 1：连续统假设。

这是康托尔 1878 年提出的一个著名猜想：在可数集基数和实数集基数之间再没有别的基数，即不存在集合 X 使得 $|\mathbb{Z}| < |X| < |\mathbb{R}|$。这个猜想现被称为连续统假设，康托尔坚信它的正确性。然而，信心不能代替证明。1938 年，奥地利数理逻辑学家哥德尔证明了连续统假设与 ZF 集合论公理系统的无矛盾性；1963 年，美国数学家科恩又证明连续统假设与 ZF 公理是彼此独立的。从此意义上讲，从现有的集合论 ZF 公理系统出发，既不能证明连续统假设是错误的，也不能证明它是正确的。

问题 2：算术公理系统的无矛盾性。

欧氏几何的无矛盾性可以归结为算术公理系统的无矛盾性，但如何证明算术公理系统的无矛盾性呢？希尔伯特曾试图通过"有限方法"证明算术公理系统的无矛盾性，然而，1931 年哥德尔的不完备性定理表明：任何包含初等数论的数学系统不仅是不完备的，而且系统的无矛盾性不可能在本系统内得到证明，即仅凭有限方法无法证明算术公理系统的无矛盾性。1936 年，根茨使用"超限归纳法"证明了算术公理系统的无矛盾性。

问题 3：两个等底等高的四面体具有相同的体积。

该问题的确切含义是：存在两个等底等高的四面体，它们不可能各自分解成有限个小四面体，使得这两组四面体彼此为全等的小四面体。就在希尔伯特提出 23 个数学问题的当年，他的学生德恩就给出了肯定的证明。这个问题是希尔伯特问题中最早获得解决的。

问题 4：两点间以直线为距离最短线的问题。

该问题在各种特殊的度量几何中有许多进展，但它的提法过于一般化，至今仍未获得完全解决。

问题 5：局部欧氏群一定是李群吗？

此问题涉及拓扑群成为李群的条件，在 20 世纪 50 年代十分活跃。1952 年由格里森、蒙哥马利和齐宾共同给出肯定的解答。

问题 6：物理学的公理化。

苏联数学家柯尔莫哥洛夫曾将概率论公理化，而且公理化的方法在量子力学和热力学等物理学领域也取得了很大的成就。但能否对物理学的每个分支都进行公理化，却是令人怀疑的。

问题 7：某些数的无理性与超越性。

希尔伯特猜测：如果 α 是代数数，β 是无理的代数数，则 α^β 一定是超越数或者至少是无理数（例如 $2^{\sqrt{2}}$ 和 e^π）。苏联盖尔芳德于 1929 年、德国施奈德和西格尔于 1935 年分别独立地证明了其正确性。然而到目前为止，关于欧拉常数 γ 的无理性仍未得到证明（见问题 090）。

问题 8：素数分布问题，即黎曼猜想、哥德巴赫猜想和孪生素数猜想。

素数研究是数论中的热门核心课题，可谓历史悠久。至于黎曼猜想（见问题 092）无疑是数学史上最著名的问题之一，希尔伯特本人甚至认为它是数学中最重要的问题，至今仍未得到证明。哥德巴赫猜想（见问题 024）和孪生素数猜想（见问题 025）也未得到彻底解决。哥德巴赫猜想目前的最佳结果属于我国数学家陈景润，而孪生素数猜想目前的最佳结果属于华人数学家张益唐。

问题 9：一般互反律在任意数域中的证明。

在问题 019 中已经介绍过高斯的二次互反律的内容及其证明，希尔伯特希望得到在比有理数域 $\mathbb{Q}$ 更为一般的数域中高次互反律的形式。这是代数数论中的一个核心问题，于 1921 年由日本数学家高木贞治，以及 1927 年由德国数学家阿廷分别独立解决。

问题 10：丢番图方程可解性的判别，即能否通过有限步骤来判定一个不定方程是否存在有理整数解。

这个问题在 1970 年被苏联数学家马蒂塞维奇证明不可解，即希尔伯特期望的一般算法是不存在的。

问题 11：系数为任意代数数的二次型。

该问题涉及系数在代数整数环中的二次型的分类。德国数学家哈塞在 1929 年、西格尔在 1951 年，以及法国数学家韦伊在 20 世纪 60 年代都曾取得过重大进展。

问题 12：类域的构成问题，即把阿贝尔域上的克罗内克定理推广到任意代数有理域上去。

此问题仅有一些零散的结果，距离彻底解决还十分遥远。

问题 13：仅用二元函数解一般 7 次代数方程的不可能性。

这个问题尚未完全解决，但苏联数学家阿诺德在此问题上有重大贡献。

问题 14：证明某类完全函数系的有限性。

这个问题与代数不变量问题有关，1958 年由日本数学家永田雅宜用漂亮的反例给出了否定性证明。

问题 15：舒伯特计数演算的严格基础。

舒伯特曾研究过代数簇交点的个数问题,如在三维空间中与给定四条直线相交的直线数目,他给出了一个直观解法,但不严格。希尔伯特要求将该问题一般化,并给以严格基础。目前这个问题与代数几何学有密切的关系,但严格基础至今尚未建立。

问题 16：代数曲线和曲面的拓扑研究。

这是希尔伯特问题中唯一一个与拓扑学有直接关系的问题,可分为两部分：前半部分涉及代数曲线含有闭的分枝曲线的最大数目;后半部分则要求讨论微分方程的极限环的最多个数和相对位置。在此问题上我国数学家有重大贡献。

问题 17：半正定形式的平方和表示。

如果一个实系数多项式 $f(x_1, x_2, \cdots, x_n)$ 对任意实数组 $(x_1, x_2, \cdots, x_n)$ 都恒大于或等于 0,问 f 能否写成有理函数的平方和？该问题在 1927 年由阿廷肯定地解决。

问题 18：用全等多面体来构造空间。

这个问题其实分成了三部分内容,但目前仍未完全解决。1910 年德国数学家比贝尔巴赫,以及 1928 年德国数学家莱因哈特曾解决了部分情形。

问题 19：正则变分问题的解是否总是解析函数？

1929 年德国数学家伯恩斯坦,以及 1939 年苏联数学家彼德罗夫斯基曾解决了一些特殊情形。

问题 20：一般边值问题。

此问题属于偏微分方程的边值理论,目前已发展成为一个很大的数学分支。

问题 21：具有给定奇点和单值群的线性微分方程解的存在性证明。

此问题属于线性常微分方程的大范围理论,已由希尔伯特本人于 1905 年、勒尔于 1957 年,以及法国数学家德林于 1970 年给予解决。

问题 22：用自守函数将解析函数单值化。

此问题涉及深刻的黎曼曲面理论。一个变数的情形在 1907 年由克贝解决,一般情形仍未攻克。

问题 23：变分学方法的进一步发展。

希尔伯特在此问题中只是谈了对变分法的一些看法,并没有提出一个明确的数学问题。事实上,变分法在 20 世纪的确有了很大发展。

100 数学中的诺贝尔奖

介绍三项国际数学大奖：菲尔兹奖、沃尔夫数学奖、阿贝尔奖。

为什么诺贝尔在以其名字命名的奖项中不设立数学奖？这个问题曾经引起许多猜测。比较流行的说法有两种：一个说法是诺贝尔本人认为数学与人类的进步没有直接关联，因而不值得为数学设立专门奖项；另一个更为广泛的说法是，当时瑞典数学界的领袖是米塔格-莱夫勒，他是诺贝尔的情敌，如果设立诺贝尔数学奖，很可能非米塔格-莱夫勒莫属。当然，事实真相究竟如何，现在已难以精确考证，但诺贝尔不设立数学奖却是不争的事实，这引起了数学界的普遍抱怨，不能不说是一大憾事。

菲尔兹是加拿大数学家，热心倡导数学的国际交流活动，并成功组织了在加拿大多伦多举办的第 7 届国际数学家大会。菲尔兹是米塔格-莱夫勒的好朋友，据说他对诺贝尔不设立数学奖的做法颇有不满。于是，在第 7 届国际数学家大会上，菲尔兹提议把大会的剩余经费用来设立一项数学奖。在去世前，菲尔兹又把他财产中的一大笔钱捐献出来，以增加数学奖的资金。虽然菲尔兹建议这个奖项不以任何个人、国家或机构命名，但在 1932 年苏黎世举行的第 9 届国际数学家大会上，大会组织成员还是决定把这个数学奖命名为"菲尔兹奖（Fields medal）"，并从下一届国际数学家大会（1936 年在奥斯陆）开始颁发。获奖者经由国际数学家联合会执委会选定的 8 人评委会评选，并在国际数学家大会上颁奖。菲尔兹奖专门用于奖励有突出成就的年轻数学家，年龄不超过 40 岁，每次获奖者不超过 4 人，每位获奖者可获得一枚纯金制成的奖章和一笔数额不大（约几千美元）的奖金。奖章上面刻有古希腊数学家阿基米德的头像，并用拉丁文写着"超越人类极限，做宇宙主人"的格言。由于诺贝尔奖没有数学奖，因此人们把菲尔兹奖誉为数学中的诺贝尔奖。

从 1936 年第十届国际数学家大会开始颁发菲尔兹奖，直到 2022 年第 29 界国际数学家大会，共有 65 位数学家荣获菲尔兹奖，其中美国华人数学家丘成桐和澳大利亚华裔数学家陶哲轩分别于 1982 年和 2006 年获奖。

把菲尔兹奖与诺贝尔奖作比较颇有趣味：诺贝尔奖每年颁发一次，而且有巨额奖金，获奖者的年龄通常都超过了 40 岁；菲尔兹奖每四年颁发一次，只有一块奖牌和几千美元，每位获奖者的年龄被严格限制在 40 岁以下。因此，在数学家的心目中，获得菲尔兹奖的难度和荣誉并不亚于诺贝尔奖。《纽约时报》曾有一篇文章幽默地写道："对一个希望获奖的年轻数学家有一个好的策略：如果你快 40 岁了，而又没有希望获得菲尔兹奖，那么就去争取获诺贝尔奖吧。"

沃尔夫数学奖（Wolf prize in mathematics）也是国际数学大奖，被誉为"数学界的诺贝尔奖"，由沃尔夫基金会从 1978 年开始颁发，每年颁发一次，奖金为 10 万美元，由几位获奖者共享。著名的华人数学家陈省身和丘成桐分别于 1983 年和 2010 年荣获沃尔夫数学奖。因为菲尔兹奖只授予 40 岁以下的年轻数学家，而沃尔夫数学奖却没有年龄限制，所以有人称菲尔兹奖为"青年数学奖"，把沃尔夫数学奖称为数学的"终身成就奖"，由此也可看出沃尔夫数学奖的崇高地位。

还有一个著名的国际数学大奖。2002 年在北京举行的第 24 届国际数学家大会上传来一个令人振奋的消息：挪威政府宣布将于 2003 年开始颁发"阿贝尔奖（Abel prize）"，以纪念挪威天才青年数学家阿贝尔诞辰 200 周年。该奖每年颁发一次，奖金约 50 万美元，与诺贝尔奖奖金相当。阿贝尔奖的设立在数学界甚至在公众心目中掀起了新的热情。1974 年菲尔兹奖获得者曼福德曾说："在目前，尤其是纯数学，只有极小的公共声望，它只是那些数学爱好者的私人事务。"而新奖项的设立将"改变整个数学的面貌，并将极大地提升数学在公众中的声望"。遗憾的是，截至 2024 年，尚无华人数学家获得阿贝尔奖。

INDEX ∘ 人名索引

REFERENCES ○ 参考文献

[1] 克莱因.古今数学思想[M].北京大学数学系数学史翻译组,译.上海：上海科学技术出版社,1981.

[2] 柯朗,罗宾斯.数学是什么[M].汪浩,朱显民,译.长沙：湖南教育出版社,1984.

[3] 吴文俊.世界著名数学家传记[M].北京：科学出版社,1997.

[4] 李文林.数学珍宝：历史文献精选[M].北京：科学出版社,1998.

[5] 胡作玄,赵斌.菲尔兹奖获得者传[M].长沙：湖南科学技术出版社,1984.

[6] 亚历山大洛夫.数学：它的内容、方法和意义[M].孙小礼,等译.北京：科学出版社,1984.

[7] 德里.100 个著名初等数学问题：历史和解[M].上海：上海科学技术出版社,1982.

[8] 华罗庚.数论导引[M].北京：科学出版社,1956.

[9] 伊夫斯.数学史概论[M].欧阳绛,译.太原：山西人民出版社,1986.

[10] 洪伯阳.数学宝山上的明珠[M].武汉：湖北科学技术出版社,1993.

[11] 李秀萍,刘明海.恒整除[J].临汾：山西师范大学学报(自然科学版),1994,8(4)：8-14.